Günter Bentele / Mark-Steffen Buchele /
Jörg Hoepfner / Tobias Liebert

Markenwert und Markenwertermittlung

GABLER RESEARCH

Günter Bentele / Mark-Steffen Buchele /
Jörg Hoepfner / Tobias Liebert

Markenwert und Markenwertermittlung

Eine systematische Modelluntersuchung und -bewertung

3. Auflage

GABLER

RESEARCH

Bibliografische Information der Deutschen Nationalbibliothek
Die Deutsche Nationalbibliothek verzeichnet diese Publikation in der Deutschen Nationalbibliografie; detaillierte bibliografische Daten sind im Internet über <http://dnb.d-nb.de> abrufbar.

Die Autoren danken der BEWAG, Berlin, und der Stiftung zur Förderung der Public Relations-Wissenschaft an der Universität Leipzig (SPRL) für die Förderung der Publikation dieses Bandes.

1. Auflage 2003
2. Auflage 2005
3. Auflage 2009

Lektorat: Claudia Jeske | Jutta Hinrichsen

Gabler ist Teil der Fachverlagsgruppe Springer Science+Business Media.
www.gabler.de

Umschlaggestaltung: KünkelLopka Medienentwicklung, Heidelberg
Gedruckt auf säurefreiem und chlorfrei gebleichtem Papier
Printed in Germany

ISBN 978-3-8349-1911-3

Vorwort zur 3. Auflage

Rund fünfeinhalb Jahre nach der ersten Auflage von „Markenwert und Markenwertermittlung" sind wir erfreut und auch ein wenig stolz, dass die Inhalte dieser ursprünglich als Projektstudie für die ehemalige BEWAG in Berlin (heute Vattenfall) erstellten Modelluntersuchung und -bewertung breite Rezeption gefunden haben. Allein die erste Auflage war nach knapp einem Jahr vergriffen. Auch die zweite, korrigierte Auflage, die vor allem durch das Engagement von Oliver Raaz und Christian Sommer zustande gekommen ist, stieß auf großes Interesse. Somit hat sich gezeigt, dass dieser Band eine Lücke in der Literatur zum Markenwert und zur Markenbewertung schließen konnte. Aus zahlreichen Gesprächen, Zuschriften und Kommentaren wissen wir, dass unsere Ausarbeitung insbesondere in Forschung und Lehre genutzt wird und häufig die Grundlage für an Hochschulen verfasste Arbeiten darstellt.
Diese Tatsachen waren uns Grund und Ansporn, uns mit einigem Abstand erneut dem Thema Markenbewertung zu widmen und den Band um ein weiteres, aktualisierendes Kapitel zu ergänzen. Dieses Kapitel 8 trägt zum einen neuere empirische Ergebnisse zur Markenbewertung zusammen und stellt zum anderen die drei im deutschsprachigen Raum gegen Ende des ersten Jahrzehnts des dritten Jahrtausends zentralen Initiativen der Auseinandersetzung mit Markenwert und Markenbewertung vor. Darüber hinaus wird der Frage nachgegangen, inwiefern unsere seit 2003 dargestellten – vor allem kommunikationswissenschaftlich fundierten – Perspektiven und Anregungen durch die Akteure im Feld der Markenbewertung rezipiert wurden und in die Arbeit der aktuell relevanten Initiativen eingeflossen sind bzw. einfließen.

Leipzig, im Juli 2009

Günter Bentele, Mark-Steffen Buchele,
Jörg Hoepfner, Tobias Liebert

Vorwort zur 1. Auflage

> „What is the answer to the question being asked in cocktail lounges, all the time, all over America – 'What is Brand Equity anyway, and how do you measure it?'"
> *Thornton C. Lockwood, Communications Research manager, AT&T*[1]

Auch in Deutschland wird dieses Thema immer wichtiger, allein die Zahl der beobachtbaren Markenwertermittlungs- bzw. -bestimmungsverfahren dürfte mittlerweile vierzig überschritten haben. Zudem stößt die wissenschaftliche Analyse und Vergleichbarkeit insbesondere kommerziell angebotener Modelle aus Geheimhaltungsgründen der jeweiligen Anbieter auf Grenzen. Allgemein lassen sich für die Beschäftigung mit dem Thema Marke vereinfacht und plakativ folgende Hauptrichtungen skizzieren:

---

[1] In: Caller/Esomar 1996, 93.

Es lebe die Marke!
In den letzten Jahren ist ein eindeutiger Aufschwung in der Beschäftigung mit Marken zu verzeichnen. Renommierte Autoren sprechen beispielsweise von der „Renaissance“ des Markengedankens (vgl. z.B. Meffert 1998). Meffert weist auch auf eine unterschiedliche Bedeutung von Marken in unterschiedlichen Branchen hin. Dieser Zusammenhang biete noch viel Forschungspotential, denn für einige Produkte und Dienstleistungen „ besitzt die Marke für die Kaufentscheidung einen geringen Stellenwert. Dagegen setzen die Konsumenten bei Zigaretten, Waschmitteln, Bier oder Kopfschmerztabletten fast immer auf ‚ihre’ Marken“ (Meffert 2002, 32f.). Trotz solcher Akzente kann für diese Richtung verallgemeinert werden: Marken sind im Kommen. Daraus resultiert folgerichtig ein großes Interesse für die Bewertung von Marken.

Die Marke ist tot!
Pessimistischere Stimmen sehen den Markengedanken in einer Krise, zumindest wird das klassische Brand-Management-Verständnis totgesagt (vgl. u. a. Berthon/Hulbert/Pitt 1999, 53ff.). Dieser vermeintliche Bedeutungsverlust von Marken begründet sich beispielsweise aus der zunehmenden Individualisierung von Produkten und Dienstleistungen. Die im Dialog zwischen „Anbieter“ und „Nachfrager“ entstehenden individuellen Lösungen werden jeweils als Unikat verstanden (vgl. Berthon/Hulbert/Pitt 1999, 62).
Anzumerken ist, dass dies nicht auf ein Scheitern des Markengedankens hinweist, sondern auf Defizite der derzeit überwiegenden Marken-*Verständnisse*. An verschiedenen Stellen ist für eine Lösung dieser Problematik eine stärker integrative, vor allem auch kommunikationswissenschaftliche Perspektive anzuregen.

Die Marke ist tot. Es lebe die Marke.
Eine dritte - eher theoretische - Position könnte von einer zunehmenden Bedeutung der Unternehmens- im Vergleich zur Produktmarke ausgehen. Denn selbst wenn der oben erwähnte Abgesang bezogen auf Produktmarken zutrifft, ist es denkbar, dass die Unternehmensmarke zunehmend in den Mittelpunkt rückt – mit gewissermaßen substituierender Identifikations- und Differenzierungsfunktion.
Unternehmensmarken werden auch aus kommunikationswissenschaftlicher Sicht immer wichtiger. Zugleich lässt sich aber feststellen, dass weder eine von der betriebswirtschaftlichen Markenlehre unterscheidbare Theorie der Unternehmensmarke an sich noch eine spezifisch kommunikative Theorie von Unternehmensmarken existiert.

Die hier vorgestellte Überblicksforschung wurde am Lehrstuhl Öffentlichkeitsarbeit/PR der Universität Leipzig im Auftrag des traditionsreichen Berliner Energiewirtschaftsunternehmens Bewag durchgeführt.[2] Das Forschungsteam bildeten Mark-Steffen Buchele, M.A., Jörg Hoepfner, M.A. und Dr. Tobias Liebert unter der Leitung von Prof. Dr. Günter Bentele. Außerdem beteiligt war ein größerer Kreis von Studierenden der Kommunikations- und Medienwissenschaft, besonders zu erwähnen sind: Sarah Plass, Antje Wegerich, Christian Sommer und Frank Förster.

Der Auftraggeber Bewag – eine gut eingeführte „Marke" in Berlin – ist heute Teil des integrierten Energiekonzerns Vattenfall Europe, der aus der Zusammenführung der Energieunternehmen Bewag, HEW in Hamburg sowie der ostdeutschen Unternehmen LAUBAG und VEAG unter dem Dach der schwedischen Muttergesellschaft Vattenfall entstand. Unter der national auftretenden Dachmarke Vattenfall agieren die regionalen Marken Bewag und HEW weiterhin auf den Endkundenmärkten in Berlin bzw. Hamburg, wobei sich die drei Marken gegenseitig stärken – strategische Markenführung ist also wichtig. Ein interessantes und spannendes Feld des Kommunikationsmanagements aufeinander bezogener Marken.

Das Interesse der Bewag an diesem Forschungsprojekt hängt zusammen mit der Neuordnung des Energiemarktes und dem damit einsetzenden Wettbewerb in den Jahren ab 1998. Die in diesem Marktsegment tätigen Unternehmen entwickelten sich inzwischen vom einfachen „Versorger" zum integrierten „Dienstleister". Neben dem technischen Leistungsspektrum wurde vor allem zur Identifikation und Differenzierung eine zunehmend auch emotionale Kundenbindung an die „Marke" wichtig. Kommunikative Aspekte gewannen an Bedeutung. Es entwickelte sich das Bewusstsein, dass der Wert der Marke zum Unternehmenswert beiträgt.
In anderen Branchen werden bereits seit längerem monetäre Unternehmensbewertungen durchgeführt. Dies zeigt sich vor allem bei Übernahmeprozessen und ähnlichen Änderungen der Eigentumsverhältnisse. Doch ebenso wichtig ist die Bestimmung des Markenwerts als Orientierungsmöglichkeit und Erkenntnisgewinn in der strategischen Markenführung: Als Teil der Markenführung sollte die Markenwertermittlung den gezielten Einsatz kommunikativer Konzepte und Maßnahmen zur Stärkung der Marke unterstützen.

Leipzig, im Novemer 2003

Günter Bentele, Mark-Steffen Buchele
Jörg Hoepfner, Tobias Liebert

---

[2] Die organisatorische Abwicklung des Projektes übernahm die Leipziger Initiative Studenten-Agentur (LiSA) für PR und Projektforschung am Lehrstuhl Öffentlichkeitsarbeit/PR der Universität Leipzig.

Inhaltsverzeichnis

1. Einleitung

Die vorliegende Publikation resümiert und dokumentiert in wichtigen Punkten eine im Jahr 2002 durchgeführte Praxis- und Literaturstudie anhand deutscher und angloamerikanischer Quellen zu Markenwert, Markenwertbestimmung und der damit verbundenen Verfahren.
Folgende erkenntnisleitende Fragen standen bei der Untersuchung im Vordergrund:

- Auf welche Weisen lässt sich der Wert der Marke messen?
- Welche Variablen müssen beachtet werden?
- Wie lassen sich die verschiedenen Modelle zur Markenwertbestimmung systematisieren?
- Gibt es eine besondere Akzeptanz für ein Modell oder beantworten die verschiedenen Modelle jeweils unterschiedliche Fragestellungen und müssen dementsprechend differenziert herangezogen werden?

Das Projekt umfasst umfangreiche Recherchen interdisziplinärer Ausrichtung in einschlägigen Bibliothekskatalogen sowie bibliographischen Abstract- und Volltext-Datenbanken[3]. Persönliche, schriftliche, telefonische und Online-Kontakte ermöglichten die gleichzeitige Berücksichtigung von Dokumentationen, Präsentationen und Informationen aus der Markenbewertungspraxis in dieser Phase. Die Hinweise aus Literatur und Praxis wurden verdichtet, Quellen gesichtet und ausgewertet. Für die oben genannte Aufgabenstellung relevante Analyseergebnisse konnten dann anschließend entsprechend den Forschungsfragen neu strukturiert, diskutiert und bewertet werden.

Ein Schwerpunkt lag dabei auf den Haupttraditionen der Markenwertdiskussion, die sich hauptsächlich mit Produktmarken und nur teilweise mit Unternehmensmarken auseinandersetzen. Zweifellos haben die Komplexe Markenwert und Unternehmenswert bzw. dessen Steigerung durch den strategischen Einsatz von Kommunikation zahlreiche Berührungs- und Überschneidungsfelder. Sie rekurrieren aber dennoch auf verschiedene Motive und Kontexte. Weitere Untersuchungen und Auseinandersetzungen mit der angesprochenen Thematik werden derzeit am Leipziger Lehrstuhl für Öffentlichkeitsarbeit/PR bearbeitet.

Die vorliegende Übersicht ist in ihrer bewertenden Bestandsaufnahme ein erster, wichtiger Schritt für eine systematischere, transparentere Ermittlung des Wertes von Marken. *So zeigt sich, dass durch die weit verbreitete Anwendung sich zum Teil stark unterscheidender Modelle eine Vergleichbarkeit der Mes-*

---

3 Für eine detaillierte Übersicht der verwendeten Quellen siehe Anhang.

sungen nicht gegeben ist. Darüber hinaus bildet keines der bisher entwickelten Markenbewertungsmodelle die Bedeutung von Kommunikation für die Markenbildung und Markensteuerung ab. Damit werden kommunikationspraktische Bedürfnisse nicht adäquat berücksichtigt.
Voraussetzung für eine empirische Fundierung ist generell die Messung verschiedener Variablen über einen längeren Zeitraum. Dabei erscheint es wichtig, qualitative Variablen zu einem quantitativen, monetären Wert in Bezug zu setzen, um die Veränderungen des Markenwerts über einen längeren Zeitraum zu beobachten und mögliche Gründe dafür zu ermitteln. Dies hat bislang nicht in allen Modellen Eingang gefunden.

Die Studie ist wie folgt gegliedert: Das anschließende Kapitel systematisiert unterschiedliche Markenbegriffe. Über die generelle Unterscheidung zwischen formalen und inhaltlichen Auffassungen werden klassisch absatzwirtschaftliche Definitionen, konsumentenorientierte Sichtweisen und integrative Ansätze vorgestellt. Den Abschluss des Kapitels bildet die Darstellung von Funktionen und Erscheinungsformen von Marken.
Die Klärung des Begriffs *Markenwert* und die Darstellung der unterschiedlichen Verständnisse ist die Aufgabe des dritten Kapitels. Auch hier werden die in den Quellen vorgefundenen Auffassungen nach monetären, konsumentenorientierten und integrativen Sichtweisen systematisch aufbereitet. Eng verbunden mit der Markenbewertung sind in letzter Zeit generelle Überlegungen zum Thema Wertsteigerung durch Kommunikation. Hier lassen sich Anknüpfungspunkte an den Komplex Unternehmensmarke finden: Ein Exkurs beleuchtet exemplarisch dieses Forschungsfeld und zeigt am Beispiel Unternehmensreputation den Einfluss immaterieller Werte auf den Unternehmenswert.
Kapitel vier widmet sich der Darstellung, Einordnung und Bewertung wichtiger Markenbewertungsmodelle. Grundlage bilden die im Rahmen des Projektes entwickelten Kriterien zur Analyse und Klassifizierung der verschiedenen Verfahren. Tabellarische Übersichten erleichtern die Vergleichbarkeit der Modelle.
Anschließend werden die den „Input“ der Modelle bildenden, unterschiedlichen Faktoren identifiziert, systematisiert und vorgestellt.
Das sechste Kapitel zeigt die Verwendung und Verbreitung der unterschiedlichen Markenbewertungsmodelle in der Bewertungspraxis, Kapitel sieben fasst die Ergebnisse zusammen.

2. Markenbegriff

„Das ist eine Marke!“ – Grundsätzlich gilt, dass dieser Begriff heute für Produkte und Personen, Dienstleistungen, Unternehmen und Institutionen gleichermaßen verwendet wird. Im alltäglichen Sprachgebrauch wird damit eine Sache, Institution oder Person bezeichnet, der es bereits gelungen ist oder die den Versuch unternimmt – oder passiv einem solchen Versuch unterzogen wird –, durch eine immer wieder erkennbare Erscheinung oder Handlungsweise sich bei einem größeren Publikum einzuprägen. Damit lässt sich fast alles zur Marke erklären (vgl. Schönborn/Molthan 1999, 7).
Begreift man die Marke als Träger bestimmter Eigenschaften, so kann sie traditionell als Ware und Dienstleistung bezeichnet werden, die sich durch bestimmte Kernmerkmale von Nichtmarken unterscheidet. Zu diesen Merkmalen zählen neben dem rechtlichen Schutz (Eintragung ins Markenregister) vor allem der Herkunftsnachweis, die Qualitätsgarantie, die besondere Verkehrsgeltung, ein hinreichend großer Verbreitungsgrad (Ubiquität) und ein entsprechend ausgeprägtes Image (vgl. Herrmann 1999, 37).
Unterscheiden lässt sich das klassische Begriffsverständnis Marke in einem *ersten Schritt* in zwei Dimensionen (vgl. Hätty 1989, 27; Sander 1994, 56):

- Marke in einer formalen Begriffsauffassung
- Marke in einer inhaltlichen Begriffsauffassung

2.1 Formale versus inhaltliche Begriffsauffassung

Formale Begriffsauffassungen prägten bereits um 1960 die American Marketing Association, wobei „brand” – begreifbar als Pendant zum deutschen Begriff Marke – bestimmt wird als: „A name, term, sign, symbol, or design, or a combination of them which is intended to identify the goods or services of one seller or group of sellers and to differentiate them from those of competitors” (von Matt 1988, 7f.).
Ähnliches gilt für die Definition der EG-Markenrichtlinie:
„Marken können alle Zeichen sein, die sich grafisch darstellen lassen, insbesondere Wörter einschließlich Personennamen, Abbildungen, Buchstaben, Zahlen und die Form oder Aufmachung der Ware, soweit solche Zeichen geeignet sind, Waren oder Dienstleistungen eines Unternehmens von denjenigen anderer Unternehmen zu unterscheiden“ (Meister 1990, 61f.).

Die gesetzliche Grundlage, bekannte Marken auch gegen die Ausnutzung ihrer Unterscheidungskraft oder ihrer Wertschätzung zu schützen, legt 1995 das Markengesetz als Überarbeitung des Warenzeichengesetzes um. Es fasst nun auch den Schutz der Werbe- und Qualitätsfunktion von Marken (vgl. Kriegbaum 2001, 28): „Als Marke können alle Zeichen, insbesondere Wörter einschließlich Personennamen, Abbildungen, Buchstaben, Zahlen, Hörzeichen, dreidimensionale Gestaltungen einschließlich der Form einer Ware oder ihrer Verpackung sowie sonstige Aufmachungen einschließlich Farben und Farbzusammenstellungen geschützt werden, die geeignet sind, Waren oder Dienstleistungen eines Unternehmens von denjenigen anderer Unternehmen zu unterscheiden" (Markengesetz [MarkenG] 1995, § 3 Ab 1; vgl. auch Heider 2001, 30).

Grundlage dieser formalen Verständnisse bilden semiotische Ansätze, nach denen Marken als Symbole verstanden werden, die auf etwas anderes verweisen, beispielsweise Bedeutungen, Inhalte und symbolische Zusammenhänge. Wie andere Zeichenträger auch sind Marken danach primär „things, which stand for other things" (Berger 1984).
Die Markierung von Produkten geschieht zwar primär durch die Art des Auftretens (äußere Gestalt, Innenleben, Name, Markenzeichen etc.), vor allem aber durch die *Bedeutungsmuster*, die sie transportieren: „Consumer goods have a significance that goes beyond their utilitarian character and commercial value. This significance constitutes largely in their ability to carry and communicate cultural meaning" (Douglas/Isherwood 1979).
Markenbildung impliziert somit aus semiotischer Sicht immer zwei Schritte: Die Markierung einer Leistung im eigentlichen Sinn (durch das Markenzeichen, die Verpackung, das Design etc.) und die Ausstattung der markierten Leistung mit Bedeutung. Erst dann kann in diesem Verständnis von einer „Marke" gesprochen werden. Bedeutungen dürfen dabei keinesfalls als rein virtuelle Phänomene verstanden werden, die allein den Akten der Markenmacher unterliegen. Sie werden vielmehr im gesellschaftlichen Interaktionsprozess ausgehandelt und sind von den materiellen Gegebenheiten der Leistung wie auch den Interpretationsleistungen der Konsumenten gleichermaßen abhängig (vgl. Herrmann 1999, 39).
Die Markenbildung stellt sich damit als zweistufiger Prozess dar:

Abbildung 1 **Markenbildung als zweistufiger Prozess**

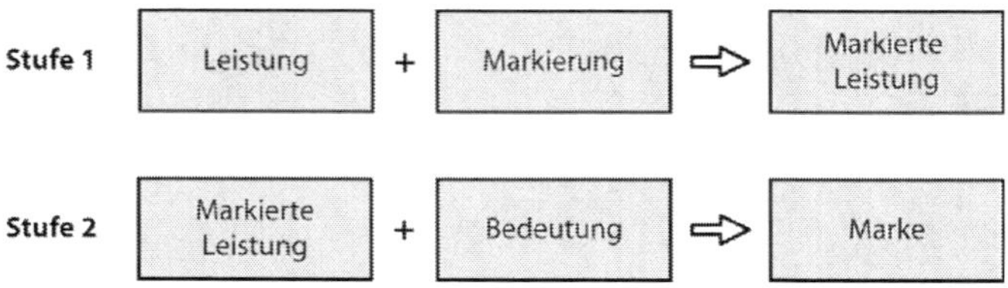

Quelle: eigene Darstellung

Wesentlich im Zuge einer weiteren Differenzierung ist aber die Unterscheidung von Marke und Produkt: Vereinfacht ist ein Produkt das, was das Unternehmen herstellt, die Marke aber das, was der Kunde kauft (vgl. Kapferer 1992, 10). Man kann also sagen, die Marke wird erst zu einer Marke, wenn sie im Kopf des Kunden als eine solche wahrgenommen wird (vgl. Schönborn/Molthan 1999, 8). Dies führt zu einer absatzorientierten und einer konsumentenorientierten Sicht auf den Begriff Marke bzw. zu einer Auseinandersetzung mit der *inhaltlichen Begriffsauffassung*.

So lässt sich also auf der einen Seite der Hersteller (neben der anderen der Konsumenten) als Initiator der Markierung verstehen, der ein konkretes Ziel verfolgt: Die Etablierung einer Marke „stellt auf das unternehmerische Interesse ab, das eigene Angebot identifizierbar und unverwechselbar zu machen" (Riedel 1996, 7). Dabei scheint auch die Qualität der Produkte – im Sinne von Markenware – ein weiterer wichtiger und definitorischer Faktor zu sein (vgl. Irmscher 1997, 18).
Entscheidend aber ist: Marken haben einen über den reinen Produktwert hinausgehenden Wert (vgl. Kriegbaum 2001, 30f.). Über die Unterscheidungsmerkmale hinaus kann eine Marke *immaterielle* Vorteile, d. h. Zusatznutzen für die Konsumenten bringen (z. B. subjektive, intrinsische Merkmale). Dies scheint den eigentlichen Markenwert zu generieren (vgl. Kriegbaum 2001, 38f.). Grundlage hierfür bilden konsumentenorientierte Ansätze.

Konsumentenorientierte Ansätze betrachten die Marke aus *Kundensicht* und stellen auf ihre Bedeutung für den Kunden bzw. den Verbraucher ab. So erscheint aus psychologischer Sicht die Marke als Signalmuster. Sie stellt eine „komplexe Schlüsselinformation (sog. information chunk) dar, mit der die Kunden viele einzelne Konditionen assoziieren und die damit die Orientierung bei wachsender Informationsüberflutung erleichtert" (Trommsdorf 1993, 85; vgl. Riedel 1996, 7). In der Ansprache von Kunden werden diese konsumentenorientierten Ansätze auch als wirkungsbezogene Ansätze bezeichnet und als äußerst tragfähig eingeschätzt (vgl. Bruhn 1994). Dabei kristallisiert sich heraus, dass Marke als die im Gedächtnis der Abnehmer verankerten Inhalte angesprochen werden kann, wobei diese Gedächtnisinhalte mit einem Zeichen verbunden werden. Wichtig erscheint, dass diese Gedächtnisinhalte das Resultat von Lernprozessen darstellen, die insbesondere durch Kommunikationsmaßnahmen des Unternehmens zu Stande kommen. Werbebotschaft, Werbegestaltung und Anzahl der Werbekontakte prägen – immer nachhaltiger unter den Prämissen Kontinuität und inhaltliche Konsistenz – die Inhalte.

Eine Operationalisierung dieser Gedächtnisinhalte geschieht üblicherweise durch die Abfrage von Markenbekanntheit, mit den Möglichkeiten einer passiven (gestützten) sowie einer aktiven (ungestützten) Erinnerung als Wiedererkennung. Das Markenimage repräsentiert dann die mit einer Marke verbundenen kognitiven oder emotionalen Eigenschaften (vgl. Greinert 2002, 21f.).

Marken werden also „im Kopf“ des Konsumenten verortet und sind dabei als produkt- oder unternehmensspezifische „innere Abbilder“ bzw. „Images“ zu verstehen, die das Verhalten von Konsumenten „steuern“. Diese kognitionspsychologische Betrachtungsweise begreift die Marke als eine Art kognitiven Filter, der auf abgespeichertem Markenwissen beruht (vgl. Herrmann 1999, 40f.). Diese Sichtweise lässt sich angelehnt an die Wirkungsforschung in einem Kausalzusammenhang darstellen:

Abbildung 2 **Marke als kognitiver Filter**

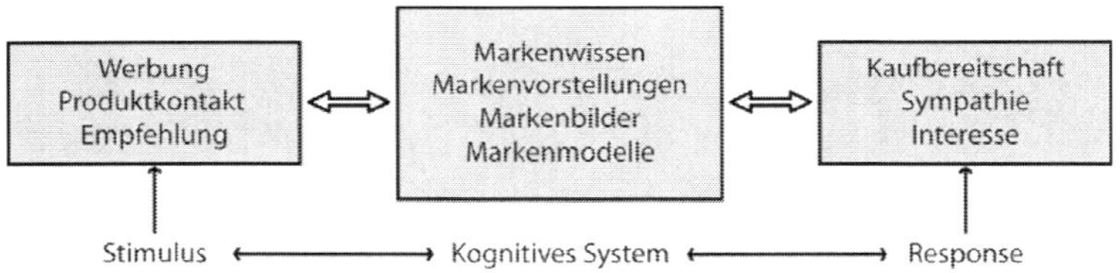

Quelle: Eigene Darstellung

Da die meisten Definitionen und Ansätze zur Marke in den Bereichen der Wirtschaftswissenschaften sowie der Verhaltenspsychologie existieren, lassen sich ein Großteil dieser Ansätze in eher betriebswirtschaftlich-finanzorientierte und eher verhaltenswissenschaftlich-konsumentenorientierte gliedern. Der zunehmende Aufschwung verhaltensorientierter Ansätze in den letzten Jahrzehnten kam dabei dem Bedürfnis des Marketing entgegen, den Prozess der Markenbildung zu steuern und eine strategische sowie operative Markenführung zu betreiben. Die Verhaltenspsychologie kann die „Wirkungen“ der Marke beim Konsumenten allerdings nur im Sinne eines einfachen Stimulus-Response-Modells aufdecken. Nicht zufriedenstellend kann sie den Prozess ihres Zustandekommens, das Ursachenkonglomerat und die intervenierenden Variablen erklären (vgl. u. a. Adjouri 1993, 219).

Praktische Bedürfnisse und theoretische Überlegungen in beiden Disziplinen führten in den letzten Jahren zu einer stärkeren Integration der einstmals getrennten unternehmensbezogenen und konsumentenorientierten Betrachtung: Die Marke wird damit als in einem Beziehungssystem zwischen Anbieter (Unternehmen) und Nachfrager (Konsument) – also im Markt – entstehend und wirkend betrachtet. Bekmeier-Feuerhahn hat 1998 einen solchen explizit

„marktorientierten" Ansatz vorgelegt, allerdings noch keine adäquate, griffige Markendefinition vorgeschlagen (vgl. Bekmeier-Feuerhahn 1998).

2.2 Kommunikationswissenschaftliche Sichtweisen

Was die Rolle von Kommunikation anbelangt, hatten bereits neuere einzeldisziplinäre Ansätze, die verhaltenswissenschaftlichen aber mehr als die betriebswirtschaftlichen, diese durchaus in den Blick genommen (vgl. Hätty 1989). Dies geschah aber nur allgemein oder unzureichend. 1993 musste Adjouri als Fazit seiner damaligen Bestandsaufnahme feststellen: „Beide Disziplinen können die kommunikativen Grundlagen der Marke nicht ausreichend erklären" (Adjouri 1993, 218). Dies hat sich bis heute nicht wesentlich geändert.
Eine zutreffendere, aber nicht optimale Berücksichtigung finden kommunikative Aspekte in der marktorientierten Perspektive. Dies vor allem deshalb – und damit zeigen sich sogleich Grenzen auf –, weil die gegenwärtige marktorientierte Perspektive Anleihen aus der Semiotik nimmt (vgl. auch Adjouri 1993, 215ff.). Die Integrationskraft des Ansatzes von Bekmeier-Feuerhahn beruht vor allem darauf, dass sie Komponenten traditioneller Markenbetrachtung unter ihre semiotische Betrachtung zu subsumieren vermag: Sowohl formale, eigenschaftsbezogene und wirkungsbezogene Perspektiven wie auch syntaktische, semantische und pragmatische Perspektiven werden berücksichtigt (vgl. Bekmeier-Feuerhahn 1998, 28).

Ein originärer und elaborierter kommunikationswissenschaftlicher Ansatz zur Marke existiert derzeit nicht. Dem entspricht auch – und damit wird einem wichtigen Ergebnis dieser Studie vorgegriffen –, dass aus kommunikationswissenschaftlicher und -praktischer Sicht keines der gegenwärtig vorhandenen Markenbewertungsmodelle Unternehmens- und Produktkommunikation adäquat berücksichtigt. Im Folgenden lassen sich zunächst nur „Bausteine" innerhalb einer kommunikationsorientierten Sichtweise aufzeigen. Der Bau eines tragfähigen Gebäudes verlangt noch intensive und längerfristige Grundlagenforschung, die innerhalb einer solchen Studie nicht zu leisten ist. Als „Bauplan" kann dabei das Verständnis von Kommunikation als eines wechselseitigen, verflochtenen Prozesses zwischen „Sendern" (beispielsweise Unternehmen) und „Empfängern" (beispielsweise ihren Kunden, aber auch sonstigen Bezugsgruppen) dienen, in dem über „Medien" (beispielsweise der Unternehmens-PR, aber auch journalistische) Themen verhandelt, Sinn ausgetauscht und gestiftet sowie soziale Beziehungen konstituiert werden (vgl. z.B. Merten 1977, Burkart 1998, Bentele/Beck 1994).

Unter kommunikativen Gesichtspunkten betrachtet erscheint wichtig, dass nicht nur kommunikative Botschaften vom „Hersteller" das Bewusstsein einer

Marke generieren, sondern auch die *Nachfrager selbst* den Symbolgehalt von Marken determinieren, indem sie sich diese auf eine ganz bestimmte Art und Weise aneignen und bewusst als Instrumente der Selbstdefinition und sozialen Abgrenzung einsetzen. Damit sind Marken als Medien also keineswegs nur Träger „oktroyierter" Botschaften. Ihr symbolischer Mehrwert ist vielmehr von der Art der Aneignung und Verwendung der Marke durch den Konsumenten genauso abhängig wie von den Markierungsinitiativen der Hersteller (vgl. Herrmann 1999, 41f.).

Abbildung 3 **Generierung von Mehrwert**

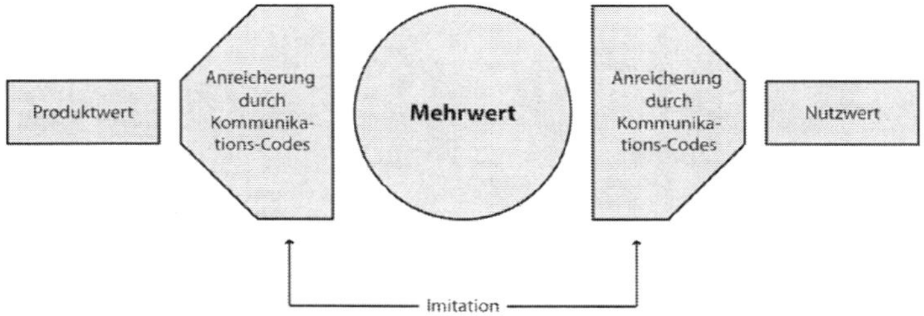

Quelle: eigene Darstellung (vgl. Hermann 1999, 42; Gottdiener 1995)

Zusammenfassen lässt sich dies nach Hermann mit der Definition: „Unter Marken werden Repräsentationen verstanden, die als Vorstellungsbild die wichtigsten einem Produkt, einer Dienstleistung, einer Produktfamilie, einem Unternehmen oder einem sonstigen Träger (Person, Institution, Nation etc.) kognitiv zuordbaren und für den Markterfolg relevanten Eigenschaften und deren Verknüpfungen umfassen" (Hermann 1999, 43f.).

Für beide Seiten – sowohl aus Herstellersicht wie auch aus Konsumentensicht – kann die Marke also als „ein Wertzeichen zur Wiedererkennung, ein System und Zeichensystem mit der Funktion der Orientierung, Differenzierung und Klassifizierung" (Rieger 1991, 12) gelten. Aber auch und ebenso als „ein System, bei dem Menschen und Dinge, Geist und Materie sich zu einem gestalthaften Ganzen vernetzen und darüber in Wechselwirkung treten" (Brandmeyer/Otte 1992, 27, vgl. Riedel 1996, 8).

Damit einhergehend zeigt sich die Marke künftig als ein „Gestaltsystem". Dahinter steht die Grundidee, dass Menschen und ihr Handeln von Gestaltzusammenhängen getrieben werden, die sich in ihren Vorstellungen zusammensetzen. Unter Einsatz vielfältiger Produktions-, Vertriebs- und Kommunikationsanstrengungen kann dann in den Köpfen des Publikums die Marke als

dauerhaftes, identifizierbares, wirkliches Wesen verankert werden. Damit ergibt sich auch die Möglichkeit und Chance, Aktivitäten zu planen, Kommunikationsinstrumente gezielt einzusetzen und die Entwicklung von Ideen und Produkten ganzheitlich aufeinander zu beziehen.
Wesentlich beeinflusst wird die Gestalt der Marke dabei durch die Prozesse in den öffentlichen Arenen (vgl. Behrent/Mentner 2001, 57f.). Einerseits ist die Marke selbst Botschaft, selbst Medium (= denotative Ebene, vgl. Adjouri 1993, 230), andererseits kann sie ihre „Kraft“ nur entfalten, wenn sie durch von ihr losgelöster, begleitender Kommunikation (Werbung, PR, Sponsoring etc.) mit Bedeutung angereichert wird (= konnotative Ebene). Kommunikation von Unternehmen und ihren Produkten – also vor allem die konnotative Seite der Markenbildung und -pflege – nimmt in unserer Informations- und Mediengesellschaft an Bedeutung zu. Diese spielt sich in der Öffentlichkeit ab, ist deren Gesetzmäßigkeiten unterworfen und ruft wiederum Anschlusskommunikationen hervor. Unternehmens- und Produktkommunikation – vermittelt durch öffentliche Massenmedien – treten dabei gleichsam an Stelle der (physischen) Marke und konstruieren sie zugleich wesentlich. Die dabei ablaufenden Prozesse stehen bislang nicht im Fokus der Markenlehre. Mit dieser Feststellung korrespondiert auch der zentrale Befund, dass die diesbezüglichen Aufwände und Kosten in den bisherigen und gegenwärtigen einschlägigen Modellen zur Markenbewertung nicht oder nur ansatzweise berücksichtigt sind.

Eine umfassende und mehrere Aspekte verbindende Definition aus kommunikationswissenschaftlicher Sicht bietet Bentele: „Eine ‚Marke’ lässt sich als Zeichenkomplex mit einer bestimmten Struktur (z. B. verbale und visuelle Elemente) definieren, die einerseits unmittelbare Bezüge zu spezifischen Produkten oder Dienstleistungen besitzt, die sie kommunikativ repräsentieren, und andererseits Beziehungen zu den Markenbenutzern hat. Markenbenutzer sind einerseits die Markenproduzenten (Unternehmen, Marketingabteilungen, Agenturen), andererseits die Markenrezipienten, also Publika (z. B. Käufer). Marken repräsentieren sowohl aus produktions- wie aus rezeptionsbezogener Sicht bestimmte ökonomische, vor allem aber Gebrauchs- und Kommunikationswerte (z. B. Images, Reputation). Innerhalb des sozialen Kontexts weisen Marken juristische, ökonomische, soziologische (z.B. Kultmarken) oder psychologische Dimensionen auf“ (Bentele 2000).

Kommunikationswissenschaftlich über Marken nachzudenken, erfordert also, über den letztlich auf das konsumierende Individuum fokussierten, verhaltenswissenschaftlichen Ansatz hinauszugehen und eine integrative Vorgehensweise anzustreben. Damit ist zugleich eine stärkere Akzentuierung der Organisationsperspektive im Vergleich zur Produkt- und Marketingperspektive verbunden. Organisationskommunikation bzw. Unternehmenskommunikation und Public Relations haben bekanntlich auch in der Praxis gegenüber

Produktkommunikation bzw. Werbung an Bedeutung gewonnen. Der bisherige Schwerpunkt der Markenlehre und ebenso die bisherigen Ansätze der Markenwertermittlung sind jedoch eindeutig auf Produktmarken konzentriert, was allerdings nicht gegen die Übertragung ihrer Hauptaussagen auf Unternehmensmarken sprechen muss. Eine stärkere Zuwendung zur organisationellen Perspektive ist durchaus auch zu erkennen, insbesondere im Corporate-Reputation-Ansatz (vgl. Bickerton 2000, 42ff.).

2.3 Funktionen der Marke

Ein kommunikationswissenschaftlicher Markenansatz wäre vermutlich geeignet, neben betriebswirtschaftlichen und verhaltenswissenschaftlichen Perspektiven auch soziologische[4] oder philosophische[5] zu integrieren. Die folgende kurze Aufstellung zeigt die Breite von Markenfunktionen. Aus Gründen der Übersichtlichkeit wird klassisch nach Hersteller- und Konsumentensicht gegliedert und unterschieden (vgl. Bruhn 2001, 21, Riedel 1996, 10ff., Weis/Huber 2000, Behrent/Mentner 2001, 50, Heider 2001, 32ff., Schönborn/Molthan 1999, Sommer 1998, 87ff.).

Herstellersicht:

- Informationsfunktion
- Kommunikationskonstanz
- Kontaktfunktion (direkt zwischen Hersteller und Konsument)
- Stabilisierungsfunktion (Marktunabhängigkeit)
- Erhöhte Absatzsicherheit
- Profilierungsfunktion
- Unterscheidungsfunktion
- Herkunftsfunktion
- Kundenbindungsfunktion

Konsumentensicht:

- Orientierungsfunktion (Entscheidungshilfe)
- Wiedererkennbarkeit
- Darstellungsfunktion (individueller Zusatznutzen, Selbstinszenierung)
- Identitätsfunktion
- Zugehörigkeitsfunktion (soziale Gruppierung)
- Qualitätssicherungsfunktion

---

4 Marke als Statuskauf und sozialgesellschaftlicher Kitt.

5 Marken als moderne Form von Sinnentwürfen an Stelle von Ideologien, Utopien etc.

- Risikominderung
- immaterielle Wunschbefriedigung
- Wertfunktion (Sinnentwurf)
- Mythos-, Ritualfunktion

2.4 Erscheinungsformen von Marken

Geschah die bisherige Annäherung an das Phänomen und den Begriff Marke ganz allgemein und abstrakt, lassen sich in der Praxis die unterschiedlichsten Erscheinungsformen von Marken finden. Es bietet sich an, diese in einer Übersicht darzustellen und mit Beispielen zu versehen. Folgende Kriterien dienen dabei der Abgrenzung (vgl. Bruhn 1994, Greinert 2002, Riedel 1996, Heider 2001, Diller 1992):
Markierungsobjekt (Hersteller-, Handels- oder Dienstleistungsmarke), Inhalt der Marke (Fantasie- oder Firmenmarke), Anzahl der Markeninhaber (Einzelmarke oder Markengruppe) und Reichweite der Marke (regional, national, international).

Markenarten		***Herstellermarke***	***Handelsmarke***	***Dienstleistungsmarke***
Anzahl der Markeninhaber bzw. Inhalt	*Einzelmarke*	Odol Rama	Tandil Albrecht-Kaffee	Moulin Rouge Lufthansa Party Service
	Marken-gruppe	Nivea Maggi	Die Weißen A&P	Kienbaum-Beratung Mister Minit
	Firmenmarke	*Bahlsen* *Melitta*	Ikea Obi	Steigenberger Bewag

(Quelle: Modifiziert nach Diller 1992, 647f.)

Markenarten		***Herstellermarke***	***Handelsmarke***	***Dienstleistungsmarke***
Reichweite der Marken	*Regionale Marke*	Reudnitzer Bier Südmilch	Nanz KdW	BHI-Bank, Berlin Bewag
	Nationale Marke	Ernte 23 Duden	Elite Mark Astor	Trans-o-Flex Neue Heimat
	Internationale Marke	Coca-Cola Kodak	Universum Woolworth	American Express Lufthansa

(Quelle: Modifiziert nach Diller 1992, 647f.)

3. Markenwert-Begriff

3.1 Vorbemerkungen

Ganz allgemein und integrierend formuliert Sattler: „Unter dem Markenwert (Brand Equity) eines Produkts soll hier derjenige Wert verstanden werden, der mit dem Namen oder Symbol der Marke verbunden ist“ (Sattler 1994, 664). Jedoch ergibt sich aus dem Abgleich unterschiedlicher, zum Teil sehr divergierender Auffassungen zum Begriff Markenwert bzw. „brand equity“ (vgl. Sander 1994, 43ff., Maretzki 2001, 34ff.), dass allen Definitionen zumindest eines gemeinsam ist: Der Versuch, die Gesamtwirkung der Marke zu quantifizieren und – teilweise – in einen monetären Wert zu überführen.

Beispielhaft herausgegriffen sei die Definition von Penrose, welche grundlegend für das Interbrand-Modell ist: „We define the value of a brand as encompassing the particular values attributable to the trademark, logo, packaging and get-up; and to the recipe, formulation or raw material mix. In other words brand value embraces all the proprietary intellectual property rights encompassed by the brand” (Penrose 1989, 33).

Aus den Ausführungen zum Begriff Marke wurde bereits klar, dass eine betriebswirtschaftlich-finanzorientierte Sichtweise allein keineswegs als tragfähig anzusehen ist. Dennoch lohnt sich die nähere Auseinandersetzung mit diesen Ansätzen: Beleuchtet sie doch die Herstellersicht der Marke. Denn zur möglichst vollständigen Erfassung des Konstrukts Markenwert muss auch das Verständnis des Markeninhabers in Betracht gezogen werden.

3.2 Monetäre (finanzorientierte) Definitionen

Der Markenwert aus Sicht des Markeninhabers stellt sich als eine monetäre Größe dar, er ist „derjenige Gewinn [...], der eindeutig auf die Marke als Markenzeichen zurückzuführen ist, und den er [der Markeninhaber, d. A.], ohne die Marke zu besitzen, nicht erzielen könnte. Dieser Gewinn resultiert aus den Erlösen, die durch das Markenzeichen erwirtschaftet werden, abzüglich der Kosten, die direkt dem Markenzeichen zuzuordnen sind“ (Sander 1994, 46). Diese Sichtweise findet sich auch in der angloamerikanischen Forschung. Markenwert wird hier u. a. definiert als „the value of the brand added to the product” (Wyner 2001, 4) oder unter „brand equity” angesprochen als „the specific dollar worth of a product or service, beyond its physical and delivery costs, that is realized because of the impact of its branding” (Middleton and Dalla Costa, zit. nach: Brand Finance 1999, 24).

Gleichzeitig wird aber auch – und das schon seit Anfang der 1960er-Jahre – Markenwert mit Markenkapital gleichgesetzt und die mit der Marke demnach potenziell zu erzielenden Erlöse als Chance und Ziel unternehmerischen Handelns begriffen. Demnach ist das Markenkapital der „Barwert aller zukünftigen Einzahlungsüberschüsse, die der Eigentümer aus der Marke erwirtschaften kann“ (Kaas 1990, 48, anschließend an Kern 1962, Rohnke 1962, Herp 1982, Yovovich 1988, Simon/Sullivan 1991, vgl. Riedel 1996, 34, vgl. Heider 2001, 10).

Problematisch erscheint allerdings beispielsweise die eindeutige Abgrenzung und Zuordnung der Erlöse und Kosten, um zu eindeutigen und nachvollziehbaren Werten zu gelangen.
Zusammenfassend lässt sich sagen, dass rein finanzwirtschaftliche Markenwertbestimmungen für ein Markenmanagement bzw. Unternehmensmanagement allgemein nicht relevant erscheinen, da diese keinerlei Aussagen über das Bild des Käufers von der Marke treffen. Darüber hinaus lassen sich für anzusetzende profitable Marketingstrategien keine Indikatoren entwickeln – im Sinne einer aktiven Markensteuerung.

Als *Bindeglied* kann Aaker angesehen werden, der stärker erklärend den verhaltenswissenschaftlichen Ansatz der Marketingtheorie seiner Definition zugrundelegt: „Der Markenwert wird definiert als die mit der Marke verknüpften Aktiva und Passiva, die den Wert eines Produkts oder einer Dienstleistung mehren oder mindern. Diese Attribute schließen die Markentreue, die Bekanntheit des Namens, die angenommene Qualität und die Assoziationen ein“ (Aaker 1991, 1992, 313 und 1996).
Damit rückt der Markenwert aus Konsumentensicht in den Vordergrund.

3.3 Konsumentenorientierte Definitionen

Kennzeichnend für verhaltenswissenschaftliche Ansätze bzw. konsumentenorientierte Markenwertbegriffe ist die plausible Annahme, dass der Markenwert für ein Unternehmen wesentlich von der Wahrnehmung der Marke, ihren Images und Bildern im Kopf des Konsumenten abhängt (vgl. Schönborn/Molthan 1999, 8). Wichtig zu erwähnen scheint auch, dass dieselbe Marke im Besitz des einen Unternehmens ein Vielfaches an Wert haben kann als für ein anderes Unternehmen. Daher kommt es darauf an, wie die Marke in das gesamte Marken-Portfolio passt, welches Entwicklungspotenzial sie mitbringt, wie dies das Unternehmen nutzen kann und auch wie der wechselseitige Transfer von Images funktioniert (vgl. Schönborn/Molthan 1999, 9).

Denn „erst durch die Anerkennung einer Marke im Markt kann [...] einer Marke ein gewisser Wert zugeschrieben werden. Als Quelle des Markenwerts muss damit die Wahrnehmung einer Marke durch den Konsumenten angesehen werden. Alle Assoziationen, Anmutungen und Vorstellungen der Konsumenten gegenüber einer Marke resultieren in einer bestimmten Wertschätzung des Konsumenten für diese Marke und stellen somit den Markenwert aus Sicht des Konsumenten dar“ (Sander 1994, 44f.).

Dieser gewissermaßen „innere Markenwert“ setzt sich zusammen aus dem inneren Markenbild – was dem durch Marketing-Mix-Maßnahmen leicht beeinflussbaren aktuellen Auftritt der Marke entspricht – und dem Markenguthaben, also dem Vertrauen der Konsumenten in die Marke (Andresen 1991, 31f., vgl. Riedel 1996, 34). Konsumentenurteile stehen also im Mittelpunkt (vgl. Heider 2001, 11), sodass der Markenwert „als die marketingrelevante, akquisitorische Kraft zu sehen [ist], die ein bislang unmarkiertes Produkt für den potenziellen Käufer attraktiver werden lässt“ (Franzen 1994, 1625).

Im verhaltenswissenschaftlichen Sinne definiert Esch (Esch 1993, 58): „Der Markenwert kann als das Ergebnis der unterschiedlichen Reaktionen von Konsumenten auf Marketingmaßnahmen einer Marke im Vergleich zu identischen Maßnahmen einer fiktiven Marke auf Grund spezifischer Markenvorstellungen verstanden werden.“ Dabei lässt sich der Markenwert im Gedächtnis der Konsumenten folgendermaßen repräsentiert sehen (vgl. Esch 1993, 59):

Abbildung 4 **Markenwert durch Gedächtnisinhalt**

Markenwert

Gedächtnisinhalt zur Marke ⟺ Gedächtnisinhalte zu Konkurrenzmarken

- Bekanntheit der Marke
  - aktive Bekanntheit
    - visuelle Repräsentation
    - verbale Repräsentation
  - passive Bekanntheit
    - visuelle Repräsentation
    - verbale Repräsentation
- Image der Marke
  - emotional dominiert
    - Anzahl der Assoziationen
    - Richtung der Assoziationen
    - Stärke der Assoziationen
    - Inhalt der Assoziationen
      - Repräsentation: visuell/verbal
      - Art der Inhalte: spezifisch/unspezifisch
  - kognitiv dominiert
    - Anzahl der Assoziationen
    - Richtung der Assoziationen
    - Stärke der Assoziationen
    - Inhalt der Assoziationen
      - Repräsentation: visuell/verbal
      - Art der Inhalte: spezifisch/unspezifisch

Quelle: eigene Darstellung

Auf dieser Grundlage sind gerade folgende Aspekte von zentraler Bedeutung für den Markenwert (vgl. Esch 1993, 59ff.):

1. Zahl der Eigenschaften, die mit der Marke verbunden werden
2. Richtung der Verbindung zwischen Eigenschaften und Marke
3. Stärke der Verbindung zwischen bestimmten Eigenschaften und einer Marke
4. Inhalte die mit der Marke verbunden werden.

Integrative Ansätze und Sichtweisen verbinden diese und vorgenannte Gesichtspunkte.

3.4 Integrative Definitionen

3.4.1 Marktorientierte Definitionen

Einen integrativen und marktorientierten Definitions- und Markenwertansatz vertreten Schulz/Brandmeyer: „Der Markenwert ist die Gesamtheit aller positiven und negativen Vorstellungen, die im Konsumenten ganz oder teilweise aktiviert werden, wenn er das Markenzeichen wahrnimmt, und die sich in

ökonomischen Daten des Marktwettbewerbs spiegeln" (Schulz/Brandmeyer 1989, 365).
Berücksichtigt werden hierbei sowohl der Markenbezug als immaterieller Wert, der alleine dem Markenzeichen anhängt und unabhängig vom sonstigen Firmenwert ist, als auch ein verhaltenswissenschaftlicher Bezug: Der Markenwert entsteht in den Köpfen der Konsumenten. Darüber hinaus existiert ein Marketing- und Finanzbezug, wobei sich die ökonomischen Daten des Marktwettbewerbs aus monetären und nicht-monetären Zielgrößen zusammensetzen (vgl. Riedel 1996, 35).

Besonders tragfähig erweist sich der Ansatz von Bekmeier-Feuerhahn, welcher neben dem *Markengewinn* die *Markenstärke* als ein hypothetisches Konstrukt zu Hilfe nimmt und dem Wirkungen in preispolitischer, kommunikationspolitischer, produktpolitischer und distributionspolitischer Richtung zugeschrieben werden (vgl. Bekmeier-Feuerhahn 1998, 41ff.): „*Markenstärke* beschreibt eine Antriebskraft, die aus der subjektiven Wertschätzung der Markierung entsteht" (Bekmeier-Feuerhahn 1998, 39). Dieses hypothetische Konstrukt als motivationaler Prozess zeigt enge Verwandtschaft zum Einstellungskonstrukt, welches aus der Erforschung von Einstellungen als zentraler Teil der Konsumentenforschung herrührt (vgl. Bekmeier-Feuerhahn 1998, 44). Betont wird jedoch, dass *Markenstärke* spezieller und emotionaler als *Einstellung* generell zu begreifen ist.

Markengewinn und Markenstärke werden schließlich in einen marktorientierten Markenwert überführt. So wird eine umfassende Definition präsentiert, die Unternehmens- und Konsumentenperspektive integriert, Markierungsleistungen von den Produktleistungen einer Ware trennt (also nur immaterielle Produktleistungen betrachtet), ein echtes monetäres Wert(äquivalent) feststellt und darüber hinaus das Potenzial der Marke zukunftsorientiert berücksichtigt: „Markenwert wird definiert als die durch die Markierung ausgelösten gegenwärtigen und zukünftigen Wertsteigerungen von Leistungen auf Konsumenten- und Unternehmensseite, die ökonomisch nutzbar und in monetären Maßeinheiten zu bewerten sind" (Bekmeier-Feuerhahn 1998, 46).

3.4.2 Kommunikationswissenschaftliche Aspekte

Bekmeier-Feuerhahn markiert schon einen Übergang von der (integrativen, letztlich aber doch wirtschaftswissenschaftlich basierten) Markt- auf eine Kommunikationsperspektive, indem sie von einem motivationalen Prozess ausgeht, der schließlich Werte generiert. Eine originär kommunikationswissenschaftliche Markenwertdefinition lässt sich derzeit jedoch nicht auffinden. Dies hängt auch damit zusammen, dass die fachliche Diskussion um einen monetären Wert von Kommunikation *an sich,* das entstehende Bewusstsein

einer Wertschöpfungsfunktion von Kommunikation und dessen Ermittlung erst jüngeren Ursprungs sind. „Bislang existieren nur geringe elaborierte Ansätze, die eine kostenmäßige Bewertung von Informationen in angemessener Weise ermöglichen. Bisherige Studien beschränken sich darauf, den (engen) Bereich der Medien, der Medien- und Kommunikationstechnik sowie der Kommunikationsdienstleistungen ökonomisch als Branche zu bewerten" (Löffelholz/Altmeppen 2001, 57).
Wichtige weitere Probleme einer solchen Kosten- und Wertermittlung sind darüber hinaus, dass Information und Wissen eher als Rahmenbedingungen angesehen werden und nicht unmittelbar als Produkte oder Dienstleistungen eingestuft werden können. Auch der ökonomische Status von Kommunikation ist stark subjekt-, situations- und kontextabhängig. Und Kosten und Nutzen hängen wesentlich von den definierten Zielen und den vorhandenen Ressourcen ab.

Das Kostenprofil von Kommunikation wäre also immer in Verbindung mit Zielprofil (Kommunikationsziele), Medienprofil (Berücksichtigung unterschiedlicher Potenziale von Medien) und Nutzenprofil (entsprechen die Wirkungen den Zielen?) zu sehen. Zu den Kosten des Medieneinsatzes beispielsweise zählen:

- „die Investitionskosten (gegliedert nach den jeweiligen Medien) wie Infrastruktur, Geräte sowie laufende Kosten (Betreuung und Wartung),
- die direkten Kosten des Informationsprozesses (Personal-, Telekommunikations- und Druckkosten) wie Sammlung und Selektion, Bearbeitung und Produktion sowie Präsentation und Distribution
- und (anteilige) Transaktions- und Organisationskosten (Management, Controlling)" (nach Löffelholz/Altmeppen 2001, 60).

Jedoch sind beispielsweise Ansätze, die Kommunikation generell aus wirtschaftswissenschaftlicher Sicht betrachten wollen und einen „Return on Investment" Wert festlegen, zum Scheitern verurteilt (vgl. Lee 2002, 11). Allerhöchstens einzelne Maßnahmen lassen sich so betrachten, die komplexe Gesamtheit und relationale Effekte lassen sich mit Einmethodendesigns jedoch nicht abbilden. Anzumerken ist, dass diese Herangehensweise – auch in den Wirtschaftswissenschaften – nicht die Regel ist.

Grunig/Grunig/Dozier (2002, 264 ff.) kommen in der Abschlusspublikation ihrer bekannten „Excellence"-Studie (vgl. auch Grunig/Grunig/Dozier 1992) zum Ergebnis, dass der Weg, den Wert von kommunikativen Programmen von Unternehmen über Beziehungen zu Öffentlichkeiten (relationships with publics) zu ergründen, deutlich erfolgversprechender sei als der Weg, dies über die Begriffe *Brand*, *Image* oder *Reputation* zu tun. In dieser Studie ist auch der Wert (value) von unterschiedlichen Kommunikationsprogrammen (Public Relations im weiteren Sinn) von CEOs und Kommunikationsverantwortlichen erfragt und eingeschätzt worden. Das interessante Ergebnis: Insgesamt haben sowohl die befragten CEOs wie auch die befragten Kommunikationsverantwortlichen den Wert von Kommunikationsprogrammen mit 186 Prozent Return on Investment eingeschätzt. Jeder in die Kommunikation investierte Dollar - so der Durchschnitt der Befragten - bringt den Unternehmen 1,86 Dollar zurück. Bei exzellenten Organisationen war dieser Wert noch klar höher (Grunig/Grunig/Dozier 2002, 108 f.)

Bis also aus solchen und weiteren in der Literatur vorfindbaren Hinweisen tragfähige Kosten- und Wertermittlungsansätze für Kommunikation entstehen, muss noch viel Grundlagenforschung geleistet werden. Vielversprechende und zum Teil schon weit fortgeschrittene Ansätze finden sich in den Forschungen zum Komplex Corporate Reputation und dessen Einfluss auf den Unternehmenswert (vgl. u.a. Bennett/Kottasz 2000, Bickerton 2000, Greyser 1999, Fombrun 1996).

3.5 Unternehmenswert durch Corporate Reputation

3.5.1 Allgemeine Grundlagen

Es lassen sich generell drei Vermögensarten eines Unternehmens unterscheiden: Materielle Werte, also gewissermaßen Werte mit körperlicher Substanz (z. B. Maschinen und Gebäude), finanzielle Werte (z. B. Geldforderungen) und immaterielle Werte, welche als wirtschaftliche Vorteile zu begreifen sind (vgl. Kriegbaum 2001, 19; Hall 1992, 135f.). Unter letzteres fallen nicht nur Marken, sondern auch bestimmte Geschäftsbeziehungen, Know-how, eine gute Organisation, ein günstiger Standort und vor allem der Ruf eines Unternehmens (Kriegbaum 2001, 3).
Ressourcen-orientierte Sichtweisen betrachten auf der Grundlage von Basisressourcen die Organisationsform Unternehmen in einer ähnlichen Dreiteilung (vgl. Schwalbach 2001; Barney 1991; Hall 1992). Als Ressource eines Unternehmens – wichtig für den Erfolg bzw. die Existenz eines Unternehmens – kann gelten, wenn vier Eigenschaften zutreffen (vgl. u. a. Barney 1991, Deephouse 2000): Sie muss selten, wertvoll, nur unvollständig nachzuahmen und nicht ersetzbar sein. So kann man davon ausgehen, dass die Generierung und Maximierung des Unternehmenswertes als oberstes Ziel der Unternehmung von drei unterschiedlichen Basisressourcen bestimmt wird: „Tangible, intangible und Personal“ (Schwalbach 2001, 3). Unter tangiblen Ressourcen werden Sach- und Finanzvermögen verstanden, Unternehmens- und Produktreputation werden zum intangiblen Kapital gezählt, und Fähigkeiten und Wissen der Mitarbeiter werden unter der Ressource Personal zusammengefasst (vgl. Schwalbach 2001, 3f.). Die Bedeutung für den Unter-

nehmenswert lässt sich schematisch folgendermaßen darstellen (vgl. Schwalbach 2001, Abb. 2):

Abbildung 5 **Bedeutung von Ressourcen für den Unternehmenswert**

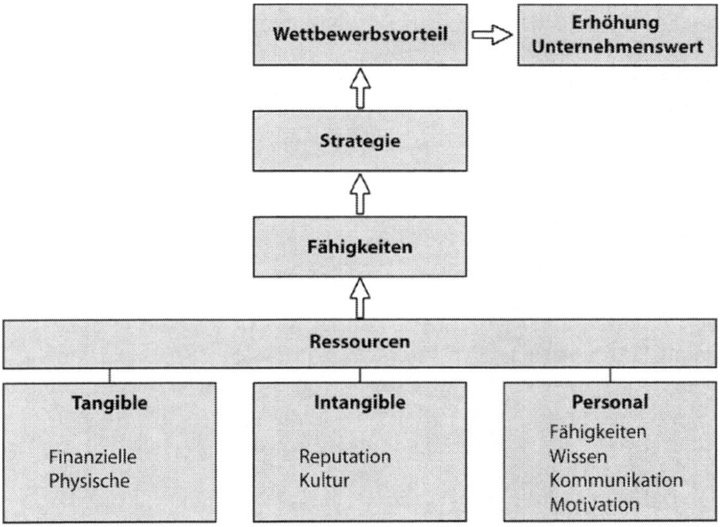

Quelle: eigene Darstellung nach Schwalbach 2001, 4, Abb. 2

Die Kombination dieser drei Basisressourcen generiert Kernkompetenzen und Fähigkeiten, die das Unternehmen von anderen im Markt unterscheidet. „Die Fähigkeiten […] bestimmen die strategischen Möglichkeiten, und über die gewählte Strategie wird die Wettbewerbsposition, die Dauerhaftigkeit des Wettbewerbsvorteils und letztlich der Unternehmenswert bestimmt“ (Schwalbach 2001, 4). Reputation spielt damit als intangible Ressource bei der „Erringung, Verbesserung und Verteidigung der Wettbewerbsposition sowie bei der Erhöhung des Unternehmenswerts eine wesentliche Rolle“ (Schwalbach 2001, 4).
Die Existenz einer derartigen Ressource im Unternehmensprozess stellt also einen signifikanten Wettbewerbsvorteil dar (vgl. auch Barney 1991, Hall 1992). Corporate Reputation ist als solche Ressource zu verstehen (vgl. Deephouse 2000; Schwalbach 2001).

3.5.2 Definition

Der Begriff Corporate Reputation zieht bereits seit über vierzig Jahren hohes Interesse bei Marketingwissenschaftlern und –praktikern auf sich (vgl. Gotsi/Wilson 2001, 24).
Und obwohl etliche Forschungen und empirische Studien in den letzten Jahren durchgeführt wurden, kann man im gesamten, sich mit der Thematik auseinandersetzenden Feld noch immer keine eindeutige, allgemein gültige Definition feststellen (vgl. Gotsi/Wilson 2001, 24).
So setzen hauptsächlich frühe Studien aus den 60er und 70er Jahren die Begriffe Corporate Image und Corporate Reputation gleich, mit dem konformen Verständnis einer Summe von funktionellen Qualitäten und psychologischen Attributen, die im Kopf des Konsumenten bzw. Rezipienten existieren (vgl. u.a. Boorstin 1961; Bernays 1977; Dichter 1985).
Spätere Studien und Ansätze folgen nicht dieser Auffassung (vgl. u.a. Balmer 1997; Fombrun 1996; Bromley 1993). Im Gegenteil: Es lassen sich im Verlauf der Forschungen zwei unterschiedliche Sichtweisen feststellen: Jene „analogous school of thought“ (Gotsi/Wilson 2001, 25), die Corporate Reputation als ein Synonym für Corporate Image versteht und eine differenzierte Sichtweise, die Corporate Reputation and Corporate Image als unterschiedliche Konstrukte sieht, welche allerdings in Beziehung zueinander stehen (vgl. Gotsi/Wilson 2001, 25).
Tragfähig und sinnvoll ist sicherlich, Corporate Image und Corporate Reputation als unterschiedliche, aber dennoch voneinander abhängige Konstrukte zu betrachten. Eine breit angelegte Literaturdurchsicht zeigt einzelne Elemente und Charakteristika des Konstrukts Corporate Reputation auf. Unter anderem werden dabei auch Unterschiede zu Corporate Image herausgestellt (vgl. Gotsi/Wilson 2001, 28f.):
Corporate Reputation

- ist dynamischer Natur (vgl. u.a. Balmer 1997; Fombrun 1996)
- benötigt längerfristig Zeit zum Aufbau und zur Pflege (vgl. u.a. Balmer 1997).
- steht im direkten Austausch zum Konzept Corporate Image (vgl. Rindova 1997): Corporate Reputation bildet sich größtenteils aus aktualisierten und manifestierten Images, die sich bei Individuen aufgrund des Verhaltens, der Kommunikation und der Symbolik einer Organisation täglich aufs Neue bilden. Gleichzeitig kann aber auch Corporate Reputation diese täglich aktualisierten Images der Teilöffentlichkeiten beeinflussen (vgl. u. a. Bromley 1997; Fombrun/Shanley 1990).
- verdeutlicht die wahrgenommene Stellung eines Unternehmens gegenüber Mitbewerbern (vgl. Fombrun 1996).
- ist für verschiedene Teilöffentlichkeiten nicht dasselbe: Verschiedene Teilöffentlichkeiten konstruieren für sich eine jeweils unterschiedliche Reputation desselben Unternehmens, abhängig vom eigenen ökonomi-

schen, sozialen und persönlichen Hintergrund (vgl. u. a. Bromley 1997).

All jene Charakteristika integrierend, gestaltet sich die folgende Definition: „A corporate reputation is a stakeholder´s overall evaluation of a company over time. This evaluation is based on the stakeholder´s direct experiences with the company, any other form of communication and symbolism that provides information about the firm´s actions and/or a comparison with the actions of other leading rivals" (Gotsi/Wilson 2001, 29).

Es existiert also eine dynamische, gegenseitige Beziehung zwischen Corporate Reputation und vom Unternehmen unterschiedlich stark geplanten, dargestellten und erfahrenen Corporate Images, welche in den Wahrnehmungen der einzelnen Stakeholder im persönlichen oder vermittelten Kontakt entsteht. Wichtig erscheint, dass Corporate Reputation nicht als relativ statisches Element zu begreifen ist, das nur durch gute bzw. eindrucksvolle Logoi und gut geplante (bzw. erfolgreiche) externe Kommunikationsaktivitäten beeinflusst und gesteuert werden kann. Vielmehr muss Corporate Reputation vielschichtiger betrachtet werden, als dynamische Rekonstruktionen mit rückblickendem und damit historischem Charakter, die Teilöffentlichkeiten beeinflussen und aber auch gleichzeitig selbst über Images beeinflusst werden. Und zwar in dem Maße, wie das Unternehmen durch sein Verhalten, seine Kommunikation und seine Symbolik seine Images beeinflusst (vgl. Gotsi/Wilson 2001, 29). So gesehen gestaltet sich Corporate Reputation eingebunden in eine Art dynamisches „Netzwerk" von Images:

Abbildung 6 **Image-Netzwerk bildet Corporate Reputation**

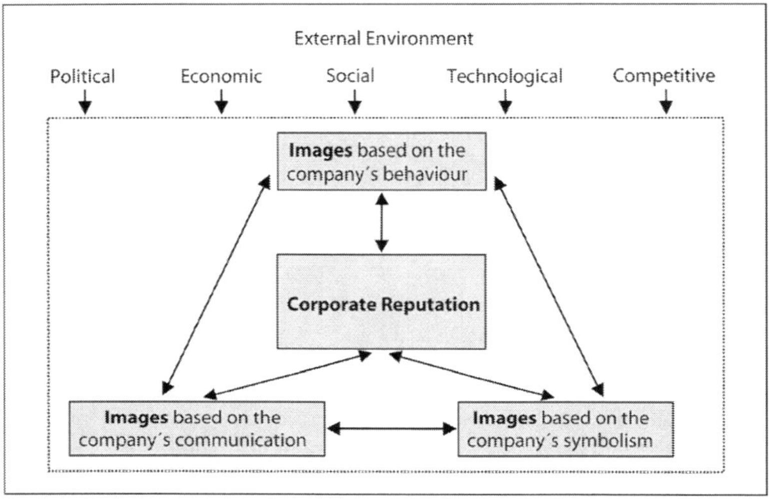

Quelle: Eigene Darstellung nach Gotsi/Wilson 2001, 29

Deutlich wird hier: Corporate Reputation ist abhängig von der jeweiligen Anspruchsgruppe. Aus dieser Sichtweise wird auch klar, warum sich für Reputation Management noch kein eigenes Instrumentarium herausgebildet hat (vgl. Bazil 2001, 20): Reputation ist nur mittelbar – über jene Art Image-Netzwerk (o.) – beeinflussbar.

Additiver und kollektiver gestaltet sich die Betrachtungsweise von Fombrun und anderen. Hier wird Unternehmensreputation als „Summe der Wahrnehmungen aller relevanten Stakeholder hinsichtlich der Leistungen, Produkte, Service, Personen, Organisationen etc. eines Unternehmens und der sich daraus ergebenden Achtung vor diesem Unternehmen" (Fombrun/Wiedmann 2001, 46) interpretiert. Grundlegend sind Arbeiten im Kontext von Reputation zu Beginn und Mitte der 1990er Jahre (vgl. Fombrun/Shanley 1990, Fombrun/Rindova 1996), die auch zur Gründung des „reputation institute" und zur Etablierung der Zeitschrift *Corporate Reputation Review* aus diesem Forscherkreis führten.
Und auch dort bildet eine integrative Definition, abgeleitet aus einer breiten Literaturübersicht, die Grundlage des Konzepts. So formulieren Fombrun und Rindova:

> „A corporate reputation is a collective representation of a firm´s past actions and results that describes the firm´s ability to deliver valued outcomes to multiple stakeholders. It gauges a firm´s relative standing both internally with employees and externally with its [other] stakeholders, in

> both the competitive and institutional environments" (Fombrun/Rindova 1996).

Mittlerweile hat sich aus wissenschaftlicher Sicht ein im Grundsatz fast einheitliches Verständnis herausgebildet: Corporate Reputation – ob nun kollektiv (vgl. Fombrun/Wiedmann 2001) oder stakeholderabhängig (vgl. Gotsi/Wilson 2001) repräsentiert - stellt sich als eine Wertschätzung der unternehmerischen Qualitäten dar, die über Images längerfristig gebildet werden. Obwohl definitorische Grundlagen zum Teil divergieren, vertreten aktuelle Veröffentlichungen diesbezüglich ähnliche Ansätze (vgl. Fombrun 2001, Bennett/Kottasz 2000, Gotsi/Wilson 2001).
So besteht auch eine weitestgehende Übereinstimmung in der Annahme einer hierarchischen Struktur zwischen Identität, Image und Reputation (vgl. Fombrun 1996, 37, Argenti 1994). Damit wird nochmals deutlich, dass Reputation niemals unmittelbar erreichbar – und beeinflussbar – sein kann, sondern nur über Images eine bewusste Steuerung möglich ist.

Abbildung 7 **Hierarchische Struktur zwischen Identität, Image und Reputation**

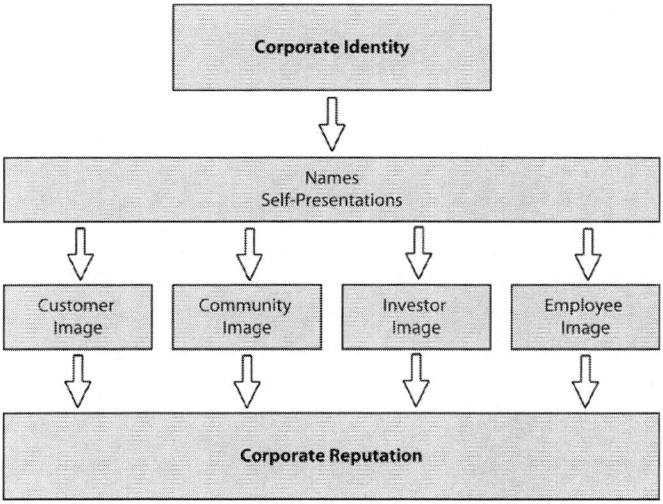

Quelle: Eigene Darstellung nach Fombrun 1996, 37

Dennoch scheint die kollektive Repräsentation einer Corporate Reputation - wie bei Fombrun unterstellt - als Beschreibung eines aktuellen Konstruktes zu kurz zu greifen. Eher deutet es auf ein idealisiertes und normatives Ziel hin, das es zunehmend zu erreichen und bewusst zu machen gilt: Das Schaffen

einer einheitlichen Corporate Reputation durchgängig durch alle Teilöffentlichkeiten, um Wettbewerbsvorteile zu nutzen.
Ansatzpunkte zeigen sich schon im aufzufindenden Verständnis von Corporate Reputation in der Praxis: Zwar stimmt der Großteil der Mitglieder von Unternehmensführungsebenen darin überein, wie wichtig Reputation für das Unternehmen ist und was es idealerweise für die Erreichung der Unternehmensziele beitragen kann. Auf konkrete Nachfrage konnte Reputation weder definiert noch genauer identifiziert werden (vgl. Greyser 1999, 178; Groenland 2002, 308f.). Das Konstrukt ist - in der Praxis - schwer zu greifen und eher intuitiv und emotional besetzt (vgl. Groenland 2002, 309).
Betrachtet man weiterhin einen auf dieser Grundlage idealisierten Kommunikationsmix eines Unternehmens (vgl. Bickerton 2000), wird klar, wie komplex es ist, die unterschiedlichsten Anspruchsgruppen gezielt, konsistent und mit möglichst breiter Themenwahl anzusprechen. Vor allem wenn davon auszugehen ist, dass die verschiedenen Teilöffentlichkeiten von verschiedenen Kommunikationsaktivitäten erreicht werden: Bickerton verbindet für sein Modell einige Ansätze zur Kommunikations- und Teilöffentlichkeitstypologie (vgl. van Riel 1995; Davidson 1999) sowie Ansätze zu Schnittstellen zwischen Organisation und Anspruchsgruppen (vgl. Abratt 1989), um die Hauptkommunikationsaktivitäten mit den wichtigsten Teilöffentlichkeiten aufzuzeigen und gleichzeitig organisations- und kundenbezogene Unternehmensperspektiven zu vereinen (vgl. Bickerton 2000, 42ff.).

Abbildung 8 **Kommunikationsschnittstellen einer Organisation**

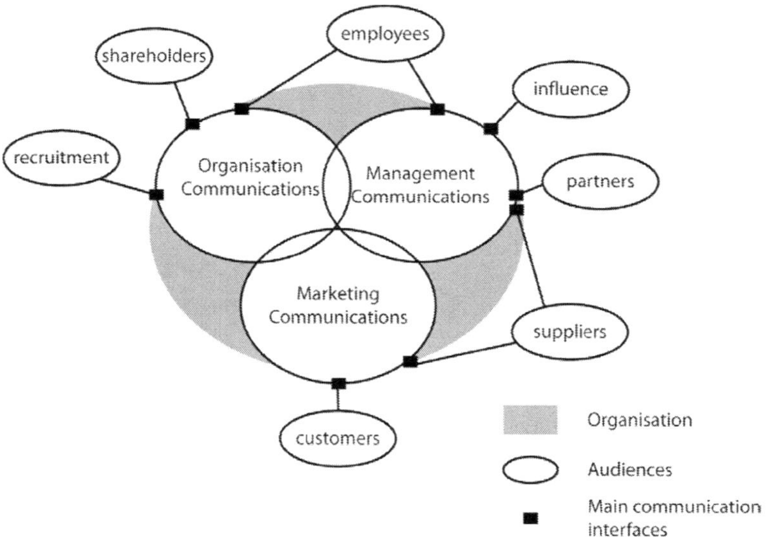

Quelle: Eigene Darstellung nach Bickerton 2000, 44

Deutlich wird hier das normative Eingebundensein der Kommunikationsaktivitäten in einen organisatorischen Rahmen. Basierend auf Rindovas Überlegungen entsteht an und durch diese Kommunikationsschnittstellen ein „kollektiver output“ von projizierten Images der jeweiligen Teilöffentlichkeiten, die dann im Abgleich mit dem Verhalten des Unternehmens Reputation generieren (vgl. Rindova 1996).

Integriert man diese „Detailansicht“ des idealisierten Kommunikationsmixes in das Unternehmenswert-Modell von Knox und Maklan lässt sich zeigen, welche strategische und entscheidende Bedeutung Kommunikation und Reputation für die Steigerung des Unternehmenswertes haben: Das mit UOVP-Modell abgekürzte Modell verspricht die Darstellung der „Unique Organisation Value Proposition“ bzw. des einmaligen Unternehmenswertes. Dabei wird die UOVP aus einem Mix von vier Komponenten geschaffen: Reputation, Präsentation von Produkten und Dienstleistungen (product/service performance), Portfolio mit Produktmarken und Portfolio mit Kunden sowie Netzwerke mit Geschäftspartnern. Dieser Mix generiert nach Knox und Maklan die organisationelle oder Unternehmensmarke und damit die Interpretationen bzw. Bedeutungen, mit denen diese Unternehmensmarke von anderen Wettbewerbern unterschieden wird (vgl. Knox/Maklan 1998; Bickerton 2000, 44). Die UOVP steuert strategisch als „brand envisaged as a cable which binds and directs the core processes" (Bickerton 2000, 44) die folgenden fünf Kernprozesse: Lieferantenpartnerschaft, Vermögensverwaltung, Ressourcenumwandlung, Kundenentwicklung und Marketingplanung (vgl. Knox/Maklan 1998, 56ff., Bickerton 2000, 44):

Abbildung 9 **Einmaliger Unternehmenswert – UOVP**

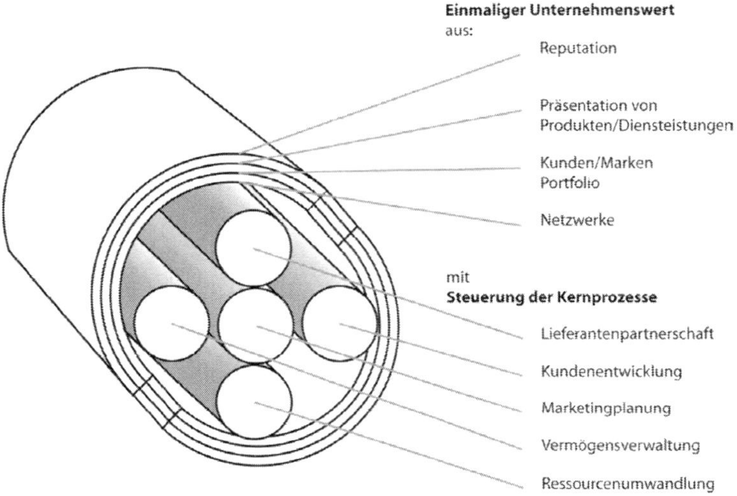

Quelle: Eigene Darstellung nach Knox/Maklan 1998, 56

So wird „im modernen prozessgesteuerten Unternehmen [...] durch diese parallel ablaufenden Aktivitäten und mit direkter Kundenbeteiligung während der ganzen Zeit Wert erzeugt“ (Knox/Maklan 1998, 56). Die UOVP bündelt und verdeutlicht die Unternehmenswertsteigerung.

Das gewiss innovative UOVP-Modell versteht sich allerdings primär als Wertmodell zur strategischen Unternehmensführung. Für eine – noch dazu monetäre – Wertermittlung scheint es weniger geeignet, jedenfalls ist es gegenwärtig dazu nicht genügend operationalisiert. Die Schlüsselwerte, aus denen sich Reputation im Modell zusammensetzt „resultieren aus der Verpflichtung des Unternehmens und seinen Werten sowie aus Ethik, Politik und Praxis“ (Knox/Maklan 1998, 59). Das erscheint für eine strategische Identifikation und Steuerung zu ungenau.

3.5.3 Wie misst man Reputation?

Anfang der achtziger Jahre entstand mit dem Bewertungsansatz „Americas Most Admired Companies“ der Zeitschrift Fortune[6] ein jährlich aktualisierter Index der Unternehmensreputation. Grundlage dieser Untersuchung bieten mittlerweile annähernd 10.000 qualitative Interviews mit Vorständen, Direktoren und Wertpapieranalysten. Diese bewerten rückblickend auf das vergan-

6 Aktuelle Daten der Umfrage unter http://www.fortune.com/fortune/mostadmired/.

gene Jahr in ihren jeweiligen Branchen auf Basis einer elfstufigen Skala[7] Unternehmen im Vergleich zu Mitbewerbern in den folgenden acht Kategorien: „Innovation, financial soundness, employee talent, use of corporate assets, long-term investment value, social responsibility, quality of management, and quality of products and services“ (vgl. Fortune 2002; McGuire et al. 1988; Fryxell/Wang 1994). Den jeweiligen Listenplatz erhält jedes Unternehmen aus dem Durchschnittswert der in den acht Kategorien erzielten Einzel-Einschätzungen (vgl. Fortune 2002).

Diese Daten legten und legen immer noch Grundlagen für vergleichbare Rangfolgen, Einschätzungen und Indizes etablierter Wirtschaftszeitschriften wie Financial Times, Asian Business und Manager Magazin. Aber auch die sozial- und wirtschaftswissenschaftliche Forschung bedient sich gern dieser Daten (vgl. u.a. Fombrun/Shanley 1990; Little/Jones/Jones 1999, Gardberg/Fombrun 2002, Groenland 2002). Gründe hierfür liegen neben der erstmaligen Etablierung und der damit verbundenen Vorreiterrolle durch Fortune vor allem in der Charakteristik einer Langzeitdatenreihe und der leichten Zugänglichkeit der Daten für die wissenschaftliche Forschung.

Doch für die Lösung von Forschungsfragen und Aussagen innerhalb der einzelnen Kategorien der Umfrage - z.B. die Ausprägung von social responsibility etc. - scheinen die Daten keine ausreichende Grundlage zu bieten (vgl. Fryxell/Wang 1994; Brown/Perry 1994). So lässt sich zeigen, dass die Einschätzungen der Befragten in allen Kategorien hauptsächlich von der zurückliegenden finanziellen Leistungsfähigkeit der Unternehmen beeinflusst sind (vgl. McGuire et al. 1990; Fombrun/Shanley 1990). Aussagen und Ergebnisse, die nur einen Aspekt berücksichtigen bzw. Abhängigkeiten einzelner Kategorien untersuchen, sind also mit einem nicht näher zu bestimmenden Messfehler belegt und somit unbrauchbar.

Fombrun und Shanley wollen diese Effekte umgehen, indem eine Art Gesamtreputation gebildet wird, die sich aus dem Durchschnittswert der acht oben genannten Fortune-Einzeldimensionen zusammensetzt (vgl. Fombrun/Shanley 1990, 245). Auf dieser Grundlage können sie feststellen, dass „assessments of reputation appear to be positively related to prior accounting profitability, advertising intensity, and size and negatively related to prior performance-adjusted risk“ (Fombrun/Shanley 1990, 249). Die Studie diente dazu, generell zu zeigen und ein Bewusstsein dafür zu schaffen, wie und anhand welcher Kriterien unterschiedliche Öffentlichkeiten die Reputation von Unternehmen einschätzen (vgl. Fombrun/Shanley 1990, 254).

Das derzeit herausragende und standardisierte Messkonzept für Reputation gründet auf diesen Überlegungen: der „Harris-Fombrun Reputation Quotient“ bzw. Reputation Quotient (vgl. Fombrun/Gardberg/Sever 2000; Fombrun/Wiedmann 2001; Gardberg/Fombrun 2002; Stein 2003). Dieser bildet sich aus der repräsentativen Befragung unterschiedlicher Teilöffentlichkeiten.

---

[7] 0=poor, 10=excellent (vgl. Fryxell and Wang 1994).

Anhand einer skalierten Einschätzung von 20 Attributen wird die Wahrnehmung der Unternehmen durch Teilöffentlichkeiten abgefragt, zu sechs Säulen thematisch zusammengefasst und verdichtet ergibt sich daraus der *Reputation Quotient* des Unternehmens (vgl. Fombrun 2001, 24; Fombrun/Gardberg/Sever 2000; Fombrun/Wiedmann 2001, 48f.).
Modellhaft lässt sich dieser Ansatz folgendermaßen darstellen:

Abbildung 10 **Bildung des Reputation Quotient**

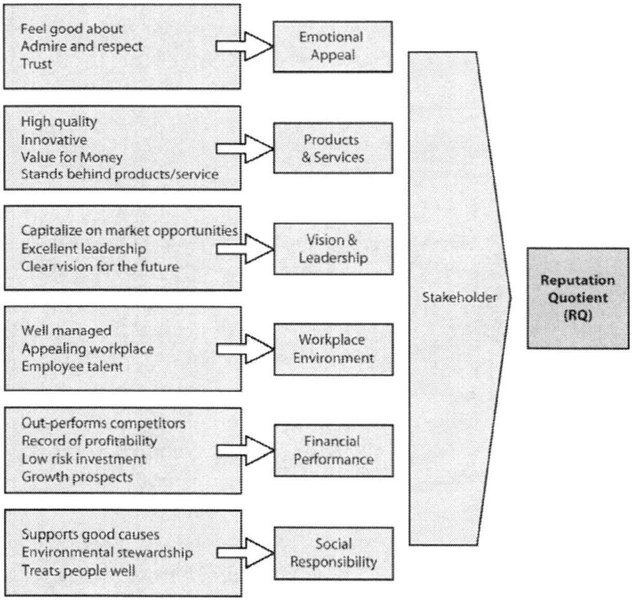

Quelle: Eigene Darstellung nach Fombrun 2001, 24

Die für die Messung grundlegenden zwanzig Attribute bzw. „items" resultieren aus einer Übersicht und Zusammenfassung einschlägiger Corporate Reputation Indizes von Fortune, Financial Times, Asian Business, Manager Magazin, Far Eastern Economic Review usw. Insgesamt wurden die acht am meisten verbreiteten „Messmethoden" analysiert, multivariaten Datenanalysen unterzogen und mit verschiedenen Studien verglichen (vgl. Fombrun/Gardberg 2002, 305f.).[8]

[8] Dennoch scheint bei dieser Herangehensweise der oben erwähnte Unschärfe-Effekt nicht ausgemerzt, sondern eher versteckt zu sein: Der Reputation Quotient rekuriert in den zugehörigen Untersuchungen und Zusammenfassungen der Befragungseinheiten

Generell gilt für den Einsatz des Messkonzeptes „Reputation Quotient" der Anspruch: Um Corporate Reputation gezielt als Wettbewerbsvorteil einsetzen zu können und zu managen, muss sie zunächst gemessen werden (vgl. Gardberg/Fombrun 2002, 303). In der Praxis setzt sich immer mehr das Verständnis durch, die bereits existenten Messungen des RQ – wie angedacht – als Analysemethode zu nutzen (vgl. Stein 2003). Das Bewusstsein existiert schon seit längerem (o.): Eine erstaunlich breite Datenbasis kann die Studie COR-Perceptions reputation research vorweisen, die auf über 10000 qualitativen Interviews aus einem Querschnitt weltweiter Geschäftsführer (aus ca. 16 – 19 Ländern) in den Jahren 1995-1998 basiert (vgl. Greyser 1999). Fast dreiviertel aller befragten Executives ist demnach bewusst, dass Image und Reputation ihres Unternehmens beeinflussbar sind (Greyser 1999, 178).
Bis jetzt können aber weder Wissenschaftler noch Praktiker für sich in Anspruch nehmen, ein länderübergreifendes Messinstrument bzw. eine Messmethode vorzuweisen und anzuwenden (vgl. Gardberg/Fombrun 2002, 303). Erste Schritte dahin wollen Gardberg und Fombrun mit der Weiterentwicklung des RQ zum „Global Reputation Quotient" gehen (vgl. Gardberg/Fombrun 2002).
Doch welche Indizien und Faktoren ergeben sich für die Steuerung von Reputation aus den bereits getätigten Studien?

3.5.4 Wie steuert man Corporate Reputation, welches Verhalten generiert eine gute Reputation?

Grundlegend lassen sich vier Faktoren identifizieren, die den Aufbau von Corporate Reputation fördern (vgl. Fombrun 1996, 71f.):

- Glaubwürdigkeit
- Zuverlässigkeit
- Vertrauenswürdigkeit und
- Verantwortungsbewusstsein.

Eingebunden in ein „reinforcing network of factors that helps companies building strong and favorable reputations" (Fombrun 1996, 71) stellt sich dies folgendermaßen dar:

---

immer wieder auf die Fortune Daten und Einheiten (vgl. Fombrun/Shanley 1990, Gardberg/Fombrun 2002, Groenland 2002). Die Aussagekraft jener Untersuchungen und die sich daraus ergebenen Abstraktionen erscheinen zumindest nicht eindeutig, bzw. mit einem nicht näher zu bestimmenden Untersuchungseffekt verfälscht. Eine intensivere Auseinandersetzung mit dieser Thematik kann an dieser Stelle jedoch nicht erfolgen.

Abbildung 11 **Reputationsbildendes Faktorennetzwerk**

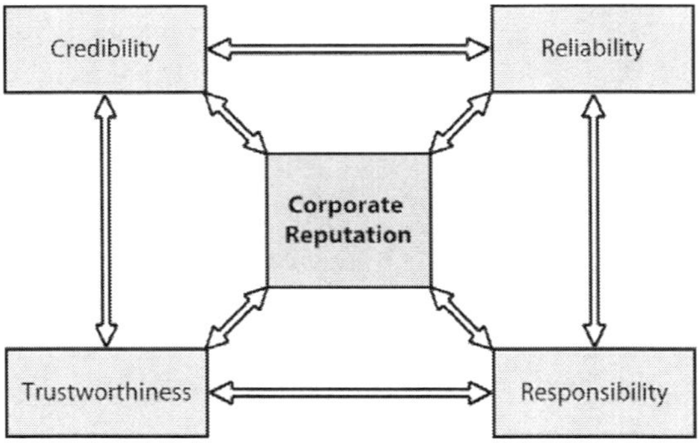

Quelle: Eigene Darstellung nach Fombrun 1996, 72

Die Aussagekraft dieses „Netzwerks“, in dem sich nach Fombrun Corporate Reputation befindet bzw. bildet, erscheint jedoch gering. So sind die vier reputationsbildenden Faktoren aus allgemeinen und alltagstheoretischen Überlegungen heraus gebildet: Fombrun bietet keine theoretische Herleitung und Begründung dieses Modells an (vgl. Fombrun 1996, 70ff.). Darüber hinaus wird zum Beispiel „trustworthiness“ weithin *nicht* als gleichberechtigte Kategorie neben „credibility“ gesehen, sondern als übergeordnete Kategorie angesprochen, die den Begriff Glaubwürdigkeit enthält (vgl. Bentele 1998, 305ff.). Dennoch zeigen erste Ergebnisse von Fombrun u.a. durchgeführter Studien (vgl. Fombrun/Wiedmann 2001, 49): Vor allem solche Unternehmen besitzen demnach eine hervorragende Reputation, die:

- aggressivere Entwürfe besitzen,
- integrierte Kampagnen durchführen,
- konsistent und fokussiert Themen verfolgen,
- vergleichende Werbung vermeiden (USA!),
- eine wahrnehmbare Kernaufgabe besitzen und
- sich mit sozialen Fragestellungen beschäftigen.

Anzunehmen ist, dass entscheidende Faktoren und damit Schwergewichte für eine positive Reputation die Items „Konsistenz“ und „Transparenz“ sind. Konsistenz lässt sich durch die Anwendung und Durchführung integrierender Kommunikationsmaßnahmen bei der Botschaftsübermittlung erreichen, Transparenz entsteht, wenn „die Inhalte der Botschaften den Unternehmenswerten und -grundsätzen entsprechen“ (Fombrun/Wiedmann 2001, 49). Eine strategisch ausgerichtete CI-Politik in Kombination mit einer gelebten Unternehmensvision sind hier sicherlich Grundlage und Ausgangspunkt.

Entscheidend für einige Stakeholder scheint aber auch die Ausprägung der Kategorie Soziale Verantwortung zu sein. So kann Lewis in einer repräsentativ angelegten Studie für Großbritannien zeigen, dass für fast die Hälfte der Briten bei der Kaufentscheidung eine wahrgenommene „corporate responsibility" des Unternehmens, von dem Produkte bzw. Dienstleistungen gekauft werden, äußerst wichtig ist (vgl. Lewis 2001, 32). Ebenso zeigte sich, dass eine positive Grundhaltung von Abgeordneten bestimmter politischer Tendenz (in diesem Fall Labour) einem Unternehmen gegenüber stark mit der Wichtigkeit bzw. mit der Wahrnehmung durchgeführter CSR-Maßnahmen korreliert (vgl. Lewis 2001, 32).
Fombrun und Rindova stellen fest, dass diejenigen Unternehmen, die ihre Kernaussage und Identität systematischer und konsistenter kommunizieren, höhere Reputationswerte aufweisen, als Unternehmen, die dies im Vergleich nicht tun (vgl. Fombrun/Rindova 1996). Weiterhin vermitteln diese Unternehmen signifikant mehr Informationen über sich selbst: Nicht nur Produktinformation steht im Vordergrund, sondern ein breiter gefasstes Themenfeld wie Vorhaben, laufende Geschäftstätigkeiten, Identität und Historie wird aktiv kommuniziert (vgl. Fombrun/Rindova 1996, Bickerton 2000, 42): „Communications that make a firm transparent enable shareholders to appreciate the firm's operations better, and so facilitate ascribing it a better reputation" (Fombrun/Rindova 1998, 210f.).

Groenland listet eine Reihe von Qualitäten auf, bei deren positiver Erfüllung zu erwarten ist, dass sich eine „gute" Reputation einstellt (vgl. Groenland 2002, 312):

- Product Quality, Price and Service
- Recognition/trustworthiness/reliability
- Image with respect to corporate finances
- Credibility
- Social responsibility/commitment
- Progressive corporate image
- Company culture
- Friendly Environment
- Charismatic representatives
- National origins
- Personal experience

Vor allem die Kategorie „Persönliche Erfahrungen" unterscheidet sich von den anderen und scheint auch gleichzeitig ein wichtiger Faktor zu sein: Hier bedarf es nämlich keiner anderen Meinung als der eigenen, um sich ein Bild von einem Unternehmen zu machen und daraufhin dessen Ruf zu bewerten.

Weiterhin stellt Groenland in der Bewertung zweier Unternehmen[9] fest:
Vor allem emotional geprägte Einschätzungen unterscheiden zwischen Unternehmen mit guter und schlechter Reputation. Ausschlaggebend waren die Beurteilungen in den Dimensionen

- ′I have a good feeling about this company′
- ′I admire and respect this company′
- ′I have confidence in this company′ (vgl. Groenland 2002, 312).

Die Ausprägungen dieser Einschätzungen entscheiden über „good or bad reputation" (Groenland 2002, 312). Daraus lässt sich schließen, dass Corporate Reputation auch stark auf irrationalen und emotionalen Aspekten beruht und/oder auf eigentlich nebensächlichen Erfahrungen mit nur einem wichtigen Bewertungsaspekt des Unternehmens (vgl. Groenland 2002, 313).

3.5.5 Welchen Beitrag leistet Corporate Reputation für den Unternehmenswert?

Man kann sich sicherlich der Auffassung anschließen, dass eine gute Reputation wie eine Art „Magnet" wirkt (vgl. Fombrun/Wiedmann 2001, 46). So gesehen hilft sie bei der Gewinnung leistungswilliger Mitarbeiter und bei der Neukundenakquise, verstärkt und unterstützt Kundenbindung und -loyalität sowie erleichtert die Kapitalbeschaffung (vgl. Fombrun/Wiedmann 2001, 46). Dass sich daran auch eine finanzielle Wertsteigerung des Unternehmens anschließt, scheint klar. Ein konkretes, definitives und anwendbares Mess- und Quantifizierungsinstrument der Größe dieser Steigerung scheint es allerdings derzeit nicht zu geben. Vielmehr überwiegen aus den verschiedensten Umfragen und Studien Ergebnisse, die darlegen und klarmachen, dass ein Effekt der Unternehmenswertsteigerung durch „gute" Reputation eintritt.

---

[9] Die Auswahl betraf ein Unternehmen mit guten Reputationswerten und ein Unternehmen mit schlechten Reputationswerten, auf welche sich in vorheriger Gruppendiskussion geeinigt worden war. Grundlage der Bewertung bildete wiederum die oben beschriebene Reputation-Quotient-Methode (vgl. Groenland 2002; Fombrun/Gardberg/Sever 2000).

So identifiziert Greyser aus den Ergebnissen der oben genannten CORP-Studie konsistent über drei Jahre hinweg drei „Zonen", in denen nach Meinung der befragten Geschäftsführer eine gute Reputation Vorteile bringt[10] (vgl. Greyser 1999, 178):

- Bevorzugung des Unternehmens bei gleicher Produkt-, Preis- und Qualitätssituation gegenüber Mitbewerbern[11], mit der Möglichkeit, mehr für das Produkt/die Dienstleistung zu verlangen als Mitbewerber (price premium)[12]
- Unterstützung für bzw. Treue gegenüber einem Unternehmen in schwierigen Zeiten[13]
- Aktienkurs[14]

Hervorzuheben ist: Es findet sich auf „oberster" Geschäftsführungs-Ebene ein ausgeprägtes Bewusstsein für Corporate Reputation als den Unternehmenswert beeinflussenden Faktor.

---

[10] Die Daten stammen aus der Studie CORPerceptions reputation research, die auf über 10.000 (qualitativen) Interviews aus einem Querschnitt weltweiter Geschäftsführer (aus ca. 16-19 Länder) in den Jahren 1995-1998 basieren (vgl. Greyser 1999).

[11] UK: 92% strongly and somewhat agree, USA: 97% strongly and somewhat agree; annähernd gleichbleibend über die Jahre.

[12] Ability to charge a premium: „A company with a strong corporate reputation can normally charge more for its products and services than a company without a strong corporate reputation" (Greyser 1999, 178): UK 69% str + somew agree; USA 72% str + somew agree (vgl. Greyser 1999, 178).

[13] UK 95% str + somew agree; USA 95% str + somew agree. Auch diese Daten zeigen sich wiederum konsistent über die Jahre (vgl. Greyser 1999, 178).

[14] Auf die Aussage: *A strong corporate reputation has considerable financial value* ergaben sich für UK 95% str + somew agree; USA 96% str + somew agree. In allen weiteren untersuchten Ländern ergaben sich mindestens über 50% Zustimmung zu dieser Aussage (vgl. Greyser 1999, 179).

Weitere Studien untersuchten den Zusammenhang von Corporate Reputation und Aktienkurs: Das Fortune Rating (o.) verglichen mit der relativen Höhe des Kurssturzes bei mehreren generellen Aktienkurseinbrüchen unterschiedlicher Schwere zeigt, dass Reputation die Abwärtsbewegungen des Kurses lindern kann, diese also nicht so stark ausfallen wie die Kursbewegungen vergleichbarer Unternehmen mit niedrigerem Reputationswert (vgl. Little/Jones/Jones 1999, 111).
Vergin und Qoronfleh schließen, dass die künftige Aktienkursentwicklung in direkter Beziehung zur Corporate Reputation steht. Sie verglichen die Aktienkursentwicklung innerhalb eines Zeitraums von 13 Jahren von Unternehmen aus der oberen Schicht der Fortune Ratings mit den Unternehmen aus der untersten Schicht des Index sowie dem Standard&Poor´s 500 Index (vgl. Vergin/Qoronfleh 1998). Die Firmen aus der oberen Schicht des Ratings zeigten durchschnittlich ein Aktienkurswachstum von 20,1 Prozent über diese 13 Jahre, während jene Unternehmen aus der unteren Schicht, demnach mit einer vergleichsweise schlechteren Reputation, nur durchschnittlich 1,9 Prozent an Zuwachs verzeichnen konnten.
Mittels Regressionsmodell testeten Little, Jones und Jones die Hypothese, ob Corporate Reputation eine signifikante Variable für die Erklärung der Variation von Gewinnspannen ist. Neben den zu erwartenden Ergebnissen der Regressionsanalyse[15] zeigt sich: „the corporate reputation rating is highly significant at the .0036 level“. Demnach lässt sich interpretieren, dass ein positives Corporate Reputation Rating zu höheren Gewinnspannen führt, und damit: „a positive corporate reputation seems to aid in the goal of maximizing shareholder wealth" (Little/Jones/Jones 1999, 22).

Darüber hinaus ergeben sich aus mehreren Studien Indizien für eine allgemein zirkulare Beziehung zwischen Unternehmenswert und Reputation.
Für den Spanischen Bankensektor stellen de la Fuente Sabaté und de Quevedo Puente einen sich stetig erneuernden und interdependenten Kreislauf zwischen Unternehmenswert und Reputation fest, der sich als eine „rising spiral of reputation and value creation" (de la Fuente Sabaté/de Quevedo Puente 2002, 14) darstellen lässt:

[15] Der wesentliche Faktor für die Variationen war "projected earnings per share growth" mit einem .0001 Signifikanz-Level (vgl. Little/Jones/Jones 1999, 21f).

Abbildung 12 **Zirkulare Beziehung zwischen Reputation und Unternehmenswert**

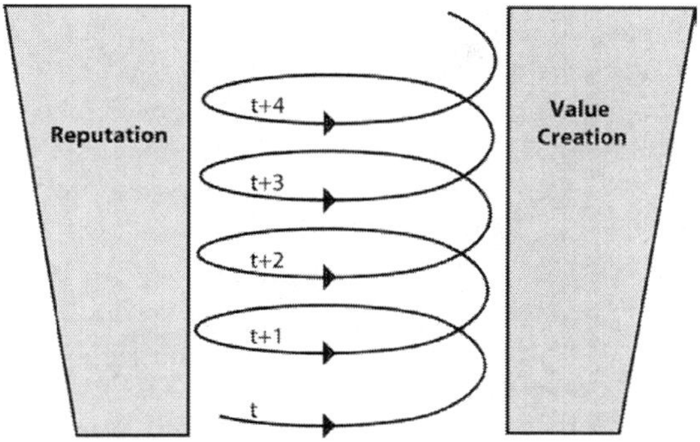

Quelle: Eigene Darstellung

Auf einer breiteren Basis[16] kann Schwalbach eine ähnliche Beziehung von Reputation und Unternehmenswert aufzeigen. Grundlage bieten statistische Querschnitts- und kombinierte Querschnitts- und Zeitreihenanalysen zweier Hypothesen (vgl. Schwalbach 2000, 292ff.):

1. Investitionen in Reputation erhöhen den Unternehmenswert (Investitionseffekt)
2. Ein hoher Unternehmenswert beeinflusst zukünftige Reputation positiv (Performance-Effekt).

Abbildung 13 **Beziehung zwischen Reputation und Unternehmenswert**

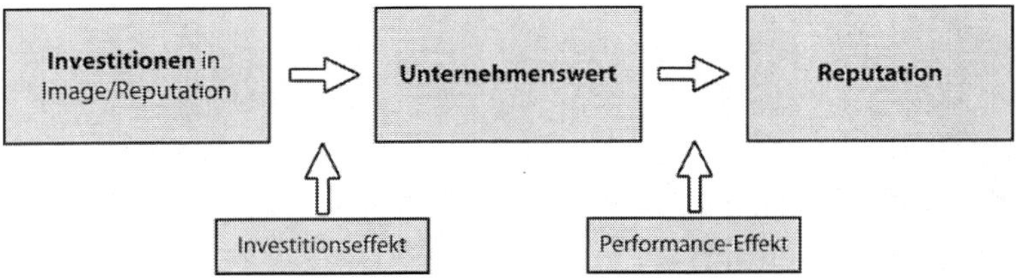

Quelle: Eigene Darstellung nach Schwalbach 2001, 12

[16] Grundlage der Untersuchung sind Befragungsdaten von rund 2000 zufällig ausgewählten Managern des Manager Magazins, die die Gesamtreputation der hundert größten deutschen Unternehmen bewerten sowie Ergebnisse zu 137 Unternehmen aus dem Fortune „Global Reputation Survey“ (vgl. Schwalbach 2001, 4; Schwalbach 2000).

Schwalbach kann zeigen, dass der Performance-Effekt stärker als der Investitionseffekt ist und schließt daraus, „dass die Reputation den zukünftigen Unternehmenswert positiv beeinflusst und umgekehrt ein hoher Unternehmenswert zu reputationsbildenden Investitionen beiträgt“ (vgl. Schwalbach 2001, 294). Daneben ist auch eine zeitliche Dimension der Effekte zu beobachten: Für das Eintreten des Performance-Effektes müsse man von einer einjährigen Zeitverzögerung ausgehen, mehr Zeit werde für das Eintreten des Investitionseffektes benötigt (vgl. Schwalbach 2001, 294).

Zusammenfassend lässt sich sagen, dass der Ruf oder die Reputation eines Unternehmens begriffen als intangible Ressource bzw. immaterieller Wert zur Steigerung des Unternehmenswertes beiträgt. Wie und in welcher Höhe lässt sich bisher nur in relativen Größen, im Abgleich mit Wettbewerbern und der generellen Marktsituation feststellen.
Die Untersuchungen und Ansätze haben gezeigt, dass einige Indikatoren vorliegen, die zeigen, dass eine Steuerung des Unternehmenswertes durch Reputation möglich ist. Die vorgenannten Ansätze bieten erste Analyse- und Vergleichsmöglichkeiten sowie Steuerungsoptionen.
Eine integrierte Unternehmenskommunikation, die möglichst alle Handlungen einer Unternehmung kommunikativ vorbereitet, begleitet, unterstützt und bewirkt durchgängig positive Wahrnehmungen in allen Teilöffentlichkeiten und Anspruchsgruppen, sobald diese Handlungen als einzuhaltend und bindend gegenüber der Unternehmensführung einfordert werden. Integrierte Unternehmenskommunikation kann so über Images und Erfahrungen eine „gute“ Corporate Reputation generieren.

4. Darstellung und Bewertung wichtiger Markenbewertungsmodelle

Nachdem als generelle Grundlage unterschiedliche theoretische Verständnisse, Ansätze, Gesichtspunkte und Definitionen der Komplexe Marke und Markenwert dargestellt wurden, beschäftigt sich das folgende Kapitel mit dem großen Feld der Markenbewertung.
Die Zahl der in der Recherchephase identifizierten Positionen, Ansätze und Modelle zur Markenbewertung bewegt sich im dreistelligen Bereich. Für die Darstellung wurden diejenigen Modelle und Modellansätze ausgewählt, die aus wissenschaftlicher und/oder praktischer Sicht als bedeutsam einzuschätzen sind und die einen gewissen Ausarbeitungsgrad aufweisen. Doch selbst diese Auswahl erscheint im ersten Zugriff schwer zu vergleichen und zu bewerten. Somit sind zunächst zwei Fragen zu klären: Wie lässt sich die Vielzahl der Modelle sinnvoll ordnen? Und: Nach welchen Kriterien lassen sich die verschiedensten Modelle analysieren?

4.1 Möglichkeiten der Klassifizierung

Zur Frage der systematischen Einordnung der Modelle finden sich in der Literatur bereits einige Vorschläge bzw. verschiedene Strukturierungsvarianten. So lassen sich die Ansätze generell nach dem *Prozess der Markenwertermittlung* strukturieren: Riedel unterscheidet zwischen Global- und Indikatormodellen (vgl. Riedel 1996), Kriegbaum stellt einstufige gegen zweistufige Modelle (vgl. Kriegbaum 2001) und Bekmeier-Feuerhahn bzw. Sattler sortieren nach kompositionellen und dekompositionellen Modellen (vgl. Bekmeier-Feuerhahn 1998, Sattler 1997).
Aber auch der *Zeithorizont der Markenwertermittlung* gibt Möglichkeiten zur Klassifizierung: Kurzfristige stehen gegen langfristige Modelle (vgl. Sattler 1997) und substanzorientierte (also vergangenheits- bzw. gegenwartsbezogene) Markenwertbestimmungen im Gegensatz zu erfolgsorientierten, also zukunftsorientierten Methoden (vgl. Greinert 2002).
Göttgens u.a. unterscheiden darüber hinaus auf Grundlage der *Zielgröße des Verfahrens*, eine generelle und grobe Einteilung in monetäre und nichtmonetäre Verfahren ist die Folge (vgl. Göttgens u. a. 2001). Und Irmscher stellt u.a. die *Disziplinäre Breite* der Ansätze in den Vordergrund und differenziert Totalmodelle von Partialmodellen (vgl. Irmscher 1997).
Nach Möglichkeit wird bei der Vorstellung der Modelle die jeweilige Einordnung in die obengenannten Klassifizierungssysteme angegeben.

Tragfähig und sinnvoll im Sinne einer möglichst breiten Vergleichbarkeit erscheint jedoch als generelle Oberklassifizierung der *disziplinäre Charakter der Modelle*. Diese Variante wurde bereits in anderen Kompilationen ange-

wandt und erscheint schlüssig (vgl. BBDO 2001, Bekmeier-Feuerhahn 1998, Heider 2001, ansatzweise schon Franzen/Trommsdorf/ Riedel 1994).
So weist das Klassifizierungsprinzip nach dem disziplinären Charakter der Modelle drei Klassen auf: betriebswirtschaftliche Modelle, psychographische/verhaltensorientierte Modelle und betriebswirtschaftlich-verhaltenswissenschaftliche Kombinationsmodelle.

Abbildung 14 **Kategorien der Klassifizierung**

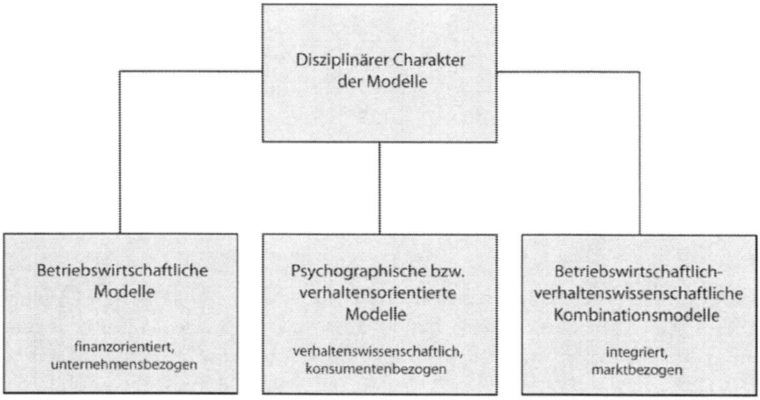

Quelle: eigene Darstellung[17]

Darüber hinaus entspricht diese disziplinäre „Triade" am ehesten dem in den Kapiteln zwei und drei skizzierten Grundverständnis zu Marke und Markenwert (vgl. Kap 2, Kap 3).
Die betriebwirtschaftlich-verhaltenswissenschaftlichen Kombinationsmodelle werden zudem nach den Gliederungsprinzipien *Ursprung der Bewertungsverfahren* und *Innere Modellstruktur* verglichen (vgl. Göttgens u. a. 2001, Kap. 4.3.1, Kap. 4.3.2):

17 Vgl. auch BBDO 2001, Bekmeier-Feuerhahn 1998, Heider 2001 und ansatzweise schon Franzen/Trommsdorf/Riedel 1994.

Abbildung 15 **Weitere Gliederungsprinzipien**

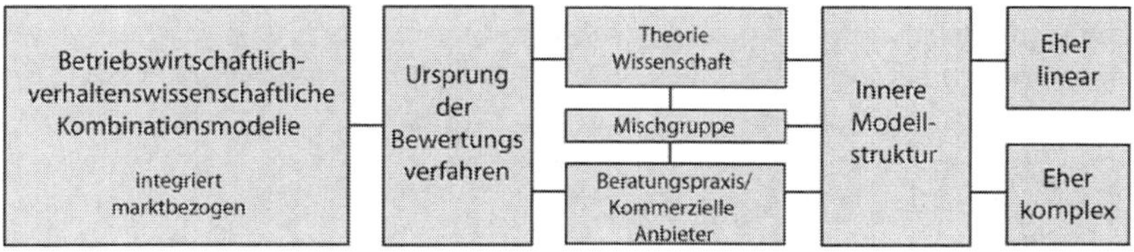

Quelle: eigene Darstellung

4.2 Kriterien zur Analyse der Modelle

Die Beschreibung, Bewertung und Einordnung der Modelle gliedert sich für jedes Modell in identische sieben Kategorien, die jeweils von einzelnen Kriterien gebildet werden: Identifikation, Definitorisches Kriterium, Markenbewertung, Erklärungsgrad, Handhabbarkeit, Reichweite und zusammenfassende Einschätzung. Die darin einfließenden Kriterien fußen auf einer Synthetisierung der in einschlägiger Fachliteratur verwendeten bzw. diskutierten Kriterien[18], die sich als brauchbar für das Forschungsinteresse[19] erwiesen.
Die Kategorie *Identifikation* setzt sich aus der in Literatur und/oder Praxis üblichen *Bezeichnung* des jeweiligen Modells und Angaben zu *Urheber*[20] sowie *Ursprungsjahr* zusammen.
Darauf folgt zur näheren Beschreibung und wissenschaftlichen Durchleuchtung die Kategorie *definitorisches Kriterium.* Diese umfasst die dem Modell zugrunde liegenden *Definitionen von Marke und/oder Markenwert* auf Grundlage der Ausführungen in Kap. 3 (vgl. Kapitel 3). Ein weiterer Punkt klärt, inwiefern eine *finanzielle Bewertung* angestrebt bzw. berücksichtigt wird. Sofern der Markenwert monetär ausgedrückt werden kann ist dies angeführt. Kann dies nicht bejaht werden, wird von der Gleichsetzung der Begriffe Markenwert und Markenstärke ausgegangen und die im Modell vorliegende *Definition bzw. das Verständnis von Markenstärke* (ggf. auch in anderer Begrifflichkeit) angeführt[21] – sofern vorhanden. Die Kategorie Definitorisches Kriterium wird von einer Aufzählung der in der Literatur (vgl. Kapitel 4.1) vorgefundenen *Klassifizierung* des jeweiligen Modells abgeschlossen.

---

[18] Für Kriterien vgl. insbesondere Bekmeier-Feuerhahn 1998, Kriegbaum 2001, Irmscher 1997, Maretzki 2001, Riedel 1996 u.a.

[19] Vgl. Kap. 1.

[20] Sofern ermittelbar.

[21] Generell handelt es sich bei der Markenstärke in der Regel um eine nicht-monetäre, psychologische oder ähnliche Größe, die in einer Reihe von zweistufigen Modellen der Ermittlung eines monetären Markenwertes vorgeschaltet ist (vgl. Kapitel 3).

In der Kategorie *Markenbewertung* wird ersichtlich, wie viel und vor allem welche *Stufen bzw. Schritte* das jeweilige Verfahren der Markenwertbestimmung umfasst. Geklärt wird darüber hinaus, welche *Faktoren, Indikatoren und Determinanten* des Markenwerts bzw. der Markenstärke gemessen werden und welche Methoden dafür zum Einsatz kommen. Weitere Kriterien in dieser Kategorie sind *Zukunftsorientiertheit, Periodenzahl und Sicherheitsgrad* (vgl. Kriegbaum 2001, 88, Irmscher 1997, 88). *Zukunftsorientierung* gibt an, ob das künftige Erfolgspotenzial der Marke im Modell abgebildet bzw. berücksichtigt wird. Unter *Periodenzahl* wird die Anzahl der Zeiträume in der Vergangenheit und/oder Zukunft verstanden, auf die sich die Markenwertbestimmung bezieht (z. B. Mehrperiodigkeit). Der *Sicherheitsgrad* verdeutlicht, mit welcher Sicherheit das Eintreten von künftigen Entwicklungen angenommen wird. Im letzten Kriterium zur Kategorie Markenbewertung wird geklärt, wie die gegebenenfalls in einer ersten Stufe ermittelte Zwischengröße (z.B. Markenstärke o. ä.) in einen monetären Markenwert *überführt* wird (z.B. per Formel, über verschiedene Schritte, per Schätzung o.ä.).

Die Kategorie *Erklärungsgrad* umfasst sozialwissenschaftliche Forschungskriterien wie *Gültigkeit/Validität* als Grad der Genauigkeit, mit dem das jeweilige Modell bzw. Messverfahren das misst, was gemessen werden soll (vgl. Bekmeier-Feuerhahn 1998, 7), und *Kausalitätsgrad* als Fähigkeit des Modells, die Wirkungszusammenhänge zwischen dem Markenwert und seinen Determinanten/Indikatoren zu erklären (vgl. Irmscher 1997, 87; 98). Mit dem Punkt *Empirische Fundierung* wird die Repräsentativität der Messgrößen und Daten bewertet. Die *Datenverfügbarkeit* gilt mit dem Ausdruck der Verfügbarkeit der Input-Variablen des Modells als wichtig für die Praxistauglichkeit des Modells (vgl. Irmscher 1997, 100). Abrundend beleuchtet der Stichpunkt *Objektivität* den Ermessensspielraum des Markenbewerters im Verfahren der Markenbewertung im Hinblick auf intersubjektive Nachvollziehbarkeit (vgl. Irmscher 1997, 88, 99; Kriegbaum 2001, 88).

Bei der Kategorie *Handhabbarkeit* stehen praktische Aspekte im Vordergrund. Kriterien hierfür sind zum einen *Einfachheit* bzw. allgemein der *Anwendungsaufwand* des Modells. Zum anderen wird berücksichtigt und beurteilt, ob das Modell *in der strategischen Markenführung einsetzbar* ist. Dies erscheint insbesondere für die instrumentale Tauglichkeit des Modells im strategischen Marketing wichtig. Die Angabe, ob eine *Berücksichtigung der Marketinginstrumente* in der Bewertung erfolgt, führt die instrumentale Tauglichkeit insbesondere im operativen Marketing auf. Das letzte Kriterium klärt im Sinne einer konkreten Zurechnung der Ergebnisse der Markenwertbestimmung, ob und inwiefern eine *Trennung von Produktleistung und Markenleistung* erfolgt.

Unter *Reichweite* wird die Zusammenfassung der Kriterien *Eignung für Markenformen, Bewertungsanlass/ -zweck, Einordnung Branche* und *bisheriger Anwendungsgrad* verstanden. Sofern ermittelbar wird angeführt, für welche *Markenformen* sich das Modell eignet und zu welchem *Zweck/Anlass*, das Modell vorrangig entwickelt wurde bzw. in der (tatsächlichen oder behaupteten) Anwendung überhaupt geeignet ist. Darüber hinaus wird spezifiziert, für welche *Branche* dies vorgenommen wurde oder für welche Branche sich das Modell vorrangig eignet. Hauptsächlich für Modelle aus der Markenbewertungspraxis wird – sofern ermittelbar - der *bisherige Anwendungsgrad* angeben. Er verdeutlicht, wie viele Markenbewertungen in bestimmten Zeiträumen mit dem Modell durchgeführt wurden. Leider kann dies bei wissenschaftlich-theoretischen Modellen aufgrund größtenteils fehlender Anwendungen in der Regel nicht angegeben werden.

Als letzte Kategorie findet sich die *Zusammenfassende Einschätzung* eines jeden Modells. Angeführt werden die *hauptsächlich verwendete Literatur* sowie *Vorteile und Nachteile* des jeweiligen Modells aus Zusammenfassungen der Fachliteratur und eigenen Einschätzungen.
Aufgrund besserer Übersichtlichkeit werden Kategorien und Kriterien nochmals zusammenfassend dargestellt. Dazu wird dieselbe tabellenartige Vorlage genutzt, in der anschließend die einzelnen Modelle beschrieben und bewertet werden.

Kriterien	**Stichpunkte**	**Lit.- Angaben**
Name des Modells	In Literatur und/oder Praxis übliche Bezeichnungen.	
Urheber (Urhebertyp, ggf. Kooperation mit Wissenschaft)	Sofern ermittelbar.	
Ursprungsjahr	Sofern ermittelbar.	
Definitorisches Kriterium		
Definition Marke und/oder Markenwert (MW)	Modelltypische bzw. -konstituierende MW-Definition. Vgl. auch Darstellung in Kapitel 3 des Berichts.	
Finanzielle Bewertung	Wird der MW monetär ausgedrückt oder nicht? Falls er nicht monetär ausgedrückt wird, entspricht er in der Regel eher einer „Markenstärke" (siehe nächste Zeile).	
Ggf. Definition Markenstärke (MS)	Im Modell ggf. verwendetes Verständnis von „Markenstärke" (ggf. auch in anderer Begrifflichkeit). Bei der MS handelt es sich in der Regel um eine nicht-monetäre, psychologische od. ä. Größe, die in einer Reihe von zweistufigen Modellen der Ermittlung eines monetären MW vorgeschaltet ist. Vgl. auch Darstellung in Kapitel 3 des Berichts.	
Klassifizierung in einschlägiger Literatur	Vgl. Darstellung in Kapitel 4.1 des Berichts.	
Markenbewertung		
Wie viel Stufen/Schritte	... umfasst das Verfahren der MW-Bestimmung? In der Regel: Einstufig oder zweistufig.	
Welche Stufen/Schritte	... umfasst das Verfahren der MW-Bestimmung?	
Was und Wie wird gemessen	Insbesondere Faktoren/Indikatoren/ Determinanten des MW bzw. der MS.	
Zukunftsorientiertheit, Periodenzahl, Sicherheitsgrad	*Zukunftsorientierung:* Wird das künftige Erfolgspotenzial abgebildet? *Periodenzahl*: Auf wie viele Zeiträume (in der Vergangenheit und/oder Zukunft) bezieht sich die MW-Bestimmung? Z. B. Mehrperiodigkeit. *Sicherheitsgrad*: Mit welcher Sicherheit wird das Eintreten von künftigen Entwicklungen angenommen?	Kriegbaum 2001, 88, Irmscher 1997, 88.

Wie erfolgt Überführung	...der ggf. in einer ersten Stufe ermittelten Zwischengröße (Markenstärke etc.) in einen monetären MW? Per Formel, über verschiedene Schritte, per Schätzung etc.	
Erklärungsgrad		
Gültigkeit/Validität	= Grad der Genauigkeit, mit dem Modell/Messverfahren das misst, was gemessen werden soll.	Bekmeier-Feuerhahn 1998, 7.
Kausalitätsgrad	= Fähigkeit des Modells, die Wirkungszusammenhänge zwischen dem MW und seinen Determinanten/Indikatoren zu erklären.	Irmscher 1997, 87 und 98.
Empirische Fundierung	= Repräsentativität der Messgrößen u. Daten etc.	
Datenverfügbarkeit	= Verfügbarkeit der Input-Variablen des Modells, wichtig für Praxistauglichkeit.	Irmscher 1997, 100.
Objektivität	= Ermessensspielraum des Bewerters im Verfahren; intersubjektive Nachvollziehbarkeit.	Irmscher 1997, 88 und 99, Kriegbaum 2001, 88.
Handhabbarkeit		
Einfachheit/Anwendungsaufwand	= Wichtig für Praxistauglichkeit.	
Einsetzbarkeit in der strategischen Markenführung	= Wichtig für instrumentale Tauglichkeit insbesondere im strategischem Marketing.	
Berücksichtigung der Marketinginstrumente	= Wichtig für instrumentale Tauglichkeit insbesondere im operativen Marketing.	
Trennung von Produktleistung und Markenleistung	= Wichtig für konkrete Zurechnung.	
Reichweite		
Eignung für Markenformen	Sofern ermittelbar.	
Bewertungsanlass/ -zweck	Zwecke, für die das Modell vorrangig entwickelt wurde bzw. in der (tatsächlichen od. behaupteten) Anwendung geeignet ist.	
Einordnung Branche	Sofern ermittelbar.	
Bisheriger Anwendungsgrad	Sofern ermittelbar (bei wissenschaftlich theoretischen Modellen in der Regel nicht gegeben).	
Zusammenfassende Einschätzung		
Hauptsächlich verwendete Literatur	Nur wichtigste Literatur, ansonsten siehe Literaturverzeichnis zu diesem Bericht.	
Vorteile/Nachteile	Zusammenfassung der wichtigsten Vorzüge und Nachteile des jeweiligen Modells nach Auffassung der Fachliteratur (nicht vollständig).	

4.3 Tabellenartige Darstellung der Modelle

Die folgende Übersicht stellt die Oberklassifizierung der untersuchten Markenbewertungsmodelle in alphabetischer Reihenfolge dar. Gekennzeichnet sind darüber hinaus relevante und nicht zu vernachlässigende Vorgängermodelle von Modellen, die aktuell auf dem Markt sind. Auch diese „Vorläufer" werden im Folgenden besprochen.

Betriebswirtschaftliche Modelle	Psychographische bzw. verhaltensorientierte Modelle	Betriebswirtschaftlich-verhaltenswissenschaftliche Kombinationsmodelle
Consor (Lizenzbasierte Markenbewertung)	**Aaker** (Brand Equity Ten) (Assets and Liabilities)	**BBDO BEES** (Brand Equity Evaluation System) BBDO
Crimmins (Preismodell)	**Brand Asset Valuator** (BAV) Young & Rubicam	**Bekmeier-Feuerhahn** (Marktorientierte Markenbewertung)
Herp (Marktwert-Modell)	**Brand Championship** Roland Berger	**Brand Finance** (Brand Valuation)
(System) Repenn (WoReWert-System)	**Brand Dynamics** (Millward Brown)	**Brand Performancer** (ACNielsen/Konzept und Markt)
Sander (Hedonisches Preismodell)	**Brand Potential Analysis** (BBDO) ⇒ Vorl. von BEES	**Brand Rating** (B.R. Brand Rating)
Simon/Sullivan (Börsenwertmodell)	**Brand Stewardship** (Ogilvy & Mather)	**GfK/PwC/Uni HH-Modell** (GfK/PricewaterhouseCoopers/ Universität HH)
	Brand Trek (Brand Status, MAX, Eisbergmodell) ICON ⇒ Vorl. von Brand Rating	**Interbrand** (Interbrand Brand Valuation)
	EquiTrend (Total Research)	**Kapferer** (Markenwertmodell)
	Equity Builder (IPSOS-ASI)	**Markenbilanz** (ACNielsen/ Schulz/Brandmeyer) ⇒ Vorl. von Brand Performancer
	Equity Engine (Research International)	**Markenkraftmodell** (TESI-Preismodell) GfK ⇒ Vorl. von GfK/PwC/Uni HH
	IMP/SYS (NFO Infratest)	**Sattler** (Indikatorenmodell) ⇒ Vorl. von GfK/PwC/Uni HH
	Keller (Konsumentenmodell) (CBBE)	**Semion** (Brand €valuation)

Betriebswirtschaftliche Modelle	Psychographische bzw. verhaltensorientierte Modelle	Betriebswirtschaftlich-verhaltenswissenschaftliche Kombinationsmodelle
	Markenbarometer (TNS Emnid/Horizont)	**Srivastava/Shocker** (Brand Equity-Modellrahmen)
	MarkenMonopole (Konzept & Analyse)	
	Marken Potential Ausschöpfung (Grey)	
	McKinsey	
	Markensimulator (GfK) ⇒ Vorl. von GfK/PwC/Uni HH	

4.3.1 Betriebswirtschaftliche (finanzorientierte) Modelle

4.3.1.1 Lizenzbasierte Markenbewertung (Consor)

Kriterien	**Stichpunkte**	**Lit.- Angaben**
Name des Modells	Lizenzbasierte Markenbewertung nach Consor.	
Urheber (Urhebertyp, ggf. Kooperation mit Wissenschaft)	Consor. (amerikanisches Beratungsunternehmen) Anson Weston.	
Ursprungsjahr	Ca. 1980.	O.V. 2000.
Definitorisches Kriterium		
Definition Marke bzw. Markenwert	Der reale Wert, den ein anderes Unternehmen für die Marke bezahlen würde, sei es beim Kauf oder für eine Nutzungslizenz. Von den für eine Referenzmarke erhobenen Lizenzgebühren wird auf den monetären Wert der zu bewertenden Marke geschlossen.	BBDO 2001, 36f., O.V. 2000, 164.
Finanzielle Bewertung	Ja.	
Ggf. Definition Markenstärke	Anhand von Schlüsselfaktoren (siehe unten). Die Taxierung der MS ergibt marktübliche Markenlizenzgebühren, die als Bandbreite von Prozentsätzen bezüglich des Produktabgabepreises an den Handel ausgedrückt werden.	BBDO 2001, 37.
Klassifizierung in einschlägiger Literatur	Betriebswirtschaftliche, lizenzbasierte Markenbewertung, monetäre Messung ökonomischer Wirkungen beim Unternehmen auf Basis von Lizenzeinnahmen.	BBDO 2001, Kriegbaum 2001, 90.
Markenbewertung		
Wie viel Stufen/Schritte	Zweistufig.	
Welche Stufen/Schritte	- Taxierung der Markenstärke. - Transformierung in den Marken Cashflow als aktuellen MW.	
Was und Wie wird gemessen	20 Schlüsselfaktoren der Markenstärke, z.B.: - Profitmargen. - Entwicklungskurve. - Position im Markenlebenszyklus. - Wiedererkennung. - Ausweitungspotenzial. - Übertragungsneigung. - Internationaler Markenschutz. u.a. Nutzung der VALMATRIX-Methodik, Bewertung auf Skala zwischen 1 und 5. Die dafür erforderlichen Vergleichsdaten liefert ein Consor-Datenarchiv.	BBDO 2001, 37, O.V. 2000.

	Bestimmung einer vergleichbaren „Royality-Rate“.	
Zukunftsorientiertheit	Ja.	
Periodenzahl	Bezug auf verbleibende Lebensdauer der Marke.	
Sicherheitsgrad	Hoch.	
Wie erfolgt Überführung	Definition der Einkommensströme u. Kalkulation des „Net Present Value“. Der Durchschnitt der Lizenzgebühr in % des Produktabgabepreises (Handel) wird multipliziert mit: - verbleibender Lebensdauer der Marke, - jährliche Wachstumsrate des Marken-Umsatzes, - akt. Jahresumsatz unter Berücksichtigung einer marktüblichen Diskontierung.	O.V. 2000, BBDO 2001, 37.
Erklärungsgrad		
Gültigkeit/Validität	Annahme, dass Lizenzgebühren objektiv richtig ermitteln, ist fraglich.	BBDO 2001, 37.
Kausalitätsgrad	Es sollte vielmehr umgekehrt vom MW auf Lizenzgebühr geschlossen werden.	
Empirische Fundierung	Consor-Datenarchiv mit über 8.000 realen, bereits erfolgten Lizenz- und Verkaufstransaktionen.	BBDO 2001, 37.
Datenverfügbarkeit	Consor-intern.	
Objektivität	In Lizenzgebühren fließen auch strategische und taktische Überlegungen ein, Lizenzen spiegeln das subjektive Wertempfinden der Verhandlungspartner wider.	BBDO 2001, 37, Kriegbaum 2001, 93.
Handhabbarkeit		
Einfachheit/Anwendungsaufwand	Relativ einfach.	
Einsetzbarkeit in der strategischen Markenführung	Nein.	
Trennung von Produktleistung und Markenleistung	Nein. Marke wird gemeinsam mit anderen immateriellen Werten wie Marketingstrategie, Grafiken, Werbe- und PR-Konzepte, Verpackungsdesign etc. bewertet.	Kriegbaum 2001, 92, O.V. 2000.
Reichweite		
Eignung für Markenformen	Keine Angabe.	
Bewertungsanlass/-zweck	Lizenzierung.	
Einordnung Branche	Keine Angabe.	
Bisheriger Anwendungsgrad	Hoch (siehe „Empirische Fundierung“), z.B. Procter & Gamble, Ford, Exxon, G.E., NCR, Nestle, Sesamstraße u. a.	O.V. 2000.

Zusammenfassende Einschätzung		
Hauptsächlich verwendete Literatur	BBDO 2001, Kriegbaum 2001, O.V. 2000.	
Vorteile	- Relativ einfach, wenn Vergleichsdaten zur Verfügung stehen.	
Nachteile	- Immer vergleichbare Marken mit Lizenzeinnahmen erforderlich. - Lizenzen werden von Fall zu Fall sehr unterschiedlich gestaltet. - Lizenzeinnahmen stellen nur einen Teil der Einnahmen dar. - Unvollständige Bewertung.	Kriegbaum 2001, 93.

4.3.1.2 Preismodell (Crimmins)

Kriterien	**Stichpunkte**	**Lit.- Angaben**
Name des Modells	Preismodell Crimmin.	
Urheber (Urhebertyp, ggf. Kooperation mit Wissenschaft)	Crimmins, J. C. (Bereich Forschung und Wissenschaft)	
Ursprungsjahr	1992.	
Definitorisches Kriterium		
Definition Marke bzw. Markenwert	Markenmehrwert, nicht monetär, nur relativer Markenwert. Crimmins 1992: „Je größer die aus den Marketing-Mix-Maßnahmen resultierende Loyalität zur Marke ist, desto größer ist deren Wert."	Irmscher 1997, 93, Esch 1999, 961.
Finanzielle Bewertung	Nein.	
Definition Markenstärke	-	
Klassifizierung in einschlägiger Literatur	- Betriebswirtschaftlich-preispremiumorientiert. - Globalanalytisch, marketingorientiertes Partialmodell. - Finanzorientiert, kompositionell, preisorientiert.	Irmscher 1997, 93, Bekmeier-Feuerhahn 1998, 71.
Markenbewertung		
Wie viel Stufen/Schritte	Einstufig.	
Welche Stufen/Schritte	-	
Was wird gemessen und Wie wird gemessen	*Drei Dimensionen*: - Ausmaß bzw. Höhe des MW. - Breite des MW (Anzahl von Produktkategorien). - Inhalt des MW (Markenassoziationen). *Messung der Höhe*: - So lange Erhöhung bzw. Erniedrigung des Preises im Vergleich zur Konkurrenz, bis beide Produkte gleich wünschenswert (relative Preisdifferenz = Preispremium). *Messung der Breite:* - Ähnlich in Bezug zur Vergleichsmarke. *Messung von Inhalt und Entstehung:* - Längsschnittstudien als Vorschlag.	BBDO 2001, 39.
Zukunftsorientiertheit	Gegenwartsbezogen.	Irmscher 1997, 93.
Periodenzahl	Zeitbezug statisch.	Irmscher 1997, 93.
Sicherheitsgrad	Deterministisch.	Irmscher 1997, 93.
Wie erfolgt Überführung	-	

Erklärungsgrad		
Gültigkeit/Validität	Relativ gering.	Irmscher 1997, 104.
Kausalitätsgrad	- Deskriptiv, keine direkte Ursachenanalyse. - Geringer Erklärungsgrad. - Theoretische Fundierung: Verhaltenswissenschaft, Preistheorie.	Irmscher 1997, 93 und 284.
Empirische Fundierung	Experimentelle Konsumentenbefragung.	Bekmeier-Feuerhahn 1998, 61.
Datenverfügbarkeit	Mittel.	Irmscher 1997, 104.
Objektivität	Objektiv.	Irmscher 1997, 93.
Handhabbarkeit		
Einfachheit/Anwendungsaufwand	- Relativ einfach (einfacher als Sander). - Geringe Anwendungskosten.	Irmscher 1997, 104 und 284, BBDO 2001, 39.
Einsetzbarkeit in der strategischen Markenführung	Wird behauptet.	
Berücksichtigung Marketinginstrumente	Preis.	
Trennung von Produktleistung und Markenleistung	Vermischung MW mit anderen Produkteigenschaften.	BBDO 2001, 40.
Reichweite		
Eignung für Markenformen	Übertragbar auf andere Markentypen.	Irmscher 1997, 284.
Bewertungsanlass/-zweck	- Originäre Zielsetzung: Unterstützung Preispolitik insbesondere bei Neuproduktplanung. - Gut für Bilanzierung und Lizenzierung, Listung, Anreiz geeignet.	Irmscher 1997, 284, 132 und 120.
Einordnung Branche	Keine Angabe.	
Bisheriger Anwendungsgrad	Keine Angabe.	
Zusammenfassende Einschätzung		
Hptsl. verwendete Literatur	Irmscher 1997, BBDO 2001.	
Vorteile	- Einfach. - Übertragbar.	Irmscher 1997, 285.
Nachteile	- Keine finanzielle Bewertung. - Vernachlässigung der Tatsache, dass sich Wertschätzung einer Marke als beobachtbare Größe nicht nur im Preis, sondern auch im Marktanteil ausdrücken kann. - Unterschiedliche Produkteigenschaften einzelner Produkte bleiben völlig unberücksichtigt.	Irmscher 1997, 126, BBDO 2001, 40.

4.3.1.3 Marktwert-Modell (Herp)

Kriterien	Stichpunkte	Lit.- Angaben
Name des Modells	Marktwert-Modell.	Irmscher 1997.
Urheber (Urhebertyp, ggf. Kooperation mit Wissenschaft)	Thomas Herp. (Dissertation Uni Mannheim 1982) (Bereich Forschung und Wissenschaft)	
Ursprungsjahr	1982.	
Definitorisches Kriterium		
Definition Marke bzw. Markenwert	Marke ermöglicht eine Differenzierung homogener, konkurrierender Angebote wobei der Einsatz von Kommunikationsinstrumenten die Bildung eines Markenimages bedingt. Marke = Zusätzliche Umsätze, die durch die Markierung der Produkte erzielt werden können (Nettowert).	Herp 1982, Riedel 1996.
Finanzielle Bewertung	Ja.	
Definition Markenstärke	-	
Klassifizierung in einschlägiger Literatur	- Betriebswirtschaftlich-finanzorientiertes Modell. - Globalmodell. - Dekompositionell. - Monetär-Theoretisch. - Globalanalytisches, präskriptives Totalmodell.	BBDO 2001, Riedel 1996, Bekmeier-Feuerhahn 1998, Sattler/Riedel 1996, Kriegbaum 2001, Göttgens, u.a. 2001, Irmscher 1997.
Markenbewertung		
Wie viel Stufen/Schritte	Einstufig.	Kriegbaum 2001.
Welche Stufen/Schritte	Conjoint-Analyse.	
Was und Wie wird gemessen	Zerlegung des realisierten Preises der Marke in die Anteile, die der Marke zu- bzw. nicht zurechenbar sind, mittels Conjoint Measurement. Berechnung des Markenwertes durch Multiplikation des markenbezogenen Preisanteils mit der Absatzmenge der Marke. Preiskomponente des Marktwertes von Marken, Relativer Marktwert und Absoluter Marktwert von Marken, wobei die Produkteigenschaften nach intrinsischen und extrinsischen (z.B. Bedienungseinrichtungen, -komfort, äußeres Erscheinungsbild, Erfüllung der Primärfunktion sowie Zusatzausstattungen) Anreizen beurteilt werden.	Riedel 1998, Herp 1982, Sattler 1997.

	Ableitung von Werten auf Basis hedonischer Preisfunktion. Das Datenmaterial sind Marktpreise und Produkteigenschaften.	
Zukunftsorientiertheit	Zukunftsorientiertheit vernachlässigt.	Bekmeier-Feuerhahn 1998.
Periodenzahl	Faktor Zeit fehlt.	
Sicherheitsgrad	Deterministisch.	Irmscher 1997.
Wie erfolgt Überführung	-	
Erklärungsgrad		
Gültigkeit/Validität	Objektiv.	Irmscher 1997.
Kausalitätsgrad	Gering.	Riedel 1998.
Empirische Fundierung	Linearadditive Verknüpfung der Teilpräferenzwerte (Conjoint-Measurement Analyse), Irradiations- und Halo-Effekte haben einen erheblichen Einfluss auf die Wahrnehmung anderer Produktmerkmale.	
Datenverfügbarkeit	Weniger Gut.	Irmscher 1997.
Objektivität	Objektivierte Nutzenermittlung; Konsumentenurteile werden nicht verzehrt.	Heider/Strehlau 2000.
Handhabbarkeit		
Einfachheit/Anwendungsaufwand	- Einsatz computergestützter, interaktiver Befragungsabläufe - Mittlerer Aufwand: aufgrund der notwendigen Primärforschung (Conjoint-Ansätze).	Bekmeier-Feuerhahn 1998, Baumgarth, 2001, 242.
Einsetzbarkeit in der strategischen Markenführung	Eher nicht.	Riedel 1998.
Berücksichtigung Marketinginstrumente	Nein.	
Trennung von Produktleistung und Markenleistung	Explizit ja.	
Reichweite		
Eignung für Markenformen	Eignet sich besonders bei rational geprägten Produkteigenschaften.	Heider 2001.
Bewertungsanlass/-zweck	Bedingte Eignung für Bilanzierung, Lizenzierung, Akquisition und Schadensbemessung.	
Einordnung Branche	Gebrauchsgütersektor/langlebige Luxusgüter	Herp 1982.
Bisheriger Anwendungsgrad	Keine Aussage möglich.	

Zusammenfassende Einschätzung		
Hauptsächlich verwendete Literatur	BBDO 2001, Riedel 1998, Bekmeier-Feuerhahn 1998, Irmscher 1997.	
Vorteile	- Auf theoretisch fundierte Weise werden markenspezifische Effekte von anderen produktspezifischen Effekten isoliert.	Heider/Strehlau 2000.
Nachteile	- Bezieht sich auf Berechnung von relativem Markenwert. - Bezieht sich auf Verkaufserlöse anderer Markenartikel und nicht auf Verkaufserlöse unmarkierter Produkte. - Lässt sich nur anwenden bei Marken, die zu einer Produktkategorie gehören und wenn die Produkte sich bezüglich der objektiven Produkteigenschaften kaum unterscheiden. - Mangelnde Praxisnähe.	BBDO 2001, Irmscher 1997, 287.

4.3.1.4 System Repenn

Kriterien	**Stichpunkte**	**Lit.- Angaben**
Name des Modells	System Repenn, WoReWert-System.	
Urheber (Urhebertyp, ggf. Kooperation mit Wissenschaft)	Repenn, Wolfgang. (freier Sachverständiger für Markenbewertungen und Markenprüfer beim Deutschen Patentamt in München)	
Ursprungsjahr	1994.	
Definitorisches Kriterium		
Definition Marke bzw. Markenwert	MW als Verkehrswert aus der Summe von Grundwert und Anschaffungskosten (inkl. Entwicklungskosten, Patentgebühren etc.) der Marke und dem Betriebswert, der aus der Verwendung der Marke entsteht (Markenerlös).	BBDO 2001, 35.
Finanzielle Bewertung	Ja.	
Ggf. Definition Markenstärke	-	
Klassifizierung in einschlägiger Literatur	- Betriebswirtschaftliche Markenbewertung auf Basis des Unternehmenswertkonzepte. - Klassischer betriebswirtschaftlicher Ansatz: monetär, kostenorientiert, schwerpunktmäßig substanzorientiert.	BBDO 2001, Sattler 2002, 15.
Markenbewertung		
Wie viel Stufen/Schritte	Einstufig.	
Welche Stufen/Schritte	-	
Was und Wie wird gemessen	*Grundwert:* Kosten, die für die Schaffung und Erhaltung einer Marke aufgewendet werden. *Betriebswert:* 10 % des durchschnittlichen Jahresumsatzes der letzten 5 Jahre, ggf. zzgl. Lizenzerlöse („Repenn-Faktor“).	
Zukunftsorientiertheit	Ja, wegen Markenerlös.	
Periodenzahl	Zeitbezug: letzte 5 Jahre.	
Sicherheitsgrad	Im mittleren Bereich.	
Wie erfolgt Überführung	Generell nur monetäre Ermittlung.	
Erklärungsgrad		
Gültigkeit/Validität	Bedingt.	
Kausalitätsgrad	Gering.	
Empirische Fundierung	Weitgehend auf nachprüfbaren Daten beruhend.	
Datenverfügbarkeit	Ja.	
Objektivität	„Repenn-Faktor“ (10 %) willkürlich, ansonsten keine subjektiven Einflüsse.	BBDO 2001, 35.

Handhabbarkeit		
Einfach-heit/Anwendungsaufwand	Einfach, klar.	
Einsetzbarkeit in der strategischen Markenführung	Nein.	
Berücksichtigung Marketinginstrumente	Über Kosten der Schaffung und Erhaltung der Marke.	
Trennung von Produktleistung und Markenleistung	Nein.	
Reichweite		
Eignung für Markenformen	Keine Angabe.	
Bewertungsanlass/-zweck	Das System will beim Kauf bzw. Verkauf von Marken, in der Zwangsvollstreckung in Markenrechte, bei der Sicherheitsübereignung von Marken, im Konkursverfahren oder für Bilanzzwecke eine entsprechende Entscheidungshilfe bieten.	Repenn 1998.
Einordnung Branche	Keine Angabe.	
Bisheriger Anwendungsgrad	Keine Aussage möglich.	
Zusammenfassende Einschätzung		
Hauptsächlich verwendete Literatur	BBDO 2001, Repenn 1998.	
Vorteile	- Relativ klar.	
Nachteile	- Rein betriebswirtschaftlich. - Markenstärke kommt nicht vor.	

4.3.1.5 Hedonisches Preismodell (Sander)

Kriterien	**Stichpunkte**	**Lit.- Angaben**
Name des Modells	Hedonisches Preismodell.	
Urheber (Urhebertyp, ggf. Kooperation mit Wissenschaft)	Sander, Matthias (Bereich Forschung und Wissenschaft)	
Ursprungsjahr	1994.	
Definitorisches Kriterium		
Definition Marke bzw. Markenwert	Markenwert = Erlöse, die durch die Markierung erzielt wurden. Der MW wird als eine Produkteigenschaft verstanden, dessen Erlöswirkung regressionsanalytisch bestimmt werden kann. Wird der direkt auf das Markenzeichen zurückzuführende Erlös mit der Anzahl der mit der Marke versehenen und abgesetzten Einheiten multipliziert, ergibt sich der markenspezifische Umsatz, welcher ohne Markenbesitz nicht hätte erwirtschaftet werden können. a) Marktpreis, relativer Markenwert, gegenwartsbezogen. b) Kapitalwert, relativer Markenwert, zukunftsbezogen.	Bekmeier-Feuerhahn 1998, 72, Irmscher 1997, 96.
Finanzielle Bewertung	Ja.	
Ggf. Definition Markenstärke	-	
Klassifizierung in einschlägiger Literatur	- Betriebswirtschaftlich-preispremiumorientiertes Modell. - Finanzorientiert, kompositionell preisorientiert. - Global, einstufig. - Globalanalytisches, präskriptives Totalmodell.	BBDO 2001, Bekmeier-Feuerhahn 1998, 71, Heider 2001, 126, Irmscher 1997, 91.
Markenbewertung		
Wie viel Stufen/Schritte	Einstufig.	Irmscher 1997, 96.
Welche Stufen/Schritte	-	
Was und Wie wird gemessen	Aufteilung in den Wert der Marke selbst und den Wert der Produkteigenschaften. Erklärung von Produktpreisen durch Produkteigenschaften. Ermittlung der Preisänderung, wenn Produkteigenschaften modifiziert werden. Aus diesen sich ergebenden monetären Teilbeträgen (hedonischen Preisen) der Ausprägungen ergibt sich der Marktwert der Produkteigenschaften. Aus der Differenz des Preises für die Marke mit Markenzeichen im	Heider 2001.

	Vergleich zum identischen Produkt ohne Markierung erhält man den Marktwert des immateriellen Vermögensgegenstandes Marke.	
Zukunftsorientiertheit	Zwar zukunftsorientiert, aber zukunftsträchtige Potenzialleistungen des Markenwertes bleiben vernachlässigt (gegenwartsbezogene Beurteilung durch Abnehmer wird zwar in Zukunft extrapoliert = unsicher).	Bekmeier-Feuerhahn 1998, 73.
Periodenzahl	Zeitbezug: dynamisch.	Irmscher 1997, 119, 287.
Sicherheitsgrad	Stochastisch.	Irmscher 1997, 96.
Wie erfolgt Überführung	Um den Nettowert in Form des auf die Marke zurückzuführenden Gewinns zu erhalten, sind markenspezifische Kosten zu berücksichtigen. Hierzu zählen sämtliche Kosten, die nicht entstehen würden, wenn das entsprechende Produkt als unmarkiertes Produkt angeboten würde. Die Subtraktion dieser Kosten von den markenspezifischen Erlösen ergibt den durch die Marke als immateriellen Vermögensgegenstand induzierten Gewinn und somit den Wert der Marke aus der Sicht des Markeninhaber.	Bekmeier-Feuerhahn 1998, 72.
Erklärungsgrad		
Gültigkeit/Validität	Ja.	Bekmeier-Feuerhahn 1998, 79.
Kausalitätsgrad	- Präskriptiv. - Theoretische Fundierung: hedonische Preistheorie.	Irmscher 1997, 96.
Empirische Fundierung	Box-Cox-Technik (statistisches Analyseverfahren) zur Bestimmung hedonischer Preise – das Messinstrument ist im Sinne eines Test-Retest-Verfahrens zu verschiedenen Zeitpunkten angewendet worden.	Sander 1995, Bekmeier-Feuerhahn 1998, 73.
Datenverfügbarkeit	Eher schlecht.	Irmscher 1997, 111.
Objektivität	Ja (insbesondere auch bei Überführung MS in finanzorientierten MW; durch die genaue Angabe der berücksichtigten Kosten ist intersubjektive Überprüfung der Auswahl gewährleistet).	Irmscher 1997, 96 und 120, Bekmeier-Feuerhahn 1998, 73.

Handhabbarkeit		
Einfach-heit/Anwendungsaufwand	- Mittel. - Aufwändig.	Irmscher 1997, 96, Bekmeier-Feuerhahn 1998, 72.
Einsetzbarkeit in der strategischen Markenführung	- Eher nicht. - Mangelnde Praxisnähe.	Irmscher 1997, 118.
Berücksichtigung Marketinginstrumente	Teilweise (vor allem Preis).	
Trennung von Produktleistung und Markenleistung	Ja.	
Reichweite		
Eignung für Markenformen	Nach eigener Aussage breiter Einsatz im Bereich von Dienstleistungs-, Konsumgüter- wie auch Investitionsgütermarken möglich; national wie international.	Bekmeier-Feuerhahn 1998, 72.
Bewertungsanlass/-zweck	Gut geeignet für Bilanzierung, Lizenzierung und vor allem Schadensersatz.	Irmscher 1997, 132 und 121.
Einordnung Branche	Siehe Markenformen.	
Bisheriger Anwendungsgrad	Eher wissenschaftliches Modell.	
Zusammenfassende Einschätzung		
Hauptsächlich verwendete Literatur	Bekmeier-Feuerhahn 1998, Irmscher 1997.	
Vorteile	- Nach eigener Aussage universelle Anwendbarkeit, flexibel. - Geschlossener methodischer Ansatz: Modell im Sinne des Brand-Equity-Konzeptes. - Direkte finanzorientierte Transformation.	Bekmeier-Feuerhahn 1998, 72, Irmscher 1997, 118, 287.
Nachteile	- Nur Preis- und Kostendaten, Vielfalt des Markenwert-Phänomens sowie zukunftsträchtige Potenziale unberücksichtigt (u. a. Vernachlässigen subjektiver Produkteigenschaften wie Image). - Annahme vollkommener Markttransparenz in der 1. Stufe. - Mangelnde Praxisnähe. - Schwierigkeit der Möglichkeit der Identifikation der markeninduzierten Kosten. - Kosten der lauf. Marketingaktivitäten (Werbung, PR etc.) werden nicht berücksichtigt.	Heider 2001, Irmscher 1997, 118, 287, Bekmeier-Feuerhahn 1998, 72, BBDO 2001, 39.

4.3.1.6 Börsenwert-Modell (Simon/Sullivan)

Kriterien	**Stichpunkte**	**Lit.- Angaben**
Name des Modells	Börsenwert-Modell.	(nach Irmscher)
Urheber (Urhebertyp, ggf. Kooperation mit Wissenschaft)	Simon, Carol J. Sullivan, Mary W. (Bereich Forschung und Wissenschaft)	
Ursprungsjahr	1991/1992.	Riedel, Irmscher, Bekmeier-Feuerhahn.
Definitorisches Kriterium		
Definition Marke bzw. Markenwert	- Annahme: Entwicklung des Aktienkurses eines Unternehmens spiegelt die Zukunftschancen einer Marke wider. - Zusätzliche Umsätze, die durch die Markierung der Produkte erzielt werden können (Barwert der zukünftigen Gewinne aus Markierung). - „Relativer MW“.	Heider 2001, 130, Riedel 1996, 173, Heider/ Strehlau 2000, 504f., Irmscher 1997, 96.
Finanzielle Bewertung	Ja.	
Ggf. Definition Markenstärke	-	
Klassifizierung in einschlägiger Literatur	- Betriebswirtschaftlich-kapitalmarktorientiert. - Finanzorientiert, global, substanzwertorientiert. - Kapitalmarktorientiert. - Langfristig monetär. - Globalanalytisches präskriptives Totalmodell. - Finanzorientiert, kompositionell, kapitalmarktorientiert.	BBDO 2001, Riedel 1996, 173, Heider 2001, 130, Sattler 1997, 102f., Irmscher 1997, 96, Bekmeier-Feuerhahn 1998, 74.
Markenbewertung		
Wie viel Stufen/Schritte	Einstufig.	Irmscher 1997, 96.
Welche Stufen/Schritte	-	
Was und Wie wird gemessen	Berechnung des Markenwertes als die Differenz des Gesamtwertes der Unternehmung und aller nicht markenbezogenen Wertpositionen der Unternehmung. Die künftigen Gewinne aus der Markierung setzen sich zusammen aus den Komponenten, die aus einer höheren Nachfrage auf Grund der Markierung resultieren, und solchen, die aus einer Reduzierung der Marketingaufwendungen erfolgen. Der erste Bestandteil wird operationalisiert durch die Werbeausga-	Riedel 1996, 173, Bekmeier-Feuerhahn 1998, 74.

	ben und das Alter der Marke, der zweite durch die Reihenfolge des Markteintritts und die Werbeausgaben in Relation zu denen der Konkurrenz. Mit Hilfe einer Regressionsanalyse wird schließlich der Markenwert bestimmt.	
Zukunftsorientiertheit	Zukunftsorientiert.	Simon/Sullivan 1993.
Periodenzahl	Zeitbezug: dynamisch.	Simon/Sullivan 1993.
Sicherheitsgrad	Stochastisch.	Irmscher 1997, 96.
Wie erfolgt Überführung	Durch die Multiplikation des Aktienpreises mit der Aktienstückzahl erhält man den Gesamtwert der Unternehmung. Wenn die Ersatzkosten für die materiellen Aktiva hiervon abgezogen werden, ergeben sich die immateriellen Aktiva. Diese wiederum setzen sich zusammen aus dem *Markenwert*, dem Wert anderer Faktoren (z. B. Forschung) und Branchenfaktoren (z. B. Konzentration).	Bekmeier-Feuerhahn 1998, 74.
Erklärungsgrad		
Gültigkeit/Validität	- Wesentliche Defizite. - Setzt transparenten Markt voraus.	Bekmeier-Feuerhahn 1998, 75, Heider 2001, 130.
Kausalitätsgrad	- Erklärungsgrad unbefriedigend. - Präskriptiv. - Theoretische Fundierung: Kapitalmarkttheorie und Industrieökonomik.	Riedel 1996, 173, Irmscher 1997, 96.
Empirische Fundierung	- Regressionsanalyse auf Basis von Panel- und Marktdaten. - Wiederholter Messeinsatz lässt eine Variante des Test-Retest-Verfahrens vermuten.	Bekmeier-Feuerhahn 1998, 61, 75.
Datenverfügbarkeit	Ja (Aktienentwicklung etc.).	
Objektivität	Ja.	Bekmeier-Feuerhahn 1998, 75, Irmscher 1997, 96.
Handhabbarkeit		
Einfachheit/Anwendungsaufwand	- Relativ einfach, dennoch hoher Analyse- und Erhebungsaufwand. - Durchschnittliche Handhabbarkeit. - Wesentliche Defizite.	Bekmeier-Feuerhahn 1998, 75, Irmscher 1997, 110 und 287, Riedel 1996, 173.
Einsetzbarkeit in der strategischen Markenführung	Teilweise geeignet.	Riedel 1996, 173, Irmscher

		1997, 133.
Berücksichtigung Marketinginstrumente	Ja.	Irmscher 1997, 287.
Trennung von Produktleistung und Markenleistung	Ja.	
Reichweite		
Eignung für Markenformen	Nur für börsennotierte Einzelproduktunternehmen; auf Unternehmensebene und auf Marktebene, für Firmen- bzw. Dachmarken.	Heider 2001, 130, Bekmeier-Feuerhahn 1998, 74, Irmscher 1997, 116.
Bewertungsanlass/-zweck	- Bedingt geeignet für Bilanzierung, Lizenzierung, Akquisition und Schadensbemessung. - Möglicherweise Anwendungsnutzen für professionelle Kapitalanleger.	Riedel 1996, 173, Irmscher 1997, 116.
Einordnung Branche	Sach- und Dienstleistungen.	
Bisheriger Anwendungsgrad	1992 Überprüfung ihres Ansatzes durch eine Börsenbewertung von 638 Unternehmen: nur ca. 19 Prozent des Gesamtwertes der betrachteten Unternehmen besteht aus materiellen Vermögenswerten.	Bekmeier-Feuerhahn 1998, 74.
Zusammenfassende Einschätzung		
Hauptsächlich verwendete Literatur	Riedel 1996, Bekmeier-Feuerhahn 1998, Irmscher 1997.	
Vorteile	- Modell im Sinne des Brand-Equity-Konzepte - Fundierter theoretischer Ansatz; direkte monetäre Transformation. - Kommt der zunehmenden Börsenorientierung des Finanzmarktes auch in Deutschland entgegen.	Irmscher 1997, 287.
Nachteile	- Mangelnde Praxisnähe auf Grund modellspezifischer Annahmen. - Zahlreiche Abgrenzungs-, Zurechnungs- und Bewertungsprobleme (ähnlich wie beim Modell von Kern). - Nur für börsennotierte Unternehmen: berücksichtigt nur das, was den Aktienmarkt eindeutig und schlagartig beeinflusst (z. B. nur einschneidende Marketingmaßnahmen).	Irmscher 1997, 287, Riedel 1996, 173, Heider 2001, 130.

4.3.2 Psychographische/verhaltensorientierte Modelle

4.3.2.1 Brand Equity Ten (Aaker)

Kriterien	**Stichpunkte**	**Lit.- Angaben**
Name des Modells	Brand Equity Ten. Assets & Liabilities .	(nach Irmscher)
Urheber (Urhebertyp, ggf. Kooperation mit Wissenschaft)	Aaker, David A. (Bereich Forschung und Wissenschaft)	
Ursprungsjahr	1991.	
Definitorisches Kriterium		
Definition Marke bzw. Markenwert	MW als rein qualitatives Konstrukt: „Gruppe von Vorzügen und Nachteilen, die mit einer Marke, ihrem Namen oder Symbol im Zusammenhang stehen und den Wert eines Produktes oder Dienstes für ein Unternehmen oder seine Kunden mindern oder mehren". a) Assets & Liabilities (mentale Vor- und Nachteile): nicht monetär, absoluter MW. b) Ggf. bei Überführung: monetär, absoluter MW.	Heider 2001, 146, Bekmeier-Feuerhahn 1998, 89, Irmscher 1997, 95.
Finanzielle Bewertung	Teilweise/indirekt.	
Ggf. Definition Markenstärke (MS)	MW im Sinne von a) = MS, Antriebsorientierte Betrachtung der Markenstärke (ähnlich wie bei Kapferer).	Bekmeier-Feuerhahn 1998, 34ff.
Klassifizierung in einschlägiger Literatur	- Psychographisch/verhaltensorientiert. - Detailanalytisches deskriptives Totalmodell. - Verhaltensorientiert. - Verhaltenswissenschaftlich, qualitative Eigenschaften als Erklärungsansatz.	BBDO 2001, 46, Irmscher 1997, 95, Heider 2001, 126ff., Bekmeier-Feuerhahn 1998, 89.

Markenbewertung		
Wie viel Stufen/Schritte	(Indirekt) zweistufig.	Irmscher 1997, 95.
Welche Stufen/Schritte	- Ermittlung qualitativen MW (a). - Ggf. indirekte monetäre Ableitungen (b).	
Was und Wie wird gemessen	Fünf markenwertbestimmende Dimensionen: 1. Markentreue (am wichtigsten). 2. Bekanntheit des Namen 3. Angenommene Qualität. 4. Markenassoziationen. 5. Andere Markenvorzüge (Patente, Absatzwege etc.). Bei Assoziationsmessung wird in 11 unterschiedliche Qualitäten eingeteilt.	Heider 2001, 146, BBDO 2001 46, Bekmeier-Feuerhahn 1998, 91.
Zukunftsorientiertheit	Zukunftsorientierung wird behauptet (siehe: Wie erfolgt Überführung?), faktisch eher vergangenheitsorientiert.	Irmscher 1997, 95.
Periodenzahl	Zeitbezug je nach MW/Überführung.	Irmscher 1997, 95.
Sicherheitsgrad	Je nach MW/Überführung.	Irmscher 1997, 95.
Wie erfolgt Überführung	Implizite Postulierung betriebswirtschaftlicher Größen (z. B. hohe Gewinnspanne) als Folge eines positiven MW, also nur indirekt finanzorientierte Transformation, damit abhängig vom Bewerter.	BBDO 2001, 47, Irmscher 1997, 124, 286.
Erklärungsgrad		
Gültigkeit/Validität	Verzahnung der Dimensionen problematisch.	Heider 2001, 147.
Kausalitätsgrad	- Deskriptiv: hoher Erklärungsgrad. - Heuristischer Ansatz: Ursache-Wirkung-Beziehung aber problematisch. - Theoretische Fundierung: Verhaltenswissenschaftlich, strategische Unternehmensplanung.	Irmscher 1997, 95.
Empirische Fundierung	- Qualitative Eigenschaften der Marke. - Messtechnische Fragen werden vernachlässigt. - Empirische Prüfung steht noch aus. - Beschreibung von Einzelbeispielen.	Bekmeier-Feuerhahn 1998, 61, Heider 2001, 148.
Datenverfügbarkeit	Mittel.	Irmscher 1997, 109.
Objektivität	Subjektiv.	Irmscher 1997, 95.

Handhabbarkeit		
Einfach-heit/Anwendungsaufwand	Relativ einfach.	Irmscher 1997, 109.
Einsetzbarkeit in der strategischen Markenführung	Hohe Managementkompatibilität.	Irmscher 1997, 109.
Berücksichtigung Marketinginstrumente	Nein.	
Trennung von Produktleistung und Markenleistung	Ja.	
Reichweite		
Eignung für Markenformen	Auf Konsumgütermarken ausgerichtet, schwierig übertragbar.	Irmscher 1997, 117, 286.
Bewertungsanlass/-zweck	Insbesondere zur Markenauswahl gut geeignet, außerdem: strategische Markenplanung, Budgetierung, Listung, Kauf/Verkauf, Anreiz.	Irmscher 1997, 133, 286.
Einordnung Branche	Konsumgüter.	
Bisheriger Anwendungsgrad	Ansatz sehr bekannt, aber vor allem wissenschaftliches Erklärungsmodell.	Irmscher 1997, 286.
Zusammenfassende Einschätzung		
Hauptsächlich verwendete Literatur	Irmscher 1997, Heider 2001, BBDO 2001	
Vorteile	- Populäres Modell: erster konsumentenorientierter Ansatz. - Hohe Modelltransparenz. - Modell im Sinne des Brand-Equity-Konzepte	Irmscher 1997, 286, Heider 2001, 146.
Nachteile	- Keine direkte monetäre Transformation. - Vernachlässigt Portfolio-Effekte und handelsbezogene „Brand-Assets“. - Mehr Erklärungs- als Messmodell.	Irmscher 1997, 117 und 286, Bekmeier-Feuerhahn 1998, 92.

4.3.2.2 Brand Asset Valuator (Young & Rubicam)

Kriterien	Stichpunkte	Lit.- Angaben
Name des Modells	Brand Asset Valuator (BAV).	
Urheber (Urhebertyp, ggf. Kooperation mit Wissenschaft)	Young & Rubicam. (Kommunikationsagentur)	
Ursprungsjahr	1993.	
Definitorisches Kriterium		
Definition Marke bzw. Markenwert	„A brand is the most valuable asset a company can own. It can also be the most confounding because, while products have a tangible, physical reality, brands are all about perceptual reality. Brands exist in minds and hearts of consumers."	Young & Rubicam 2000, 1.
Finanzielle Bewertung	Nein.	
Ggf. Definition Markenstärke	„Markenstärke" (Brand Strength) setzt sich im BAV aus „Differenzierung" und „Relevanz" zusammen: „Differentiation and Relevance together form Brand Strength – a brand`s ability to exist as a viable entry, defend itself from competition and its potential source for margin and earning (...) And when brands start to fade, Brand Strength is what they lose first."	Young & Rubicam 2000, 4ff., 7.
Klassifizierung in einschlägiger Literatur	Psychographisches, verhaltensorientiertes Markenwertmodell.	BBDO 2001, 31.
Markenbewertung		
Wie viel Stufen/Schritte	(Indirekt) zweistufig.	Baumgarth 2001, 238f.
Welche Stufen/Schritte	1. Erfassung der Marke im Brand Asset Valuator in einem Power Grid, welches sich aus den Komponenten „Markenkraft" (= Relevanz + Differenzierung) und „Markenstatus" (= Ansehen + Vertrauen) zusammensetzt. Die Ermittlung und Zusammenfassung der einzelnen Komponenten erfolgt mittels Messung von 52 – nicht bekannten – Kriterien. 2. Verknüpfung der BAV-Position (dargestellt in einem Power Grid) mit monetären Größen (Börsenkurs), um aus der Matrix-Position ökonomische Konsequenzen ableiten zu können.	Baumgarth 2001, 238f., BBDO 2001, 52.

Was und Wie wird gemessen	Ermittlung der 4 Faktoren: 1. Differenzierung, 2. Relevanz, 3. Ansehen, 4. Vertrauen, durch weltweite Befragungen in Wellen.	
Zukunftsorientiertheit	Eher Erfassung der Gegenwart.	
Periodenzahl	1	
Sicherheitsgrad	Hoch.	
Wie erfolgt Überführung	Die Position im Power Grid des BAV wird mittels Verknüpfung mit monetären Größen (Börsenkurs) in ökonomische Aussagen überführt.	Baumgarth 2001, 238f.
Erklärungsgrad		
Gültigkeit/Validität	Mittel.	
Kausalitätsgrad	Gering.	
Empirische Fundierung	Keine Aussage möglich.	
Datenverfügbarkeit	Hoch.	
Objektivität	Mittel.	
Handhabbarkeit		
Einfachheit/Anwendungsaufwand	Gering für das Unternehmen, wenn es eine Marke im Rahmen einer Erhebungswelle bewerten lässt.	
Einsetzbarkeit in der strategischen Markenführung	Groß.	
Berücksichtigung Marketinginstrumente	Ja.	
Trennung von Produktleistung und Markenleistung	Gegeben.	
Reichweite		
Eignung für Markenformen	Alle.	
Bewertungsanlass/-zweck	Überprüfung der Produktstrategie und Vergleich mit Wettbewerbsprodukten.	
Einordnung Branche	Alle.	
Bisheriger Anwendungsgrad	Hoch: Bis 2001 wurden über 180.000 Konsumenten in über 40 Ländern zu knapp 20.000 Marken befragt.	www.yr.com (21.5.2002)

Zusammenfassende Einschätzung		
Hauptsächlich verwendete Literatur	Young & Rubicam 2000, BBDO 2001, Baumgarth 2001.	
Vorteile	- BAV wird für jede Marke individuell erhoben. - Genaue Position der eigenen und der Konkurrenzmarken liefern konkrete Implikationen für die Marketingstrategie.	
Nachteile	- 52 gemessene Kriterien nicht bekannt. - Aggregation der Kriterienausprägungen nicht bekannt. - Bewertung immer nur im Rahmen einer Welle möglich. - Überführung der Position im Power Grid in einen monetären Markenwert erscheint fragwürdig. - Realisierte Umsätze werden nicht berücksichtigt.	BBDO 2001, 52.

4.3.2.3 Brand Championship (Roland Berger)

Kriterien	**Stichpunkte**	**Lit.- Angaben**
Name des Modells	Brand Championship.	
Urheber (Urhebertyp, ggf. Kooperation mit Wissenschaft)	Roland Berger. Unternehmensberatung.	
Ursprungsjahr	2002.	
Definitorisches Kriterium		
Definition Marke und/oder Markenwert (MW)	Marke ist das „Herzstück" eines Unternehmens und Treiber des Corporate Value. Der Markenwert (MW) besteht aus einem projizierten Wertesystem, welches mit den Wertesystemen der Verbraucher korreliert.	Berger, 2002, 3 und 9.
Finanzielle Bewertung	Nein.	
Ggf. Definition Markenstärke (MS)	Markenstärke setzt sich zusammen aus der Markenkern-Energie (Lift), den konsumtreibenden bzw. fördernden Werten und der tatsächlichen Markenverwendung (Drift). Der Idealwert 100 bedeutet, dass jeder der Befragten die Marke verwendet und sie alle konsumtreibenden Werte maximal aktiviert.	Berger, 2002, 6.
Klassifizierung in einschlägiger Literatur	Noch nirgendwo besprochen.	
Markenbewertung		
Wie viel Stufen/Schritte	Einstufig.	Berger 2002, 5f.
Welche Stufen/Schritte	*Erster Schritt:* - Markenauswahl. - Bestimmung der Markenwerte. - Ermittlung von Markenprofilen. *Zweiter Schritt:* - Messung des Lift-Faktors (Markenkern-Energie). - Messung des Drift-Faktors (Markenverwendung). - Ermittlung der Markenstärke.	Berger 2002, 5f.
Was und Wie wird gemessen	*Markenauswahl:* Aus ca. 30.000 Konsumentenmarken werden 355 Marken ausgewählt. Kriterien: - Keine B2B-Marken. - Hohe Wahlfreiheit der Konsumenten. - Die 15, hinsichtlich der Werbeausgaben, wichtigsten Branchen (Basis Fachzeitschrift: Horizont). - Top-10-Marken je Branche hinsichtlich Verwenderanteil. - Top-5-Marken je Branche hinsichtlich Werbeausgaben.	Berger 2002, 7f. und 10 ff., 21 und 25.

	- 2%-Hürde für den Verwenderanteil in der repräsentativen Bevölkerung im Alter 14.65 Jahren. *Markenwerte:* Befragung von 1.500 Verbrauchern nach Wertevorstellungen und Markenverwendung durch das Emnid Markforschungsinstitut. Dabei wurden 19 universelle Werte, Bedürfnisse und Träume identifiziert und in vier Gruppen klassifiziert: Gruppe 1: 1. Quality (Leistungskriterien). 2. Proven (Sicherheit/Zuverlässigkeit). 3. Service (Unkomplizierte Information und Abwicklung). 4. 24/7 Protech (Protechnologische Grundhaltung). 5. Personal Efficiency (optimale Zeitausnutzung). 6. Customized (Max. Individualismus). Gruppe 2: 7. Clanning (Wir-Gefühl, Gemeinsames Erleben). 8. Carefree (Unbeschwertheit). 9. Vitality (Körperliche und Geistige Fitness). 10. Classic (Schönheit, Ästhetik, Eleganz). 11. New & Cool (Trendsetting). 12. Thrill & Fun (Risiko- und Abenteuerlust). 13. Passion (Bedürfnis nach Aufmerksamkeit). Gruppe 3: 14. Tranquil (Ruhe, Entspannung, Harmonie). 15. Purism (minimalistische Grundhaltung). 16. Nature (ökologische Maßstäbe). 17. Fair (hohe ethische Maßstäbe). Gruppe 4: 18. Smart Shopping (optimales Preis-Leistungsverhältnis). 19. Total Cost (preisdefinierte Kaufentscheidung). Im *Roland Berger Profiler* werden die mathematischen Beziehungen der 19 Werte im Zusammenhang zur Konsum- und Ausgabebereitschaft beschrieben.	

	Markenprofile: ermitteln die Wirkung von Marken durch den Vergleich der Wertesysteme zwischen Verwendern und Nicht-Verwendern. *Lift-Faktor:* Die Lift-Kraft wird aus dem Wertesystem abgeleitet. *Drift-Faktor:* Ergibt sich aus der aktuellen Verwenderbasis. Dargestellt werden die unterschiedlichen Werte in einem Diagramm, welches in vier Quadranten aufgeteilt ist: Aspirants (Weise Zwerge): Hohe Markenkern-Energie bei nur geringer Verwenderbasis. Champs (Gelbe Sonnen): Ausgewogenes Verhältnis an hoher Markenkern-Energie und Verwenderbasis (ideal). Mainstream (Rote Riesen): große Verwenderbasis bei geringer Markenkern-Energie. Hopefuls (Schwarze Löcher): geringe Markenkern-Energie und Verwenderbasis.	
Zukunftsorientiertheit	Nur sehr bedingt.	Berger 2002, 70 f.
Periodenzahl	-	
Sicherheitsgrad	Vom Ansatz her stochastisch.	
Wie erfolgt Überführung	Keine.	
Erklärungsgrad		
Gültigkeit/Validität	Mittel.	
Kausalitätsgrad	Deskriptiv.	
Empirische Fundierung	Mittel (CATI; n=1.500, 15-64 Jahre).	Berger 2002, 16.
Datenverfügbarkeit	Hoch.	
Objektivität	Ja. Aber mittlere Nachvollziehbarkeit, da die mathematischen Beziehungen der 19 identifizierten Werte nicht detailliert erläutert werden.	
Handhabbarkeit		
Einfachheit/ Anwendungsaufwand	Mittlerer bis hoher Analyse- und Erhebungsaufwand.	
Einsetzbarkeit in der strategischen Markenführung	Ja, aufgrund der Möglichkeit Markenentwicklungen analysieren zu können.	Berger 2002, 70 und 73.
Berücksichtigung der Marketinginstrumente	Ja.	Berger 2002, 70.
Trennung von Produktleistung und Markenleistung	Nein.	

Reichweite		
Eignung für Markenformen	Nur für Konsumentenmarken geeignet.	Berger 2002, 25.
Bewertungsanlass/ -zweck	Markenstärkeanalyse und Markenstrategie.	
Einordnung Branche	Universell (Eigenaussage).	Berger 2002, 19.
Bisheriger Anwendungsgrad	Keine Aussage möglich.	
Zusammenfassende Einschätzung		
Hauptsächlich verwendete Literatur	Berger 2002, Manager Magazin 6/2002, 112-121.	
Vorteile	- Ermittlung von Markenstärken auf Basis von Wünschen, Träumen und Bedürfnissen. - Geeignet für Konsumentenmarken aus allen Branchen. - Möglichkeit Markenstärkeentwicklungen zu analysieren.	Berger 2002, 10 und 19.
Nachteile	- Ausschließlich konsumentenorientiert (Aussagen von aktuellen und potenziellen Konsumenten einzige Einflussgröße). - Mathematische Berechnungen nicht nachvollziehbar. - Die aktuelle Managementqualität und die wirtschaftliche Lage der Unternehmen werden nicht berücksichtigt. - Bislang nur eine Erhebungswelle im März 2002 in Deutschland.	Berger 2002, 3 und 25.

4.3.2.4 Brand Dynamics (Millward Brown)

Kriterien	**Stichpunkte**	**Lit.- Angaben**
Name des Modells	Brand Dynamic.	
Urheber (Urhebertyp, ggf. Kooperation mit Wissenschaft)	Millward Brown. (Marktforschungsunternehmen)	
Ursprungsjahr	1996.	Brand Finance 1996, 36.
Definitorisches Kriterium		
Definition Marke bzw. Markenwert	-	
Finanzielle Bewertung	Nein.	
Ggf. Definition Markenstärke	„Brand strength" ist ein Teil von „market share robustness".	Brand Finance 1996, 40.
Klassifizierung in einschlägiger Literatur	Nicht-monetäres Verfahren.	Sattler 2002, 15.
Markenbewertung		
Wie viel Stufen/Schritte	Einstufig.	
Welche Stufen/Schritte	- Auswertung der vorhandenen Datenbank (Daten zu über 10.000 Marken aus über 140 Kategorien und über 35 Ländern): Ergebnis eine „BrandDynamics Pyramid", für die betrachtete Marke und ggf. für Konkurrenzmarken.	www.millwardbrown.com/html/solutions/pdf/BrandDynamicsA4.pdf (21.5.2002), 1, Brand Finance 1999, 37.
Was und Wie wird gemessen	Die „BrandDynamics Pyramid" enthält Informationen über: - Markenpräsenz, - Markenrelevanz, - Markenperformance, - Markenvorteil(e), - Markenbindung.	www.millwardbrown.com/html/solutions/pdf/BrandDynamicsA4.pdf 1, (21.5.2002), Brand Finance 1999, 38.
Zukunftsorientiertheit	Ja.	
Periodenzahl	Keine.	
Sicherheitsgrad	Keine Aussage möglich.	
Wie erfolgt Überführung	Keine.	
Erklärungsgrad		
Gültigkeit/Validität	Hoch.	
Kausalitätsgrad	Im mittleren Bereich.	
Empirische Fundierung	Im mittleren Bereich.	
Datenverfügbarkeit	Gegeben.	
Objektivität	Hoch.	

Handhabbarkeit		
Einfachheit/ Anwendungsaufwand	Einfache Datenbankauswertung.	
Einsetzbarkeit in der strategischen Markenführung	Ja.	
Berücksichtigung Marketinginstrumente	Ja.	
Trennung von Produktleistung und Markenleistung	Keine Angabe.	
Reichweite		
Eignung für Markenformen	Alle (Es wird ausdrücklich betont, dass mit „Brand Dynamics" nicht nur Konsummarken bewertet werden können).	www.millward brown.com/html/solutions/pdf/ Brand DynamicsA4.pdf 2. (21.5.2002)
Bewertungsanlass/-zweck	Markenstrategie	
Einordnung Branche	Alle (Es wird ausdrücklich betont, dass mit „Brand Dynamics" Marken aus den unterschiedlichsten Branchen bewertet werden können).	www.millward brown.com/html/solutions/pdf/ Brand DynamicsA4.pdf 2. (21.5.2002)
Bisheriger Anwendungsgrad	Keine Aussage möglich.	
Zusammenfassende Einschätzung		
Hauptsächlich verwendete Literatur	Sattler 2002, Brand Finance 1999, www.millwardbrown.com/html/solutions/pdf/BrandDynamicsA4.pdf (21.5.2002).	
Vorteile	- Datenbank mit Daten aus den unterschiedlichsten Ländern vorhanden.	
Nachteile	- Keine Nachteile bekannt. - Modellanbieterinterne Verfahren.	

4.3.2.5 Brand Potential Analysis

Kriterien	**Stichpunkte**	**Lit.- Angaben**
Name des Modells	Brand Potential Analysis.	
Urheber (Urhebertyp, ggf. Kooperation mit Wissenschaft)	BBDO. (Kommunikationsagentur)	
Ursprungsjahr	Nicht bekannt.	
Definitorisches Kriterium		
Definition Marke bzw. Markenwert	Die Bewertung einer Marke ist durch vielfältige, direkte und symbolische Kontakte mit der Marke geprägt. Der Brand Equity Index quantifiziert den monetären Markenwert und die Markenloyalität aus Verbrauchersicht durch ein einfaches Bewertungsverfahren. Der Markenwert wird dabei als der Betrag operationalisiert, den der Verbraucher bereit ist, für eine Marke im Vergleich zu anderen Konkurrenzprodukten mehr zu zahlen.	BBDO.
Finanzielle Bewertung	Nein.	
Ggf. Definition Markenstärke	-	
Klassifizierung in einschlägiger Literatur	Nicht-monetäre Verfahren.	Sattler 2002, 15.
Markenbewertung		
Wie viel Stufen/Schritte	Keine Angabe.	
Welche Stufen/Schritte	Einordnung der betrachteten Marke in eine Vierfelder-Matrix nach den Dimensionen „geringe" bzw. „hohe Loyalität" und „geringe" und „hoher Markenwert aus Verbrauchersicht". Diese Matrix heißt „Brand Equity Index".	BBDO.
Was und Wie wird gemessen	Keine Angabe.	
Zukunftsorientiertheit	Keine Angabe.	
Periodenzahl	Keine Angabe.	
Sicherheitsgrad	Keine Angabe.	
Wie erfolgt Überführung	Keine Angabe.	
Erklärungsgrad		
Gültigkeit/Validität	Keine Aussage möglich.	
Kausalitätsgrad	Keine Aussage möglich.	
Empirische Fundierung	Keine Aussage möglich.	
Datenverfügbarkeit	Keine Aussage möglich.	
Objektivität	Keine Aussage möglich.	

Handhabbarkeit		
Einfach-heit/Anwendungsaufwand	Keine Aussage möglich.	
Einsetzbarkeit in der strategischen Markenführung	Ja.	
Berücksichtigung Marketinginstrumente	Keine Aussage möglich.	
Trennung von Produktleistung und Markenleistung	Keine Aussage möglich.	
Reichweite		
Eignung für Markenformen	Alle.	
Bewertungsanlass/-zweck	Markenstrategie.	
Einordnung Branche	Alle.	
Bisheriger Anwendungsgrad	- Hoch laut BBDO. Es werden folgende Kunden angegeben: Campbell`s, CPC, Eduscho, General Electric, Gillette, Pepsi Cola, Visa, Wella und Wrigley.	BBDO.
Zusammenfassende Einschätzung		
Hauptsächlich verwendete Literatur	BBDO, Sattler 2002.	
Vorteile	- Insights über die Loyalität zur betrachteten Marke und der relevanten Konkurrenzmarken.	
Nachteile	- Keine bekannt. - Anbieterinterne Verfahren.	

4.3.2.6 Brand Stewardship (Ogilvy & Mather)

Kriterien	**Stichpunkte**	**Lit.- Angaben**
Name des Modells	Brand Stewardship.	
Urheber (Urhebertyp, ggf. Kooperation mit Wissenschaft)	Ogilvy & Mather. (Kommunikationsagentur)	
Ursprungsjahr	Keine Angabe.	
Definitorisches Kriterium		
Definition Marke bzw. Markenwert	Marken sind die wertvollsten Aktivposten jedes Unternehmen.	www.ogilvy.de /ogilvy/index2. html (18.3.2002)
Finanzielle Bewertung	Nein.	
Ggf. Definition Markenstärke	Nur starke Marken garantieren dauerhafte Bindungen des Verbrauchers und gesunde Aufträge des Herstellers. Starke Marken sind resistenter im Wettbewerb und unübersetzbar für den Handel. Nur wer den „genetischen Code“ einer Marke erkennt und die Kommunikation strikt danach ausrichtet, schafft bei seinem Kunden die dauerhafteste und klarste Vorstellung von seiner Marke.	Ogilvy & Mather, 3.
Klassifizierung in einschlägiger Literatur	Nicht-monetäres Verfahren.	Präsentation Sattler 2002, 15.
Markenbewertung		
Wie viel Stufen/Schritte	Einstufig.	
Welche Stufen/Schritte	„Brand Stewardship“ ist ein Arbeitssystem mit 4 Arbeitsstufen: 1. *Brand Audit:* Analysemethode zur Erkennung des faktischen und emotionalen „genetischen Codes“ einer Marke. 2. *Brand Probe:* Verifizierung der „Brand Audit“ im Kontakt mit Verbrauchern. 3. *Brand Print:* Zusammenführung der Ergebnisse von „Brand Audit“ und „Brand Probe“. 4. *Brand Check:* Abgleich der operativen Arbeit mit dem „Brand Print“, um den Markenkern optimal zu nutzen und auszubauen.	Ogilvy & Mather, 4.
Was und Wie wird gemessen	Die faktischen und emotionalen Ergebnisse des „Brand Audit“ werden im „Brand Probe“ bei den Verbrauchern verifiziert.	Ogilvy & Mather, 4.
Zukunftsorientiertheit	Hoch.	

Periodenzahl	Keine.	
Sicherheitsgrad	Hoch.	
Wie erfolgt Überführung	Keine.	
Erklärungsgrad		
Gültigkeit/Validität	Im mittleren Bereich.	
Kausalitätsgrad	Hoch.	
Empirische Fundierung	Hoch.	
Datenverfügbarkeit	Hoch.	
Objektivität	Gegeben.	
Handhabbarkeit		
Einfach-heit/Anwendungsaufwand	Einfach.	
Einsetzbarkeit in der strategischen Markenführung	Ja.	
Berücksichtigung Marketinginstrumente	Ja.	
Trennung von Produktleistung und Markenleistung	Ja.	
Reichweite		
Eignung für Markenformen	Alle.	
Bewertungsanlass/-zweck	Markenstrategie.	
Einordnung Branche	Alle.	
Bisheriger Anwendungsgrad	Hoch.	
Zusammenfassende Einschätzung		
Hauptsächlich verwendete Literatur	www.ogilvy.de/ogilvy/index2.html Sattler (2002), Ogilvy & Mather.	
Vorteile	- Übersichtlichkeit und Nachvollziehbarkeit.	
Nachteile	- Keine bekannt.	

4.3.2.7 Brand Trek (Icon)

Kriterien	**Stichpunkte**	**Lit.- Angaben**
Name des Modells	BRAND TREK oder BRAND STATUS oder EISBERGMODELL oder MAX. (Markenbildklarheits- und Attraktivitätsindex) (Vorläufer von BRAND RATING)	Riedel 1996, 173.
Urheber (Urhebertyp, ggf. Kooperation mit Wissenschaft)	Icon Forschung und Consulting. (Marktforschungsunternehmen) Basis: „Theorie der dualen Kodierung" und die durch Kroeber-Riel nachgewiesene Übertragbarkeit von Vorstellungsbildern auf Marken, Firmen und Geschäfte.	Bekmeier-Feuerhahn 1998, 96.
Ursprungsjahr	1991.	Riedel 1996, 173.
Definitorisches Kriterium		
Definition Marke bzw. Markenwert	-	
Finanzielle Bewertung	Nein.	
Ggf. Definition Markenstärke	Markenstärke setzt sich aus „*Markenbild*" (= alle Komponenten des Markenauftritts) und „*Markenguthaben*" (= Sympathie, Vertrauen, Loyalität) zusammen.	
Klassifizierung in einschlägiger Literatur	Verhaltenwissenschaftlicher Ansatz.	BBDO 2001, 50, Bekmeier-Feuerhahn 1998, 68 und 99.
Markenbewertung		
Wie viel Stufen/Schritte	Einstufig.	
Welche Stufen/Schritte	Erhebung von Markenbild und Markenstärke.	BBDO 2001, 50f.
Was und Wie wird gemessen	Eisbergindex misst den „inneren Markenwert" (also die Markenstärke) im „Kopf des Verbrauchers". Diese Erhebung hat beinhaltet zwei Teile: 1. Markenbild (= die vom Konsumenten wahrgenommenen kurzfristigen Maßnahmen des Marketing-Mix, z. B. Verpackung, Werbung, Promotions): - Markenbekanntheit, - Subjektiv wahrgenommener Werbedruck, - Einprägsamkeit der Werbung, - Markenuniqueness, - Klarheit des inneren Bildes,	BBDO 2001, 50f., Bekmeier-Feuerhahn 1998, 97.

	- Attraktivität des inneren Bildes. ⇒ Das Markenbild wird auf Basis der Imagery-Forschung gemessen. Die Einflussgewichtung der einzelnen Faktoren wird faktorenanalytisch ermittelt. 2. Markenguthaben: repräsentiert langfristige Konsumenteneinstellungen und beinhaltet auch frühere Investitionen in die Marke. - Markensympathie. - Markenvertrauen. - Markenloyalität. In Analogie zu einem Eisberg ist das Markenbild weithin sichtbar, das Markenguthaben liegt aber unter der Wasseroberfläche. Markenbild und Markenguthaben bilden den „*inneren Markenwert*". Dieser kann in Relation zu Vergleichswerten aus der Icon-Datenbank und/oder zu gleichzeitig erhobenen Konkurrenzmarken gesetzt werden, so dass ein Benchmarking möglich wird.	
Zukunftsorientiertheit	Keine.	
Periodenzahl	1	Riedel 1996, 173.
Sicherheitsgrad	Hoch.	
Wie erfolgt Überführung	Keine.	
Erklärungsgrad		
Gültigkeit/Validität	Eingeschränkte Markenwertmessung.	Bekmeier-Feuerhahn 1998, 99.
Kausalitätsgrad	Hoch.	
Empirische Fundierung	Hoch.	
Datenverfügbarkeit	Gegeben.	
Objektivität	Hoch.	
Handhabbarkeit		
Einfachheit/Anwendungsaufwand	Einfachheit ist gegeben.	Feuerhahn 1998, 100, Andresen/ Esch 1999, 1016.
Einsetzbarkeit in der strategischen Markenführung	Ja. „Hochrelevante Ergebnisse für die Beurteilung von Marken für Marketingzwecke."	Riedel 1996, 173.
Berücksichtigung Marketinginstrumente	Ja.	
Trennung von Produktleistung und Markenleistung	Eher nicht.	

Reichweite		
Eignung für Markenformen	Keine Angabe.	
Bewertungsanlass/-zweck	Vor allem zur Überprüfung der Markenstrategie.	
Einordnung Branche	Alle.	
Bisheriger Anwendungsgrad	Hoch.	
Zusammenfassende Einschätzung		
Hauptsächlich verwendete Literatur	BBDO 2001, Bekmeier-Feuerhahn 1998, Riedel 1996, Heider/Strehlau 2000, Andresen/Esch 1999.	
Vorteile	- Aussagekräftige, konkrete Erkenntnisse über Stärke der betrachteten Marke im Konkurrenzumfeld stellen eine wertvolle Basis für die Markenstrategie dar.	
Nachteile	- Keine Ermittlung eines absoluten Markenwerts, sondern nur eines relativen. - Die Referenzwerte sind keine unmarkierten, sondern ebenfalls markierte Konkurrenzprodukte. - MW kann allenfalls als Untergrenze eines Markenwertes herangezogen werden, welche umso näher an dem faktischen Realwert liegt, desto geringer der absolute MW der verglichenen Konkurrenzmarken ist. - Angesichts möglicher Interdependenzen zwischen Markenbild und Markenguthaben stellt sich die Frage, wie bei einem eine Marke mit hohen Markenbildwerten aber schlechtem Markenguthaben im Vergleich zu einer Marke mit umgekehrten Ausprägungen zu bewerten ist. - Problem der Benennung von marken- und produktspezifischer Stärke.	Bekmeier-Feuerhahn 1998, 98

4.3.2.8 EquiTrend (Total Research)

Kriterien	**Stichpunkte**	**Lit.- Angaben**
Name des Modells	EquiTrend.	
Urheber (Urhebertyp, ggf. Kooperation mit Wissenschaft)	Total Research. (Marktforschungsunternehmen)	
Ursprungsjahr	1989.	
Definitorisches Kriterium		
Definition Marke bzw. Markenwert	„Brand Equity" hat drei Facetten: - Markenwissen. - Wahrgenommene Qualität. - Bedürfnisbefriedigung.	Brand Finance 1999, 44.
Finanzielle Bewertung	Nein.	
Ggf. Definition Markenstärke	-	
Klassifizierung in einschlägiger Literatur	-	
Markenbewertung		
Wie viel Stufen/Schritte	Zweistufig.	
Welche Stufen/Schritte	1. Befragung zu Produkten und Dienstleistungen. 2. „Total Research Bias Correction" (TRBC), um Korrelationen, Überschneidungen, Interdependenzen etc. herauszurechnen. ⇒ So lassen sich am Ende die Brand Equities von allen Marken in allen Kategorien miteinander vergleichen, z. B. von Daimler-Benz und Kellogg's.	Brand Finance 1999, 44.
Was und Wie wird gemessen	Über 25.000 Befragte werden jährlich zu Hunderten von Marken und Dienstleistungen mit Fragen zu 24 Markenpersönlichkeits-Dimensionen befragt. Diese basieren auf den drei Facetten von „Brand Equity" (siehe oben).	Brand Finance 1999, 45f., Total Research 2001, 6.
Zukunftsorientiertheit	Gering. Eher gegenwartsorientiert.	
Periodenzahl	Keine.	
Sicherheitsgrad	Hoch.	
Wie erfolgt Überführung	Keine.	
Erklärungsgrad		
Gültigkeit/Validität	Keine Aussage möglich.	
Kausalitätsgrad	Gering.	
Empirische Fundierung	Recht hoch (aber modellanbieterintern).	
Datenverfügbarkeit	Gegeben.	
Objektivität	Gegeben.	
Handhabbarkeit		
Einfachheit/Anwendungsaufwand	Einfach.	

Einsetzbarkeit in der strategischen Markenführung	Ja.	
Berücksichtigung Marketinginstrumente	Eher nicht.	
Trennung von Produktleistung und Markenleistung	Keine Aussage auf Basis der vorliegenden Informationen möglich.	
Reichweite		
Eignung für Markenformen	Alle Konsumgebrauchs- und Verbrauchsgüter.	Total Research 2001, 7.
Bewertungsanlass/-zweck	Markenstrategie.	Total Research 2001, 7.
Einordnung Branche	Alle.	
Bisheriger Anwendungsgrad	Sehr hoch.	
Zusammenfassende Einschätzung		
Hauptsächlich verwendete Literatur	Total Research 2001, Brand Finance 1999.	
Vorteile	- Interessanter Ansatz der branchenübergreifenden „Brand Equity"-Ermittlung. - Einsatz im Rahmen der Identifikation von möglichen Partner-Marken, Co-Branding-Marken oder auch Übernahme-Marken. - Benchmarking. - Der Vergleich ist auch mit ausschließlich den Konkurrenzmarken des eigenen Marktsegments möglich. - Globale Befragungen ermöglichen weltweite Auswertungen und Split.	Total Research 2001, 4.
Nachteile	- Keine Nachteile bekannt. - Modellanbieterinterne Verfahren.	

4.3.2.9 Equity Builder (IPSOS-ASI)

Kriterien	**Stichpunkte**	**Lit.- Angaben**
Name des Modells	Equity Builder.	
Urheber (Urhebertyp, ggf. Kooperation mit Wissenschaft)	IPSOS-ASI. (Marktforschungsunternehmen)	
Ursprungsjahr	Keine Angabe.	
Definitorisches Kriterium		
Definition Marke bzw. Markenwert	„Brand Equity" is typically defined as the attitude associated with a brand and the desire a consumer has to want to buy the brand.	IPSOS-ASI
Finanzielle Bewertung	Nein.	
Ggf. Definition Markenstärke	Brands with strong equity: - Are less vulnerable to a competitor's marketing activities. - Show increased responsiveness to their own marketing activities. - Can justify higher price. - Have more loyal consumer. - Have higher share. - Are more profitable. Bottom line: they are Winning Brand.	IPSOS-ASI
Klassifizierung in einschlägiger Literatur	-	
Markenbewertung		
Wie viel Stufen/Schritte	Einstufig.	
Welche Stufen/Schritte	Auswertung der Datenbank (über 400.000 individuelle Markenstatements zu über 350 Marken aus über 65 Kategorien).	IPSOS-ASI
Was und Wie wird gemessen	Auswertung nach den Dimensionen: - Qualität. - Popularität. - Familiarität/Vertrautheit. - Differenzierung. - Relevanz.	IPSOS-ASI
Zukunftsorientiertheit	Ja.	
Periodenzahl	Keine Angabe.	
Sicherheitsgrad	Keine Aussage möglich.	
Wie erfolgt Überführung	Keine.	
Erklärungsgrad		
Gültigkeit/Validität	Keine Aussage möglich.	
Kausalitätsgrad	Eher gering.	
Empirische Fundierung	Hoch.	
Datenverfügbarkeit	Gegeben (Datenbank).	
Objektivität	Im mittleren Bereich.	

Handhabbarkeit		
Einfach-heit/Anwendungsaufwand	Ja.	
Einsetzbarkeit in der strategischen Markenführung	Ja.	
Berücksichtigung Marketinginstrumente	Weniger.	
Trennung von Produktleistung und Markenleistung	Ja.	
Reichweite		
Eignung für Markenformen	Konsum- und Verbrauchsgüter.	
Bewertungsanlass/-zweck	Markenstrategie.	
Einordnung Branche	Auswertungen für Marken aus über 65 Kategorien möglich.	IPSOS-ASI
Bisheriger Anwendungsgrad	Keine Angabe.	
Zusammenfassende Einschätzung		
Hauptsächlich verwendete Literatur	IPSOS-ASI.	
Vorteile	- Keine empirische Feldarbeit notwendig.	
Nachteile	- Nur Auswertungen des bestehenden Datenmaterials möglich.	

4.3.2.10 Equity Engine (Research International)

Kriterien	**Stichpunkte**	**Lit.- Angaben**
Name des Modells	Equity Engine.	
Urheber (Urhebertyp, ggf. Kooperation mit Wissenschaft)	Research International. (Marktforschungsunternehmen)	
Ursprungsjahr	Keine Angabe.	
Definitorisches Kriterium		
Definition Marke bzw. Markenwert	-	
Finanzielle Bewertung	Nein.	
Ggf. Definition Markenstärke	*„Brand Equity":* - Eine quantifizierbare Messgröße der Marke hinsichtlich ihrer Gesamtstärke, wie sie von Konsumenten durch funktionale und emotionale Charakteristika wahrgenommen wird. - Der wahrgenommene Wert einer Marke unabhängig vom Preis. *Komponenten von „Brand Equity":* - Produktleistung (funktional, „was die Marke kann"). - Affinität (emotional, „wofür die Marke steht").	Research International (a) 6, 7 und 10.
Klassifizierung in einschlägiger Literatur	Nicht-monetäre Verfahren.	Sattler 2002, 15.
Markenbewertung		
Wie viel Stufen/Schritte	Einstufig.	
Welche Stufen/Schritte	*Methoden:* 1. „Brand-Price Trade-off" (BPTO). 2. „Constant Sum Preference" (CSP). Beide vernachlässigen den Preis und setzen die Marke in Relation zu Konkurrenzmarken und zum Marktdurchschnitt.	Research International (a), 7.
Was und Wie wird gemessen	Die funktionale Produktleistung und die emotionale Affinität für die betrachtete Marke und sämtliche Konkurrenzmarken. Interviews (CAPI empfohlen) mit N = mind. 400, repräsentativ geschichtete Stichprobe.	Research International (a), 10 und 29.
Zukunftsorientiertheit	Ja.	
Periodenzahl	1	
Sicherheitsgrad	Keine Aussage möglich.	
Wie erfolgt Überführung	Keine in einem monetären Wert, nur in einem spezifischen Brand Equity-Wert, der in Relation zu den Konkurrenzmarken gesetzt wird.	

Erklärungsgrad		
Gültigkeit/Validität	Im mittleren Bereich.	
Kausalitätsgrad	Im mittleren Bereich.	
Empirische Fundierung	Im höheren Bereich.	
Datenverfügbarkeit	Feldarbeit erforderlich.	
Objektivität	Gegeben.	
Handhabbarkeit		
Einfach-heit/Anwendungsaufwand	Relativ gering.	
Einsetzbarkeit in der strategischen Markenführung	Ja.	
Berücksichtigung Marketinginstrumente	Weniger.	
Trennung von Produktleistung und Markenleistung	Keine Angabe.	
Reichweite		
Eignung für Markenformen	Keine Angabe.	
Bewertungsanlass/-zweck	Markenstrategie.	
Einordnung Branche	Alle.	
Bisheriger Anwendungsgrad	Keine Angabe.	
Zusammenfassende Einschätzung		
Hauptsächlich verwendete Literatur	Research International (a), Sattler 2002.	
Vorteile	- Quantifizierbare (nicht-monetäre) Größe für die Brand Equity der betrachteten Marke und ihrer Konkurrenzmarken. - Ableitbarkeit von Risiken (Frühwarnsystem) und Chance im jeweiligen Markt.	
Nachteile	- Keine Nachteile bekannt. - Anbieterinterne Verfahren.	

4.3.2.11 IMP/SYS (NFO Infratest)

Kriterien	Stichpunkte	Lit.- Angaben
Name des Modells	IMP/SYS (= Implicit Personality Mapping System).	
Urheber (Urhebertyp, ggf. Kooperation mit Wissenschaft)	NFO Infratest. (Marktforschungsunternehmen)	
Ursprungsjahr	1995.	NFO (a), 12.
Definitorisches Kriterium		
Definition Marke bzw. Markenwert	-	
Finanzielle Bewertung	Nein.	
Ggf. Definition Markenstärke	"Strong brands mean better margins and higher sale [...] Strong brands develop personal relationships with customers that are relevant to all consumer needs, differentiate between emotional and more functional, explicit benefits, are measured on both strategic and tactical levels throughout the marketing mix, and are driven by an idea that is well anchored in the values of the organisation."	http://www.nfo europe.com/ib/ProductDetail.cfm?lan=de &ObjectId=D2 01EBDA-9E90-11D4-B44E00E018C 2210A (07.05.2002)
Klassifizierung in einschlägiger Literatur	Nicht-monetäre Verfahren.	Sattler 2002, 15.
Markenbewertung		
Wie viel Stufen/Schritte	Einstufig.	
Welche Stufen/Schritte	Analyse der vorhandenen IMP/SYS-Datenbank, welche auf der Fotozuordnung durch Testpersonen basiert. Durch Auswertungen der vorhandenen Daten werden explizite und implizite Dimensionen des „Brand Value" für die betrachtete Marke und die jeweiligen Konkurrenzmarken gewonnen.	http://www.nfo europe.com/ib/ProductDetail.cfm?lan=de &ObjectId=D2 01EBDA-9E90-11D4-B44E00E018C 2210A (07.05.2002)
Was und Wie wird gemessen	*Gemessen werden:* 1. Explizite Bedürfnisse/Images beim Konsumenten (bewusst/rational/ funktional), 2. Implizite Bedürfnisse/Images beim Konsumenten (im Unterbewusssein/instinktiv/ symbolisch). *Konkrete Erkenntnisse über das Verhalten gegenüber Marken:* - Marken-Wahrnehmung (quantitativ, qualitativ),	NFO (a), 4, NFO (b), 23.

	- Marken-Gebrauch (Gelegenheiten, Situationen), - Relevant Set bezüglich unterschiedlicher Modi/Situationen/Umstände, - Kaufgewohnheiten (Ort, Gelegenheit).	
Zukunftsorientiertheit	Bedingte Zukunftsorientierung (insofern, als Bedürfnisse zu Kaufhandlungen werden).	
Periodenzahl	-	
Sicherheitsgrad	Keine Aussage möglich.	
Wie erfolgt Überführung	Keine.	
Erklärungsgrad		
Gültigkeit/Validität	Eher gering.	
Kausalitätsgrad	Eher gering, beruht auf Ansatz des „impliziten Raumes".	NFO (b), 31ff.
Empirische Fundierung	Quantitative und qualitative Methoden, z.B. „IMPSEG", „IMPTEST", „IMPMATCH".	NFO (b), 57ff.
Datenverfügbarkeit	Datenbank ist vorhanden und wird mit jeder neuen Erhebungswelle erweitert: Aktuell europaweit über 6500 Interviews für die Validierung der Personenfotos.	NFO (b), 84.
Objektivität	Eher gering.	
Handhabbarkeit		
Einfachheit/Anwendungsaufwand	Die Datenbankauswertung kann als „einfach" charakterisiert werden.	
Einsetzbarkeit in der strategischen Markenführung	Ja.	
Berücksichtigung Marketinginstrumente	Keine Aussage möglich.	
Trennung von Produktleistung und Markenleistung	Keine Aussage möglich.	
Reichweite		
Eignung für Markenformen	Konsumverbrauchs- und Gebrauchsmarken.	
Bewertungsanlass/-zweck	Markenstrategie.	
Einordnung Branche	Alle.	
Bisheriger Anwendungsgrad	Mehr als 600 Markenbewertungen im Zeitraum 1995-2001, Genannte Kunden sind Coca Cola, Unilever, Ericsson, Ford.	NFO (a), 12, http://www.nfoeurope.com/ib/ProductDetail.cfm?lan=de&ObjectId=D201EBDA-9E90-11D4-B44E00E018C2210A (07.05.2002)

Zusammenfassende Einschätzung		
Hauptsächlich verwendete Literatur	Sattler 2002, NFO (a), NFO (b), http://www.nfoeurope.com/ib/ProductDetail.cfm?lan=de&ObjectId=D201EBDA-9E90-11D4-B44E00E018C2210A.	
Vorteile	- Datenbank ist vorhanden und kann jederzeit ausgewertet werden. - Auch internationale Vergleiche möglich. - Verwendung expliziter, verbalisierender Attribute, die das Denken des Verbrauchers abbilden. - Verwendung impliziter, intuitiv orientierter Bilder, welche die Gefühle der Verbraucher abbilden.	NFO (b), 29.
Nachteile	- Die Datengrundlage ist noch nicht für alle Länder verfügbar. - Visuelle Methode.	NFO (a), 14.

4.3.2.12 Konsumentenmodell (Keller)

Kriterien	**Stichpunkte**	**Lit.- Angaben**
Name des Modells	Konsumentenmodell. Customer-Based Brand Equity-Modell (CBBE).	(nach Irmscher) (Keller 2001)
Urheber (Urhebertyp, ggf. Kooperation mit Wissenschaft)	Keller, Kevin Lane. (Bereich Forschung und Wissenschaft)	
Ursprungsjahr	1993.	
Definitorisches Kriterium		
Definition Marke bzw. Markenwert	„Customer-based brand equity is defined as the differential effect of brand knowledge on consumer response to the marketing of the brand. A brand is said to have positive (negative) customer based brand equity when consumers react more (less) favourably to an element of the marketing mix for the brand than they do to the same mix element when it is attributed to fictitiously named or unnamed version of the product or service" (Keller 1993). ⇒ MW als Markenwissen, nicht-monetär, absoluter MW.	Bekmeier-Feuerhahn 1998, 92, Keller 1993, 1, Irmscher 1997, 94.
Finanzielle Bewertung	Nein.	
Ggf. Definition Markenstärke	Kognitiv orientierte Betrachtung der Markenstärke (MS als Markenwissen).	Bekmeier-Feuerhahn 1998, 39ff.
Klassifizierung in einschlägiger Literatur	- Psychographisch verhaltensorientiertes Kombinationsmodell. - detailanalytisches, marketingorientiertes Partialmodell. - Verhaltenswissenschaftlich/Bestimmung des Markenwissen.	BBDO 2001, Irmscher 1997, 94, Heider 2001, 11f., Bekmeier-Feuerhahn 1998, 92.
Markenbewertung		
Wie viel Stufen/Schritte	Einstufig.	Irmscher 1997, 94.
Welche Stufen/ Schritte	-	
Was und Wie wird gemessen	Dimensionen des Markenwissens mit insgesamt 14 Determinanten: - *Markenbekanntheit/-kenntnis:* aktive (ungestützte) und passive (gestützte) Erinnerung. - *Markenimage:* (als semantisches Netzwerk von Assoziationen), untersucht nach Einzigartigkeit (vgl. mit Konkurrenz), Stärke, Vorteilhaftigkeit (Zufriedenheit, Gesamteindruck)	Bekmeier-Feuerhahn 1998, 94.

	und Arten. - *Markeneigenschaften:* Unterscheidung in direkt produktbezogen (Funktionen, Teile etc.) u. indirekt produktbezogen (Preis, Verpackung, Bild von einem typischen Benutzer und einer typischen Gebrauchssituation). - *Markennutzen:* (abh. von funktionalen, emotionalen, symbolischen Nutzen). - *Gesamteindruck*: abgeleitet aus Einstellungen. *Aktualisierung* durch Keller 2001: - Markenidentität (Bekanntheit: Breite/Tiefe). - Markenbedeutung (Markenimage mit funktionaler und abstrakter Charakteristika). - Markeneigenschaften (Beurteilung der Marke, emotionale Reaktionen). - Markenbeziehungen (Identifikation mit Marke).	
Zukunftsorientiertheit	Gegenwartsbezogen.	Irmscher 1997, 94.
Periodenzahl	Zeitbezug statisch.	Irmscher 1997, 94.
Sicherheitsgrad	Deterministisch.	Irmscher 1997, 94.
Wie erfolgt Überführung	Keine (bisher unklar).	Bekmeier-Feuerhahn 1998, 95.
Erklärungsgrad		
Gültigkeit/Validität	- Schwer zu beurteilen (ganzheitliche Prüfung steht bislang aus). - Interdependenzproblem der Indikatoren.	Bekmeier-Feuerhahn 1998, 95, BBDO 2001, 49
Kausalitätsgrad	- Deskriptiv, heuristischer Ansatz. - Theoretische Fundierung: Verhaltenswissenschaftlich.	Irmscher 1997, 94.
Empirische Fundierung	Mittel.	Bekmeier-Feuerhahn 1998, 61, 95.
Datenverfügbarkeit	Mittel.	Irmscher 1997, 108.
Objektivität	Subjektiv.	Irmscher 1997, 94.

Handhabbarkeit		
Einfach-heit/Anwendungsaufwand	Mittlerer bis hoher Analyse- und Erhebungsaufwand.	Irmscher 1997, 108, 285.
Einsetzbarkeit in der strategischen Markenführung	Hohe Managementkompatibilität.	Irmscher 1997, 108.
Berücksichtigung Marketinginstrumente	Nein.	
Trennung von Produktleistung und Markenleistung	Ja (bspw. über Indikator „Markeneigenschaften").	
Reichweite		
Eignung für Markenformen	Schwierig übertragbar.	Irmscher 1997, 285.
Bewertungsanlass/-zweck	Originäres Ziel: Messung des Nachfragermarktes (Gut für Markenauswahl geeignet, nutzbar für Extensionsentscheidungen).	Irmscher 1997, 133, 285.
Einordnung Branche	Keine Angabe.	
Bisheriger Anwendungsgrad	Empirische Überprüfung steht noch aus.	
Zusammenfassende Einschätzung		
Hauptsächlich verwendete Literatur	Irmscher 1997, Bekmeier-Feuerhahn 1998, BBDO 2001.	
Vorteile	- Geschlossener verhaltenswissenschaftlicher Ansatz. - Subjektive Erfolgsquellen (wie Bekanntheit, Image) werden detailliert zerlegt und analysiert. - Vergleichbarkeit von Marken relativ gut gegeben.	Irmscher 1997, 128, Bekmeier-Feuerhahn 1998, 95.
Nachteile	- Keine finanzorientierte Bewertung. - Objektive Produkteigenschaften (z.B. Qualität) werden nur implizit berücksichtigt. - Modell ähnelt Aaker (siehe auch dort).	Irmscher 1997, 128 und 285, Bekmeier-Feuerhahn 1998, 95.

4.3.2.13 Markenbarometer (TNS Emnid/Horizont)

Kriterien	Stichpunkte	Lit.- Angaben
Name des Modells	Markenbarometer.	
Urheber (Urhebertyp, ggf. Kooperation mit Wissenschaft)	TNS Emnid. (Markt- und Meinungsforschungsinstitut) Horizont. (Fachzeitschrift)	
Ursprungsjahr	Keine Angabe. (Semiometriepanel seit 1998)	
Definitorisches Kriterium		
Definition Marke bzw. Markenwert	Relativer MW. MW als Präferenzwert, der den Bevorzugungsgrad der jeweiligen Marken beim Konsumenten zeigt.	BBDO 2001, 52, Horizont 4.4.2001.
Finanzielle Bewertung	Nein.	
Ggf. Definition Markenstärke	Markenwert wird im Sinne von Markenstärke verstanden.	
Klassifizierung in einschlägiger Literatur	Psychographisch verhaltensorientiert.	BBDO 2001.
Markenbewertung		
Wie viel Stufen/Schritte	Einstufig.	
Welche Stufen/Schritte	Keine Angabe.	
Was und Wie wird gemessen	Bewertung von Marken anhand eines Präferenzbarometers mit einer Skala von überdurchschnittlich bis unterdurchschnittlich. *Kriterien:* - Ungestützte Markenbekanntheit (doppelt ungestützte Abfrage). - Gestützte Markenbekanntheit (dem Namen nach). - Gestützte Werbeerinnerung (in letzter Zeit gesehen?). - Relevant Set (gestützte Frage nach in Frage kommenden Marken). - Probierkauf (bereits getätigt). - Hauptmarke (derzeit). - Sympathie (ungestütztes Set). *Quantitative* Messung und Semiometrie: Messung sozio-kultureller und psychologischer Grundhaltungen durch Analyse von Begriffen, über Bewertung der von Wörtern hervorgerufenen Gefühle (bildet den Wertekosmos der Befragten ab).	BBDO 2001, 52, Horizont 4.4.2002, http://www.emnid.tnsofrecom/index1.html (21.5.2002).
Zukunftsorientiertheit	Gegenwartsorientiert.	
Periodenzahl	Keine Perioden.	
Sicherheitsgrad	Keine Angabe.	
Wie erfolgt Überführung	Keine.	

Erklärungsgrad		
Gültigkeit/Validität	Präferenzwert errechnet sich aus allen im Markenbarometer erhobenen Werten (Segmentspezifische Unterschiede wie Demografie oder Regionalität, bleiben unberücksichtigt).	Horizont 4.4.2002.
Kausalitätsgrad	Gering.	
Empirische Fundierung	Eine meist als kontinuierliche Trenduntersuchung durchgeführte repräsentative persönliche Befragung von Konsumenten nach den von ihnen präferierten Markenprodukten. Semiometriepanel: 4.300 Personen.	Horizont 4.4.2002, www.emnid.tnsofre-com/index1.html (21.5.2002).
Datenverfügbarkeit	Emnid-intern.	
Objektivität	Gewichtung der Kriterien nicht transparent.	BBDO 2001, 52.
Handhabbarkeit		
Einfachheit/Anwendungsaufwand	Nicht transparent.	
Einsetzbarkeit in der strategischen Markenführung	Bedingt.	
Berücksichtigung Marketinginstrumente	Indirekt über Kriterien.	
Trennung von Produktleistung und Markenleistung	Nein.	
Reichweite		
Eignung für Markenformen	Universell.	
Bewertungsanlass/-zweck	Markenvergleich.	
Einordnung Branche	Universell, unterschiedlichste Produktgruppen.	
Bisheriger Anwendungsgrad	Hoch, monatlich werden Verbraucherreaktionen untersucht.	Horizont 4.4.2002.
Zusammenfassende Einschätzung		
Hauptsächlich verwendete Literatur	BBDO 2001, Horizont 4.4.2002, http://www.emnid.tnsofrecom/index1.html.	
Vorteile	- Plakativer, regelmäßiger Markenvergleich.	
Nachteile	- Nur relativer MW. - Keine finanzorientierte Überführung. - Keine Trennung von Marke und Produkt.	BBDO 2001, 52.

4.3.2.14 MarkenMonopole (Konzept und Analyse)

Kriterien	**Stichpunkte**	**Lit.- Angaben**
Name des Modells	MarkenMonopole.	
Urheber (Urhebertyp, ggf. Kooperation mit Wissenschaft)	Konzept und Analyse. (Marktforschungsunternehmen)	
Ursprungsjahr	Keine Angabe.	
Definitorisches Kriterium		
Definition Marke bzw. Markenwert	-	
Finanzielle Bewertung	Nein.	
Ggf. Definition Markenstärke	*Drei Kriterien für den Marketing-Erfolg:* 1. Ein relevanter Nutzenvorteil: der Grund für den Verbraucher, dieses Angebot anderen vorzuziehen. 2. Die Präferenz im Relevant-Set: Platz 1 der Rangreihe wird, in der das Angebot im Vergleich zu den anderen verfügbaren Alternativen eingeordnet und bevorzugt wird. 3. Eigenständigkeit und Unvergleichbarkeit: eine Alleinstellung und damit eine möglichst starke Abgrenzung zu den Angebots-Alternativen, die neben mir auf dem Markt stehen.	Stein 1997, 61f.
Klassifizierung in einschlägiger Literatur	Nicht-monetäre Verfahren.	Sattler 2002, 15.
Markenbewertung		
Wie viel Stufen/Schritte	Dreistufig.	
Welche Stufen/Schritte	1. Bestimmung des Markenstatus mit Hilfe des Psycho-Drama (Ergebnis: Bildhafte Beschreibung des Gesamtmarkts und damit ein Markt- und Markenstatus). 2. Mit der GAP-Methode werden Wünsche, Motive und Bedürfnisse der einzelnen Verbraucher im Sinn eines Anforderungsprofils geclustert (Ergebnis: Darstellung der Lücke zwischen den idealen Verbraucherwünschen und den bisher erreichbaren Alternativen im Markt). 3. Definition der Erfolgspositionierung der MarkenMonopols: Gruppierung der Verbraucher mit ähnlichen Need-Strukturen und relevanten GAPs (im Sinne von Defiziten), so ergeben sich Zielgruppen-Teilmärkte mit unterschiedlichen Anforderungsprofilen (=	Konzept und Analyse, 9.

	Erfolgspositionierung der Marken-Monopols im Teilmarkt).	
Was und Wie wird gemessen	Im Rahmen des Psychodrama: Emotionen zu Produkten, Marken und Dienstleistungen können beim Konsumenten erstmalig durch eine Kombination aus - Befragung, - Beobachtung, - Experiment, abgerufen werden.	
Zukunftsorientiertheit	Hoch.	
Periodenzahl	-	
Sicherheitsgrad	-	
Wie erfolgt Überführung	Keine.	
Erklärungsgrad		
Gültigkeit/Validität	Gegeben.	
Kausalitätsgrad	Eher gering.	
Empirische Fundierung	Gut.	
Datenverfügbarkeit	Gut.	
Objektivität	Gegeben.	
Handhabbarkeit		
Einfachheit/Anwendungsaufwand	Relativ hoch.	
Einsetzbarkeit in der strategischen Markenführung	Ja.	
Berücksichtigung Marketinginstrumente	Ja.	
Trennung von Produktleistung und Markenleistung	Ja.	
Reichweite		
Eignung für Markenformen	Konzept und Analyse spricht von Produkten, Marken und Dienstleistungen. Keine Angaben, ob das Modell auch auf Corporate Brands anwendbar ist.	
Bewertungsanlass/-zweck	Markenstrategie.	
Einordnung Branche	Alle Branchen.	
Bisheriger Anwendungsgrad	Sehr hoch.	
Zusammenfassende Einschätzung		
Hauptsächlich verwendete Literatur	Sattler 2002, Stein, Peer-Holger (1997), Konzept und Analyse.	
Vorteile	- Direkte Ableitbarkeit von Handlungsimperativen für das Markenmanagement. - Darstellung der betrachteten Marke und der Konkurrenzmarken.	
Nachteile	- Keine bekannt.	

4.3.2.15 Marken Potential Ausschöpfung (Grey)

Kriterien	**Stichpunkte**	**Lit.- Angaben**
Name des Modells	Marken Potential Ausschöpfung.	
Urheber (Urhebertyp, ggf. Kooperation mit Wissenschaft)	Grey Global Group.	
Ursprungsjahr	1983 Bestandteil „Brand Character".	Grey (b) 2001, 5.
Definitorisches Kriterium		
Definition Marke bzw. Markenwert	-	
Finanzielle Bewertung	Nein.	
Ggf. Definition Markenstärke	-	
Klassifizierung in einschlägiger Literatur	Nicht-monetäre Verfahren.	Sattler 2002, 15.
Markenbewertung		
Wie viel Stufen/Schritte	Dreistufig.	
Welche Stufen/Schritte	1. Markenkern-Analyse. 2. Brand Character. 3. Kompetenz-Pyramide.	
Was und Wie wird gemessen	*Markenkern-Analyse:* Marken-Besitzstand heute - Das äußere Profil der Verwender. - Das äußere Profil der Marke. - Das Fremd-Image der Marke. *Brand Character:* Zukünftige Charakter-Merkmale der Marke - Product („What you are"). - Positioning („What people think about it"). - Personality („What people feel about it"). *Kompetenz-Pyramide:* Kompetenzfelder, welche die Marke in der Zukunft besetzen kann.	Grey (b) 2001, 2ff.
Zukunftsorientiertheit	Gut.	
Periodenzahl	Keine.	
Sicherheitsgrad	Eher gering.	
Wie erfolgt Überführung	Keine.	
Erklärungsgrad		
Gültigkeit/Validität	Eher gering.	
Kausalitätsgrad	Eher gering.	
Empirische Fundierung	Keine Aussage möglich.	
Datenverfügbarkeit	Gegeben.	
Objektivität	Abhängig von der Feldarbeit.	
Handhabbarkeit		
Einfachheit/Anwendungsaufwand	Einfach.	

Einsetzbarkeit in der strategischen Markenführung	Ja.	
Berücksichtigung Marketinginstrumente	Ja.	
Trennung von Produktleistung und Markenleistung	Keine Aussage möglich.	
Reichweite		
Eignung für Markenformen	Keine Aussage möglich.	
Bewertungsanlass/-zweck	Markenstrategie.	
Einordnung Branche	Allgemeine Gültigkeit beansprucht.	
Bisheriger Anwendungsgrad	Hohe Bekanntheit lässt auf hohen Anwendungsgrad schließen.	Drees 1999, 8f.
Zusammenfassende Einschätzung		
Hauptsächlich verwendete Literatur	Sattler 2002, Grey (b) 2001, Drees 1999.	
Vorteile	- Detaillierte Handlungsempfehlungen für die Produktstrategie als Ergebnis.	
Nachteile	- Keine Nachteile bekannt. - Anbieterinterne Verfahren.	

4.3.2.16 Markensimulator (GfK)

Kriterien	**Stichpunkte**	**Lit.- Angaben**
Name des Modells	Markensimulator.	
Urheber (Urhebertyp, ggf. Kooperation mit Wissenschaft)	GfK (Marktforschungsinstitut) Hammann, Peter.	
Ursprungsjahr	1992.	
Definitorisches Kriterium		
Definition Marke bzw. Markenwert	Markenkraft: nicht-monetär, relativer MW. Modell soll Einfluss der Marketing-Mix-Variablen auf Markterfolg erklären.	Irmscher 1997, 93 und 127.
Finanzielle Bewertung	Nein.	
Ggf. Definition Markenstärke	-	
Klassifizierung in einschlägiger Literatur	Globalanalytisches, marketingorientiertes Partialmodell.	Irmscher 1997, 93.
Markenbewertung		
Wie viel Stufen Schritte	Einstufig.	Irmscher 1997, 93.
Welche Stufen/Schritte	-	
Was und Wie wird gemessen	Markenakzeptanz wird indirekt über Marktanteil gemessen.	Irmscher 1997, 127.
Zukunftsorientiertheit	Gegenwartsbezogen.	Irmscher 1997, 93.
Periodenzahl	Zeitbezug: komparativ statisch.	Irmscher 1997, 93.
Sicherheitsgrad	Deterministisch.	Irmscher 1997, 93.
Wie erfolgt Überführung	-	
Erklärungsgrad		
Gültigkeit/Validität	Objektiv.	Irmscher 1997.
Kausalitätsgrad	- Präskriptiv. - Theoretische Fundierung: Verhaltenswissenschaftliche Preistheorie.	Irmscher 1997, 93.
Empirische Fundierung	Nutzung von Paneldaten.	Irmscher 1997, 284.
Datenverfügbarkeit	Relativ gut.	Irmscher 1997, 105.
Objektivität	Ja.	Irmscher 1997.

Handhabbarkeit		
Einfach-heit/Anwendungsaufwand	Mittel, geringe Anwendungskosten.	Irmscher 1997, 105, 284.
Einsetzbarkeit in der strategischen Markenführung	Nur durchschnittliche Managementkompatibilität, für Teilbereiche gut geeignet.	Irmscher 1997, 105, 127 und 284.
Berücksichtigung Marketinginstrumente	Ja, ähnlich einer Marketingreaktionsfunktion wird versucht, Wirkungen der Marketinginstrumente zu berücksichtigen.	
Trennung von Produktleistung und Markenleistung	Nein.	
Reichweite		
Eignung für Markenformen	Keine Angabe.	
Bewertungsanlass/-zweck	- Originäre Zielsetzung: Wirkungsmessung der Marketinginstrumente. - Gut geeignet für strategische Planungszwecke, Markenakzeptanzmessung, Listung.	Irmscher 1997, 284.
Einordnung Branche	Keine Angabe.	
Bisheriger Anwendungsgrad	Kommerziell verwertet.	
Zusammenfassende Einschätzung		
Hauptsächlich verwendete Literatur	Irmscher 1997.	
Vorteile	- Berücksichtigung der Marketinginstrumente und Konkurrenz.	Irmscher 1997, 284.
Nachteile	- Keine finanzielle Bewertung. - Keine Vollständigkeit. - Kein Erkenntnisfortschritt gegenüber GfK-Markenkraftmodell.	Irmscher 1997, 284, Heider 2001, 149.

4.3.2.17 McKinsey

Kriterien	**Stichpunkte**	**Lit.- Angaben**
Name des Modells	Markenbewertungsmodell.	
Urheber (Urhebertyp, ggf. Kooperation mit Wissenschaft)	McKinsey. (Unternehmensberatung)	
Ursprungsjahr	Keine Angabe.	
Definitorisches Kriterium		
Definition Marke bzw. Markenwert	-	
Finanzielle Bewertung	Nein.	
Ggf. Definition Markenstärke	Keine Definition, aber Angabe der quantitativen Markenstärkegrößen: - Höherer Marktanteil auf Dauer, - Höheres durchsetzbares Preispremium, - Niedrige Marketingkosten, z. B. durch Markentreue, - Höheres Leveragepotenzial durch Transfer, Extension, Lizenzierung. Diese *Markenstärkegrößen* stellen eine Funktion der „3Ps" dar: - Performance, - Persönlichkeit, - Präsenz.	BBDO 2001, 53.
Klassifizierung in einschlägiger Literatur	Psychographisch-verhaltensorientiertes Modell.	BBDO 2001, 53f.
Markenbewertung		
Wie viel Stufen/Schritte	Einstufig.	
Welche Stufen/Schritte	Erfassung der drei Ps der Marke: - Performance, - Persönlichkeit, - Präsenz.	BBDO 2001, 53.
Was und Wie wird gemessen	Gemessen werden die drei Ps der Marke, die als Determinanten einer „Power-Marke" verstanden werden: *Performance:* - Leistungsfähigkeit des Produkts, - Klare Nutzenversprechen und dessen - konsistente kommunikative Umsetzung helfen, die Performance für den Nachfrager sichtbar zu machen. *Persönlichkeit:* - Ausdruckskraft einer Marke „Wofür sie steht". - Aufbau durch konsistente, langfristige Kommunikation. *Präsenz:* - Permanente Präsenz.	BBDO 2001, 53f., Riesenbeck 2000, 10ff.

	- Ubiquität. - Innovation in Werbemittel- und Werbeträgerpolitik. - Aktualität und Modernität im Auftritt. Ergebnis der Messung ist ein *Stärken-Schwächen-Profil*, das aufzeigt, inwieweit die betrachtete Marke das Potenzial hat, sich zu einer Power-Marke zu entwickeln.	
Zukunftsorientiertheit	Keine.	
Periodenzahl	Keine.	
Sicherheitsgrad	Keine Angabe.	
Wie erfolgt Überführung	Keine.	
Erklärungsgrad		
Gültigkeit/Validität	Gering.	
Kausalitätsgrad	Gering.	
Empirische Fundierung	Gering.	
Datenverfügbarkeit	Hoch.	
Objektivität	Mittel.	
Handhabbarkeit		
Einfachheit/Anwendungsaufwand	Einfach.	
Einsetzbarkeit in der strategischen Markenführung	Hoch.	
Berücksichtigung Marketinginstrumente	Ja.	
Trennung von Produktleistung und Markenleistung	Hoch.	
Reichweite		
Eignung für Markenformen	Konsumverbrauchsgüter, Konsumgebrauchsgüter.	
Bewertungsanlass/-zweck	Informationsbedarf in der strategischen Markenführung.	
Einordnung Branche	Alle.	
Bisheriger Anwendungsgrad	Keine Angabe.	
Zusammenfassende Einschätzung		
Hauptsächlich verwendete Literatur	BBDO 2001, Riesenbeck 2000.	
Vorteile	- Leichte Verfügbarkeit der Daten dürfte gegeben sein.	
Nachteile	- Zum funktionalen Zusammenhang zwischen den einzelnen Markenstärkegrößen wird keine Angabe gemacht. - Ein monetärer Markenwert wird nicht berechnet. - Weitere Determinanten der Markenstärke sind denkbar.	BBDO 2001. 54.

4.3.3 Betriebswirtschaftlich-verhaltenswissenschaftliche Kombinationsmodelle

4.3.3.1 BEES (BBDO)

Kriterien	**Stichpunkte**	**Lit.- Angaben**
Name des Modells	BBDO Brand Equity Evaluation System (BEES) Ranking.	BBDO 2001, 43.
Urheber (Urhebertyp, ggf. Kooperation mit Wissenschaft)	BBDO (Kommunikationsagentur), Prof. Dr. Hans Bauer (Lehrstuhl für allgemeine Betriebswirtschaftslehre und Marketing II an der Universität Mannheim).	
Ursprungsjahr	2001.	
Definitorisches Kriterium		
Definition Marke bzw. Markenwert	Eine Marke ist ein konsistentes holistisches Unternehmensversprechen. Sie ist das „Gesicht" eines Unternehmens. Die Marke dient als unverwechselbares Kennzeichen für Produkte und Dienstleistungen. Sie fungiert als „Visitenkarte", mit der Unternehmen im Wettbewerb auftreten und sich von der Konkurrenz unterscheiden. Über diese Differenzierung hinaus kommuniziert die Marke den Verbraucher, Shareholdern, der Gesellschaft und Öffentlichkeit sämtliche Werte und Haltungen eines Produktes oder Unternehmens. Markenwert bezeichnet „die durch die Markierung ausgelösten gegenwärtigen und zukünftigen Wertsteigerungen von Leistungen auf Konsumenten- und Unternehmensseite, die ökonomisch nutzbar und in monetären Maßeinheiten zu bewerten sind."	BBDO 2001, 9 und 11, Bekmeier-Feuerhahn 1998.
Finanzielle Bewertung	Ja.	
Ggf. Definition Markenstärke	Die *Einflussfaktoren* der Markenstärke: 1. Wahrgenommene Qualität, 2. Markenidentität, 3. Markenpersönlichkeit, 4. Markenimage. Die Markenstärke kann durch die vier *Indikatoren* 1. Preispremiumbereitschaft (Aufpreisbereitschaft), 2. Akzeptanz von Brand Extensions, 3. Markenloyalität und 4. Zukunftsaussichten der Marke operationalisiert werden.	BBDO 2001, 28.

Klassifizierung in einschlägiger Literatur	Nur vom BBDO (BBDO Brand Equity Review): und zwar als betriebswirtschaftlich-finanzorientiertes Modell.	BBDO 2001, 32ff.
Markenbewertung		
Wie viel Stufen/Schritte	Zweistufig.	BBDO 2001, 43ff.
Welche Stufen/Schritte	*Die Faktoren:* 1. Branchenübergreifende Umsatzentwicklung, 2. Umsatzprofitabilität und 3. Entwicklungsperspektive werden zum Faktor „Markenqualität" aggregiert. *Markenqualität* wird wiederum mit den Faktoren: - Internationale Ausrichtung, - Werbliche Unterstützung, - Branchenstärke, - Image, - in einen *Gesamtwert* überführt (Dieser gilt als Gewichtungsfaktor für den mittleren Vorsteuergewinn der letzten drei Jahre. Durch Multiplikation ergibt sich der „BBDO BEES Markenwert").	BBDO 2001, 43ff.
Was und Wie wird gemessen	1. *Umsatzentwicklung* der Marke: Branchenübergreifende Bewertung der einzelnen Faktorwerte für die Umsatzentwicklung. 2. *Umsatzprofitabilität:* Mittelwert der letzten drei Jahre. 3. *Entwicklungsperspektive*: Analysten-Meinungen zu den Entwicklungsaussichten der Branche werden zu Kennziffer für das zukünftige Wertpotential der Marke zusammengefasst. 4. *Internationale Ausrichtung:* Anteil des Auslandsumsatzes spiegelt internationale Entwicklungsfähigkeit wider. 5. *Werbliche Unterstützung:* %-Anteil der Werbeausgaben am Vorsteuergewinn wird branchenintern operationalisiert. 6. *Branchenstärke:* Relative Umsatzstärke der Marke zu Konkurrenzunternehmen der eigenen Branche: der Umsatzanteil der betrachteten Marke wird im Vergleich zum Branchenführer ermittelt. 7. *Image*: Attraktivität und Anziehungs-	BBDO 2001, 43ff.

	kraft der Marke aus Sicht der Stakeholder, branchenübergreifende Bewertung). 8. *Mittlerer Vorsteuergewinn* der letzten drei Jahre: Gilt als Indikator für das Wertpotenzial einer Marke.	
Zukunftsorientiertheit	Wird durch den Faktor „Entwicklungsperspektive" berücksichtigt.	
Periodenzahl	3	
Sicherheitsgrad	Hoch.	
Wie erfolgt Überführung	Durch Multiplikation des Gesamtwertes mit dem mittleren Vorsteuergewinn der letzten 3 Jahre.	BBDO 2001, 43ff.
Erklärungsgrad		
Gültigkeit/Validität	Nein.	B. R. Brand-Rating (b), 12.
Kausalitätsgrad	Hoch.	
Empirische Fundierung	Mittel.	
Datenverfügbarkeit	Hoch.	
Objektivität	Gegeben.	
Handhabbarkeit		
Einfachheit/Anwendungsaufwand	Einfachheit ist gegeben, da viele Daten im jeweiligen Unternehmen vorhanden sind. Über den Umfang der Analystenbefragung werden keine Angaben gemacht.	
Einsetzbarkeit in der strategischen Markenführung	Gegeben.	
Berücksichtigung Marketinginstrumente	Ja.	
Trennung von Produktleistung und Markenleistung	Eher nicht.	
Reichweite		
Eignung für Markenformen	BBDO BEES ist nur für die Bewertung von Corporate Brands geeignet. Eine Abwandlung und Anpassung des Modells zur Bewertung von Submarken halten die Verfasser allerdings für denkbar.	BBDO 2001, 45.
Bewertungsanlass/-zweck	Alle.	
Einordnung Branche	Alle.	
Bisheriger Anwendungsgrad	Gering.	Branchen-Recherche

Zusammenfassende Einschätzung		
Hauptsächlich verwendete Literatur	BBDO 2001.	
Vorteile	- Berücksichtigung zukunftsorientierter Variablen. - Gute Handhabbarkeit. - Relative Kostengünstigkeit, da ein Großteil der notwendigen Daten in der Regel in den Unternehmen vorhanden ist.	BBDO 2001, 45.
Nachteile	- Subjektive Einflüsse bei der Faktorenauswahl und -gewichtung können nicht ausgeschlossen werden. - Gewichtung der einzelnen Faktoren bleibt intransparent. - Umfang der Analystenbefragung wird nicht angegeben.	BBDO 2001, 45.

4.3.3.2 Marktorientierte Markenbewertung (Bekmeier-Feuerhahn)

Kriterien	Stichpunkte	Lit.- Angaben
Name des Modells	Marktorientierte Markenbewertung.	(nach Bekmeier-Feuerhahn)
Urheber (Urhebertyp, ggf. Kooperation mit Wissenschaft)	Bekmeier-Feuerhahn, Sigrid. (Bereich Forschung und Wissenschaft)	
Ursprungsjahr	1998.	
Definitorisches Kriterium		
Definition Marke bzw. Markenwert	„Markenwert wird definiert als die durch die Markierung ausgelösten gegenwärtigen und zukünftigen Wertsteigerungen von Leistungen auf Konsumenten- und Unternehmensseite, die ökonomisch nutzbar und in monetären Maßeinheiten zu bewerten sind.“	Bekmeier-Feuerhahn 1998, 46.
Finanzielle Bewertung	Ja.	Bekmeier-Feuerhahn 1998, 47f.
Ggf. Definition Markenstärke	„Markenstärke beschreibt eine Antriebskraft, die aus der subjektiven Wertschätzung der Markierung entsteht.“ - MS ist ein hypothetisches Konstrukt, dem Wirkungen in preis-, kommunikations-, produkt- und distributionspolitischer Richtung zugeschrieben werden. Dieses hypothetische Konstrukt als motivationaler Prozess zeigt enge Verwandtschaft zum Einstellungskonstrukt. - MS wird durch Messung der Assoziationen zu einer objektiven Größe.	Bekmeier-Feuerhahn 1998, 38, Kriegbaum 2001, 142.
Klassifizierung in einschlägiger Literatur	- Betriebswirtschaftlich-verhaltenswissenschaftliches Kombinationsmodell. - Marktorientiert. - Integrativ.	BBDO 2001, Bekmeier-Feuerhahn 1998, Heider 2001.
Markenbewertung		
Wie viel Stufen/Schritte	Zweistufig.	Kriegbaum 2001, 144.
Welche Stufen/Schritte	- Ermittlung Markenstärke (Verbraucherebene). - *Parallel* dazu: Ermittlung des Markengewinns auf Basis von durchschnittlichen Markenrenditen der Branche (Unternehmerebene). - Überführung von Markenstärke und Markengewinn in objektivierten, marktorientierten MW (siehe unten).	Bekmeier-Feuerhahn 1998, 103, Kriegbaum 2001, 119.

Was und Wie wird gemessen	- *Messung der* gespeicherten visuellen und verbalen *Markenassoziationen* beim Konsumenten (Intensität, Qualität, Einzigartigkeit, Zugriffsfähigkeit), Bewertung durch Konsumenten. - Mittels Kausalmodell empirische Validität des Zusammenhangs zwischen Indikatoren und MS, indem die Einflussfaktoren *Markenbewusstsein* (Kaufrisiko, Involvement), *Produktwahrnehmung* (Markenbekanntheit, Produktbeurteilung), *Geltungsnutzen* (direkter u. indirekter) sowie sechs weitere Indikatoren (*Zusatzpreisbereitschaft* (d.h. die erzielbare Preisprämie), *Akzeptanz* von Markenerweiterungen aus Konsumentensicht, *Markentreue*, *Marketing-Beachtung*, Auslösung von *Pull-Effekten* (Konsumenten suchen extra Geschäft auf od. Ä.), *Zukunftspotenzial* aus Konsumentensicht) operationalisiert werden.	Bekmeier-Feuerhahn 1998, 153 und 188, Kriegbaum 2001, 119, 140.
Zukunftsorientiertheit	Ja.	Bekmeier-Feuerhahn 1998, 47f.
Periodenzahl	Keine Mehrperiodigkeit.	Kriegbaum 2001, 145.
Sicherheitsgrad	Im mittleren Bereich.	
Wie erfolgt Überführung	Monetarisierung auf Verbraucher- und Unternehmerebene: MS-seitig: - Zusammenfassung der analysierten Dimensionen der MS-Speicherung durch multiplikative Verknüpfung in einen sog. *Assoziationsindex.* - Dieser Index wird in Bezug auf markenlose bzw. Gattungsprodukte relativiert, indem das Verhältnis zwischen Marken- u. Gattungsindex bestimmt wird. - Die Summe der logarithmierten Assoziationsindizes ergibt ein Maß für die MS. Parallel dazu Ermittlung des *Markengewinns*: - Ermittlung markenbezogener Kosten als branchenbezogene Kosten. - Ermittlung markenbezogener Ein-	Bekmeier-Feuerhahn 1998, 103, Kriegbaum 2001, 141.

	nahmen (Trennung von produktbezogenen Einnahmen durch Expertenurteile). Für die beiden Dimensionen *Markenstärke* und *Markengewinn* wird dann ein *Marktpreis* bestimmt über: - Simulation eines Testmarktes, - Ermittlung von Zahlungsbereitschaften für die Markenstärke und den Markengewinn durch Expertenbefragungen. Summe von beiden Preisen (monetärer MS-Ertrag plus monetärer Markengewinnertrag) ergibt *Markenwert.*	
Erklärungsgrad		
Gültigkeit/Validität	- Nur bedingt vollständige Abbildung des Erfolgspotenzial. - Operationalisierung der MS ähnlich wie bei Brand Performancer problematisch.	Kriegbaum 2001, 145.
Kausalitätsgrad	- Ursache-Wirkungs-Beziehungen linear. - Theoretisch sehr gut fundiert.	Kriegbaum 2001, 145.
Empirische Fundierung	Annahme eines Kausalmodells zwischen gewählten Indikatoren und MS.	Kriegbaum 2001, 139.
Datenverfügbarkeit	Auskunftsbereitschaft der nötigen Experten dürfte bei kommerzieller Verwendung bedeutend geringer sein als bei wissenschaftlicher; stets Gattungsprodukte erforderlich.	Kriegbaum 2001, 143.
Objektivität	Ja.	Kriegbaum 2001, 145.
Handhabbarkeit		
Einfachheit/Anwendungsaufwand	Hoher Aufwand durch wiederholte Expertenbefragungen.	Kriegbaum 2001, 144.
Einsetzbarkeit in der strategischen Markenführung	Zur Steuerung nicht geeignet.	Kriegbaum 2001, 145.
Berücksichtigung Marketinginstrumente	Nein, Assoziationen geben nur Hinweise auf Kommunikations- u. Produktpolitik.	Kriegbaum 2001, 140.
Trennung von Produktleistung und Markenleistung	Ja (u. a. durch Vergleich der Assoziationen für Marken- und Gattungsprodukte).	Bekmeier-Feuerhahn 1998, 47f., Kriegbaum 2001, 145, 140.

Reichweite		
Eignung für Markenformen	Keine explizite Einschränkung. Vermutete Zusammenhänge konnten im Sekt-, Uhren- und Hifi-Markt empirisch bestätigt werden (1992 Univ. Paderborn).	Bekmeier-Feuerhahn 1998, 143, Kriegbaum 2001, 140.
Bewertungsanlass/-zweck	Keine Angabe.	
Einordnung Branche	Laut eigener Aussage branchenübergreifend gültig.	Kriegbaum 2001, 140.
Bisheriger Anwendungsgrad	Nicht angewendet.	
Zusammenfassende Einschätzung		
Hauptsächlich verwendete Literatur	Bekmeier-Feuerhahn 1998, Kriegbaum 2001.	
Vorteile	- Integratives Modell. - Laut eigener Aussage einfache Nachvollziehbarkeit. - Zusammenfassung einer Vielzahl unterschiedlicher Einflussfaktoren.	Bekmeier-Feuerhahn 1998, Kriegbaum 2001, 140.
Nachteile	- Vernachlässigung der unternehmensspezifischen Funktion. - Heranziehung von Branchenkosten problematisch. - Angenommene Abhängigkeit von Markenstärke und Markengewinn. - Fokussierung auf relativ kleinen Ausschnitt der Konsumentenassoziationen. - Wirtschaftlich zurzeit nicht anwendbar.	Kriegbaum 2001, 140, 144f.

4.3.3.3 Brand Valuation (Brand Finance)

Kriterien	**Stichpunkte**	**Lit.- Angaben**
Name des Modells	Brand Valuation.	
Urheber (Urhebertyp, ggf. Kooperation mit Wissenschaft)	Brand Finance. (Marken- und Markenwertberatung)	
Ursprungsjahr	1996.	
Definitorisches Kriterium		
Definition Marke bzw. Markenwert	"*Brand equity* is a phrase of great interest and currency to the modern marketing community, but it is also one often used imprecisely. Many regard equity as a synonym for image, value, character, or personality – another metaphor for the perception, substance and worth of brands. In fact, equity in the context of brands is essentially a financial concept. It is <u>the</u> bottom line – the specific dollar worth of a product or service, beyond its physical and delivery costs, that is realized because of the impact of its branding."	Middleton und Dalla Costa, zit. nach: Brand Finance 1999, 24.
Finanzielle Bewertung	Ja.	
Ggf. Definition Markenstärke		
Klassifizierung in einschlägiger Literatur	Indikatorenmodell.	Sattler 2002, 15.
Markenbewertung		
Wie viel Stufen/Schritte	Dreistufig.	
Welche Stufen/Schritte	1. Nach der Marktsegmentierung (nach Regionen, Produkten und Zielgruppen), werden in einem ersten Schritt Marktdaten und Finanzdaten zu einem „Brand Forecast" oder „Financial Forecast" integriert. Dieser schätzt die finanzielle Entwicklung der betrachteten Marke in den kommenden 3 bis 5 Jahren (wird auch „Economic Value Added" genannt). 2. Im zweiten Schritt wird dieser mit einem „Brand Value Added BVA-Index" zusammengebracht, welcher die Nachfragetreiber enthält bzw. für die betrachtete Marke und ihre Konkurrenzmarken beschreibt, welcher Anteil an der jeweiligen Produkt-Nachfrage auf die jeweilige Marke zurückgeht. Er basiert entweder auf Expertenschätzungen und/oder auf	Brand Finance 2000, 7ff.

	Paneldaten. Als Ergebnis erhält man den „Brand Value Added“. 3. Dieser wird in einem dritten Schritt mit einer Discount-Rate multipliziert, welche die Risiken der betrachteten Marke enthält und auf einer „Brand Beta-Analyse“ basiert. So ergibt sich der monetäre Wert der betrachteten Marke.	
Was und Wie wird gemessen	Gemessen werden die folgenden *10 Determinanten* im Rahmen der „Brand Beta-Analyse“: 1. Historie der Marke. 2. Distribution. 3. Marktanteil. 4. Marktposition. 5. Abverkaufsrate. 6. Preispremium. 7. Preiselastizität. 8. Marketingaufwendungen. 9. Werbebekanntheit. 10. Markenbekanntheit. Im Rahmen dieser „Brand-Beta-Scorecard“ werden *alle 10 Punkte gleich stark gewichtet*, eine „ideale Marke“ erhält so 100 Punkte.	Brand Finance 2000, 14.
Zukunftsorientiertheit	Ja.	
Periodenzahl	Wenn möglich 5, mindestens 3.	
Sicherheitsgrad	Im mittleren Bereich.	
Wie erfolgt Überführung	Durch Multiplikation mit der im Rahmen der Brand Beta-Analyse ermittelten Discount-Rate im dritten Schritt.	
Erklärungsgrad		
Gültigkeit/Validität	Gut.	
Kausalitätsgrad	Hoch.	
Empirische Fundierung	Gut.	
Datenverfügbarkeit	Im mittleren Bereich.	
Objektivität	Im mittleren Bereich.	
Handhabbarkeit		
Einfachheit/Anwendungsaufwand	Im mittleren Bereich.	
Einsetzbarkeit in der strategischen Markenführung	Ja.	
Berücksichtigung Marketinginstrumente	Eher nicht.	
Trennung von Produktleistung und Markenleistung	Ja.	

Reichweite		
Eignung für Markenformen	Keine Angabe.	
Bewertungsanlass/-zweck	- Bilanzierung. - Interne Kommunikation. - Allokation von Marketing Budgets. - Interne Marketing-Planung. - Externe Investor Relation . - Planung von Mergers und Akquisitionen. - Steuerplanung. - Lizenzvergabe und Franchising. - Sicherheitsgarantien. - Steuerplanung. - Gerichtsprozesse. - Erfolgsbezogene Agenturvergütungen.	Brand Finance 1999, 19ff.
Einordnung Branche	Alle.	
Bisheriger Anwendungsgrad	Hoch.	
Zusammenfassende Einschätzung		
Hauptsächlich verwendete Literatur	Sattler 2002, Brand Finance 2000, Brand Finance 1999.	
Vorteile	- Berücksichtigung der Nachsteuergewinne bedingt eine Abhängigkeit vom jeweiligen Steuersystem.	
Nachteile	- Komplexität der Markenbewertung.	

4.3.3.4 Brand Performancer (ACNielsen)

Kriterien	Stichpunkte	Lit.- Angaben
Name des Modells	Brand Performancer.	
Urheber (Urhebertyp, ggf. Kooperation mit Wissenschaft)	ACNielsen. (Marktforschungsinstitut) Marketing-Lehrstuhl der TU Berlin Prof. Trommsdorff, Franzen u. a.	
Ursprungsjahr	1994 (Nachfolgermodell der Markenbilanz).	
Definitorisches Kriterium		
Definition Marke bzw. Markenwert	Basis für die Ermittlung des monetären MW sind die relative MS, nämlich die MS des betrachteten Unternehmens in Beziehung zur summierten MS aller relevanten Marken, das Marktvolumen und die Umsatzrendite des Markte - Markenkraft: nicht-monetär, absoluter MW. - Ertragswert: monetär, relativer MW.	Bekmeier-Feuerhahn 1998, 84, Irmscher 1997, 97.
Finanzielle Bewertung	Ja.	
Ggf. Definition Markenstärke	- Beinhaltet in stark aggregierter Form lediglich die Kundenbeurteilung sowie die Wirkung am Markt. - Vernachlässigung jeglicher Art von Wissensstrukturen.	Kriegbaum 2001, 131, BBDO 2001, 62.
Klassifizierung in einschlägiger Literatur	- Betriebswirtschlich verhaltenswissenschaftliches Kombinationsmodell. - Detailanalytisches, präskriptives Totalmodell. - Finanzorientiert, kompositionell, ertragswertorientiert, langfristig. Widersprüchliche Zuordnung: einerseits zu finanzorientiert und andererseits zu verhaltensorientiert.	BBDO 2001, Irmscher 1997, 97, Heider 2001, 11f. und 126ff., Bekmeier-Feuerhahn 1998, 75, Sattler 1997, 103.
Markenbewertung		
Wie viel Stufen/Schritte	Zweistufig.	Bekmeier-Feuerhahn 1998, 84.
Welche Stufen/Schritte	1. Ermittlung Markenstärke mit den Modulen: - *Brand Monitor* (Bewertung anhand Kriterienkatalog). - *Brand Steering System* (Stellung der Marke aus Verbrauchersicht, Konkurrenzanalyse). - *Brand Control System* (Werbeausgaben, Distributionsgrad, Erinnerungswerte).	Kriegbaum 2001, 129, Heider 2001, 144.

	2. Transformation in monetären Markenwert (Brand Value System).	
Was und Wie wird gemessen	Indikatoren: - *Marktposition* (mengenmäßiger und wertmäßiger Marktanteil). - *Marktanteilsentwicklung* (mengenmäßige und wertmäßige Entwicklung). - *Konsumentenakzeptanz* (Bekanntheit, Markensympathie). - *Distribution* (numerische und gewichtete). ⇒ Ergebnis Kausalmodell: Konsumentenakzeptanz größter Einflus ⇒ Bewertung der Indikatoren durch Nielsen-Berater. *Bekmeier-Feuerhahn:* teilw. andere Darstellung der Kriterien: - Marktvolumen. - Marktanteil. - Marktanteilswachstum. - Wachstum des Marktes. - Relativer Marktanteil. - Gewichtete Distribution. - Markenbekanntheit. - Markentreue. - Marken im Relevant Set.	Kriegbaum 2001, 119, 130, Bekmeier-Feuerhahn 1998, 84.
Zukunftsorientiertheit	Generell zukunftsorientiert: - *gegenwartsbezogen* (denn es wird von einem statischen MS-Index ausgegangen). - *zukunftsbezogen* (finanzorientierte Bewertung). Zeitbezug: dynamisch.	Kriegbaum 2001, 145, 132.
Periodenzahl	Mehrperiodigkeit.	Irmscher 1997, 97.
Sicherheitsgrad	Stochastisch.	Irmscher 1997, 97.
Wie erfolgt Überführung	Über drei Unterschritte (Brand Value System): - *Schätzung* des Ertragspotenzials des Marktes (dafür vorher Marktabgrenzung aus Nachfragersicht und Ermittlung des Marktvolumens/der durchschnittlichen Umsatzrendite). - *Verteilung* des Ertragspotenzials anhand der Markenstärke auf die jeweiligen Marken (relativer MS-Index im Verh. zur Konkurrenz).	Kriegbaum 2001, 119, 131, Bekmeier-Feuerhahn 1998, 84.

	- *Zukunftsprognose und Ermittlung* des Barwertes über Diskontierung entsprechend dem Ertragswertverfahren. ⇒ MW wird unabhängig von Kapital- und Kostenstruktur des Anbieters ermittelt.	
Erklärungsgrad		
Gültigkeit/Validität	Ja, *aber:* - Nur bedingt vollständige Abbildung des Erfolgspotenzials. - Operationalisierung der Markenstärke problematisch (wird nur anhand ganzheitlichen Beurteilung durch Konsumenten und finales Kaufverhalten operationalisiert).	Irmscher 1997, 112, Kriegbaum 2001, 145, 130.
Kausalitätsgrad	- Präskriptiv, hoher Erklärungsgrad. - Ursache-Wirkungs-Beziehungen linear. - Theoretische Fundierung: Verhaltenswissenschaft, Strategisches Markencontrolling.	Irmscher 1997, 97, 288, Kriegbaum 2001, 145.
Empirische Fundierung	Aufgrund der Kritik am Vorgänger Markenbilanz wurde der umfangreiche Kriterienkatalog mittels des empirisch getesteten Kausalmodells verdichtet und potenzielle Einflussgrößen auf vermutete Beziehungen mit der Markenstärke werden kausalanalytisch geschätzt.	Kriegbaum 2001, 129.
Datenverfügbarkeit	Relativ gut.	Irmscher 1997, 112.
Objektivität	Ja (insbesondere auch bei Transformation MS in finanzorientierte MW), weiterhin aber subjektive Einflüsse.	Irmscher 1997, 97 und 120, BBDO 2001, 62.
Handhabbarkeit		
Einfachheit/Anwendungsaufwand	Relativ einfach, aber mittlerer bis hoher Aufwand (denn es muss MS aller auf Markt befindlichen Marken ermittelt werden).	Irmscher 1997, 112, Kriegbaum 2001, 133.
Einsetzbarkeit in der strategischen Markenführung	Hohe Managementkompatibilität, gut geeignet (eines der am besten geeignetsten Modelle). *Allerdings:* zur Steuerung nicht geeignet, weil Markenstärke nicht komplex genug ist.	Irmscher 1997, 112, 124 und 133, Kriegbaum 2001, 145.
Berücksichtigung Marketinginstrumente	Teilweise.	
Trennung von Produktleistung und Markenleistung	Ja.	Kriegbaum 2001, 145.

Reichweite		
Eignung für Markenformen	- Vor allem für Konsumgütermarken. - Schwierig übertragbar. (Kausalanalyse zwischen den Indikatoren nur für Körperpflegemittel durchgeführt.)	Irmscher 1997, 288, Kriegbaum 2001, 131.
Bewertungsanlass/-zweck	Gut geeignet für Kauf/Verkauf und Bilanzierung sowie Ermittlung von Schiedspreisen in schwierigen Preisverhandlungen; weiterhin: Anlage, Strategische Markenplanung, Markenauswahl, Listung, Anreiz.	Irmscher 1997, 132 und 119, 289.
Einordnung Branche	Anwendungsschwerpunkt: Konsumgüterbereich.	Irmscher 1997, 119.
Bisheriger Anwendungsgrad	Praxistauglich, aber weniger Praxisrelevanz und -bewährung als Interbrand.	Irmscher 1997, 118.
Zusammenfassende Einschätzung		
Hauptsächlich verwendete Literatur	Irmscher 1997, Kriegbaum 2001, Heider 2001, Bekmeier-Feuerhahn 1998. ⇒ Teilw. Bewertungsunterschiede zwischen Irmscher und Kriegbaum, letztere ist kritischer.	
Vorteile	- Professionelles Modell. - Ausgewogenes Leistungsprofil (ähnlich wie Interbrand). - In Methodik, theoretischer Fundierung und Datenbasis stark (besser als Interbrand).	Irmscher 1997, 118f.
Nachteile	- Bei permanentem Einsatz hohe Kosten, da Modellanbieter extern (wie bei Interbrand). - Bewertungsverfahren nur z. T. nachvollziehbar. - Evtl. Vertrauensprobleme da externer Anbieter. - Vernachlässigung der unternehmensspezifischen Situation. - Angenommener Zusammenhang zw. Markenstärke u. Ertragspotenzial des Marktes.	Irmscher 1997, 119, 289, Kriegbaum 2001, 144.

4.3.3.5 Brand Rating (B.R. Brand Rating)

Kriterien	**Stichpunkte**	**Lit.- Angaben**
Name des Modells	BRAND RATING. (Nachfolger von BRAND TREK)	
Urheber (Urhebertyp, ggf. Kooperation mit Wissenschaft)	B. R. BRAND RATING. (Joint Venture zwischen dem Marktforschungsunternehmen Icon Brand Navigation und der Unternehmensberatung Dr. Wieslhuber und Partner.)	B.R. Rating Rating (a) 2001, 2.
Ursprungsjahr	2001 (Brand Rating-Modell).	
Definitorisches Kriterium		
Definition Marke bzw. Markenwert	„Barwert aller zukünftigen Einzahlungsüberschüsse, die der Eigentümer aus der Marke erwirtschaften kann" (Kaas 1990).	B.R. Rating Rating (a) 2001, 5.
Finanzielle Bewertung	Ja.	
Ggf. Definition Markenstärke	Qualitative Markenstärke wird mit dem Eisberg-Index gemessen, der sich aus *Markenbild* (alle Komponenten des Markenauftritts) und *Markenguthaben* (Sympathie, Vertrauen, Loyalität) zusammensetzt.	B.R. Rating Rating (a) 2001, 15.
Klassifizierung in einschlägiger Literatur	Konsumentenorientiertes monetäres Modell.	BBDO 2001, 62.
Markenbewertung		
Wie viel Stufen/Schritte	Einstufig.	
Welche Stufen/Schritte	Multiplikation: Monetärer Markenwert = Eisbergindex × Abdiskontierter Preisabstand × Zukunft der Marke (= Qual. Markenstärke × Quant. Markenbonus × Markenpotenzial).	B.R. Rating Rating (a) 2001, 14.
Was und Wie wird gemessen	1. Eisbergindex misst die *qualitative Markenstärke* im Kopf des Verbrauchers: - Markeniconographie (Uniqueness, Kommunikation, Größe, Klarheit, Inhalte, Attraktivität). - Markenguthaben (Markensympathie, Markenloyalität, Markenvertrauen). Berücksichtigung von Korrekturfaktoren und von den ICON-Instrumenten: - Brand Status. - Markensteuerrad. - Brand Driver-Analysis. - Brand Future Score.	B.R. Rating Rating (a) 2001, 14ff.

	2. Abdiskontierter Preisabstand = Preisabstand zum günstigsten Anbieter × Abgesetzte Menge (Durchschnitt der letzten 3 Jahre) in Relation zum Abdiskontierfaktor (branchenübliche Prämie). 3. Brand-Future-Score widerspiegelt: - Entwicklungstrend der Marke, - Dehnungspotential der Marke, - Bestehender Markenschutz.	
Zukunftsorientiertheit	Hoch aufgrund des „Brand Future Score".	
Periodenzahl	1	B.R. Rating Rating (a) 2001, 19.
Sicherheitsgrad	Hoch.	
Wie erfolgt Überführung	Durch Multiplikation mit dem Abdiskontierfaktor.	
Erklärungsgrad		
Gültigkeit/Validität	Hoch.	
Kausalitätsgrad	Hoch.	
Empirische Fundierung	Hoch.	
Datenverfügbarkeit	Gegeben.	
Objektivität	Hoch.	
Handhabbarkeit		
Einfachheit/Anwendungsaufwand	Einfachheit ist gegeben.	
Einsetzbarkeit in der strategischen Markenführung	Ja.	
Berücksichtigung Marketinginstrumente	Ja.	
Trennung von Produktleistung und Markenleistung	Ja.	
Reichweite		
Eignung für Markenformen	Alle, sogar: - Markenunternehmen mit defizitärer Ertragslage. - Markenunternehmen ohne primäre Gewinnerzielungsabsicht. - „Wiederzubelebende" Marken. - Marken-Konzept-Test (Brand Plus-Methode).	B.R. Rating Rating (a) 2001, 11 und 23.
Bewertungsanlass/-zweck	- Veräußerung von Unternehmen. - Veräußerung von Marken. - Bilanzierung erworbener Marken. - Bewertung der Markenstrategie auf Markenwerteffizienz. - Management-Tool und Führungsinstrument für das Brand-Management. - Argumentationsbasis für die Harmonisierung der Markenstrategien auf	B.R. Rating Rating (a) 2001, 4.

	Corporate und Division-Ebene. - Lizenzvergabe/Sponsoring. - Investor-Relations-Instrument.	
Einordnung Branche	Konsumverbrauchsgüter, Konsumgebrauchsgüter, B-to-B-Geschäfte und Dienstleistungsbranche.	B.R. Rating Rating (a) 2001, 3.
Bisheriger Anwendungsgrad	Über 50 Markenbewertungen in ca. 12 Monaten.	B.R. Rating Rating (a) 2001, 3.
Zusammenfassende Einschätzung		
Hauptsächlich verwendete Literatur	B.R. Rating Rating (a) 2001, BBDO 2001.	
Vorteile	- Umfassendes Modell. - Leicht zu generierende Daten. - Konsumentenorientierte Perspektive steht im Mittelpunkt. - Nahezu alle Marken können bewertet werden. - Ansatzpunkte zur Ausschöpfung des Markenpotentials werden aufgezeigt. - Internationale Anwendbarkeit. - Aufzeigen der Wirkungszusammenhänge zwischen Dachmarke und Subbrands bzw. einzelnen Warengruppen. - Von der Ertragslage des Unternehmens unabhängige Markenbewertung. - Unabhängigkeit vom Steuersystem: Betrachtung des Vorsteuergewinns.	
Nachteile	- Interdependenzprobleme zwischen Markenbild und Markenguthaben. - Typische Nachteile von Preispremiumansätzen (wie Definition der Nullmarke oder die Unterstellung eines direkten Zusammenhangs zwischen Preis und Marke) gelten auch beim Brand Rating-Modell. - Unbekannte algorithmische Verknüpfung der drei Komponenten.	BBDO 2001, 63.

4.3.3.6 Ansatz zur finanziellen Bewertung von Marken (GfK/PwC/Uni HH)

Kriterien	**Stichpunkte**	**Lit.- Angaben**
Name des Modells	Ansatz zur finanziellen Bewertung von Marken.	
Urheber (Urhebertyp, ggf. Kooperation mit Wissenschaft)	GfK. (Marktforschungsinstitut) in Kooperation mit PricewaterhouseCoopers und dem Marketing-Lehrstuhl der Universität Hamburg (Prof. Henrik Sattler).	
Ursprungsjahr	2002.	
Definitorisches Kriterium		
Definition Marke bzw. Markenwert	MW als Wert für das *Unternehmen*: - *Finanzorientiert:* Zukünftige Gewinne, die ursächlich auf die Marke zurückzuführen sind. - *Nichtfinanzorientiert:* Wertkomponenten, die dem markenspezifischen Gewinn vorgelagert sind (z. B. Psychologische MS). MW als Wert für den *Nachfrager*: - Mit der Marke verbundene Assoziationen (Bekanntheit u. Image).	Sattler 2002.
Finanzielle Bewertung	Ja.	
Ggf. Definition Markenstärke	MS als Share of Soul, als *Markenattraktivität*, ausgedrückt im *Brand Potential Index* (BPI) und bestehend aus: - Markenloyalität, - Markenbekanntheit, - Wahrgenommene Qualität, - Mehrpreisakzeptanz, - Uniqueness, - Markensympathie, - Markenvertrauen, - Markenidentifikation, - Bereitschaft zu Weiterempfehlung, - Kaufabsicht. *Markenerfolg* (Erlösorientierte Komponente mit Hilfe von Daten aus dem Verbraucherpanel), bestehend aus: - Käuferreichweite, - First Choice Buyer, - First Choice Value, - Marktanteil.	Högl/Hupp/Maul/Sattler 2002.
Klassifizierung in einschlägiger Literatur	Noch nicht berücksichtigt.	

Markenbewertung		
Wie viel Stufen/Schritte	Grundsätzlich zweistufig, im Einzelnen aber 5 Module. Alle Module werden zu einem finanzorientierte MW zusammengeführt. Die Module können nicht eindeutig einer Stufe zugeordnet werden.	Högl/Hupp/Maul/Sattler 2002.
Welche Stufen/Schritte	*Module*: 1. Markenisolierungsmodell. 2. Markenprognosemodell. 3. Markenrisikomodell. 4. Marketingstrategisches Optionsmodell. 5. Simulationsmodell.	Högl/Hupp/Maul/Sattler 2002.
Was und Wie wird gemessen	*Markenwertdeterminanten:* 1. Psychologische Markenstärke, 2. Markenspezifische Erlöse, 3. Markenspezifische Kosten, 4. Markenspezifisches Risiko, 5. Dehnungspotenzial der Marke, 6. Sonstiges (z. B. rechtlicher Schutz). *Markenisolierungsmodell:* Zerlegung der Gesamtmarkenumsätze in *markenspezifische* und *nicht-markenspezifische* über Kundenbefragung oder über Paneldaten. - Promotion-, Distributions- und Produkteffekte werden in Abh. von der jeweiligen Branche berücksichtigt. - Zerlegung ebenfalls in der Kostenstruktur (auf Basis von Daten des Unternehmens durch PricewaterhouseCoopers bzw. Schätzung). *Markenrisikomodell:* - Für die Diskontierung der künftigen markenspezifischen Erträge wird ein entsprechender Zinssatz ermittelt. - Ausgehend von einem risikofreien Marktzinssatz wird ein markenindividueller Zinsrisikozuschlag errechnet. - Basis für diese Berechnung sind die über den BPI ermittelte Markenstärke, die historische Entwicklung der Umsätze sowie die Markenbekanntheit und andere im Rahmen der Kundenbefragung gemessenen Erfolgsindikatoren. - Die nach Erfahrungen aus einer Expertenbefragung von Sattler gewichteten Erfolgsindikatoren werden einschließlich zu einem Risiko-Score verdichtet, der sich wiederum in ei-	Högl/Hupp/Maul/Sattler 2002.

	nen Zinsrisikozuschlag überführen lässt. - Die markenindividuell ermittelten Zinssätze werden für die Abzinsung der künftigen Markenerträge auf einen Gegenwartswert verwendet. *Marketingstrategisches Optionsmodell:* - Analysieren künftiger Ertragpotenziale auf Auslandsmärkten bzw. für Markentransfers, Markenausdehnung etc. - Bedeutungsgewichtet nach Erfahrungen von Sattler bzw. GfK-Panel. *Simulationsmodell:* - Ermittlung des Risikoprofils des MW. - (Bislang am wenigsten transparentes Modul).	
Zukunftsorientiertheit	Ja (Markenerfolg). Langfristige Prognostizierung von Umsätzen und Kosten.	Högl/Hupp/Maul/Sattler 2002.
Periodenzahl	5	Högl/Hupp/Maul/Sattler 2002.
Sicherheitsgrad	Hoch.	Högl/Hupp/Maul/Sattler 2002.
Wie erfolgt Überführung	Die Transformation in finanzielle Werte erfolgt in jedem Modul, insofern kann eine eigene Überführungsphase nur schwer identifiziert werden. Für das Modell ist weniger ein Nacheinander von Schritten, sondern eher ein paralleles (wie bei Bekmeier-Feuerhahn), netzartiges Vorgehen charakteristisch.	Högl/Hupp/Maul/Sattler 2002.
Erklärungsgrad		
Gültigkeit/Validität	Kann aufgrund der Komplexität und Neuheit des Ansatzes bislang schwer eingeschätzt werden; scheint sich aber teilw. auf mehrere bereits früher benutzte GfK- u. Sattler-Methoden zu stützen (siehe frühere Modelle von GfK u. Sattler).	
Kausalitätsgrad	Das individuelle Risiko einer Marke wird über einen wissenschaftlichen Erklärungsansatz erfasst, das Ineinandergreifen der 5 Module ist aber nicht völlig transparent.	Högl/Hupp/Maul/Sattler 2002.
Empirische Fundierung	Empirische Methoden („BASS"): - Kundenbefragung („BPI"), - Expertenurteile, - Analyse der Kostenstruktur der Marken.	Högl/Hupp/Maul/Sattler 2002.

Datenverfügbarkeit	In der Regel beruhend auf Datenressourcen und spezifischen Methoden (BASS, BPI) der Modellanbieter (z.B. GfK-Panel).	
Objektivität	Durch verschiedenste empirische Verfahren scheinbar ja, aber nicht transparent.	
Handhabbarkeit		
Einfachheit/Anwendungsaufwand	- Komplizierte, modulhafte Struktur. - Hoher Aufwand. - Modell stützt sich auf mehrere empirische Verfahren.	
Einsetzbarkeit in der strategischen Markenführung	Ja.	
Berücksichtigung Marketinginstrumente	Ja.	
Trennung von Produktleistung und Markenleistung	Ja (über Conjoint Measurement oder Paneldaten).	Högl/Hupp/Maul/Sattler 2002.
Reichweite		
Eignung für Markenformen	Universelle Geltung beansprucht.	
Bewertungsanlass/-zweck	Universelle Geltung beansprucht.	
Einordnung Branche	Universelle Geltung beansprucht.	
Bisheriger Anwendungsgrad	Gerade neu am Markt, beansprucht methodisch-konzeptionelle Führungsrolle am kommerziellen Modell-Markt.	
Zusammenfassende Einschätzung		
Hauptsächlich verwendete Literatur	Högl/Hupp/Maul/ Sattler 2002.	
Vorteile	Nach eigener Aussage: - Simultane Berücksichtigung von Markenerlösen und Markenkosten. - Umfassender Ansatz, sowohl finanzorientiert wie absatzorientiert. - Beschränkt sich nicht auf Vergleiche, da ein Vergleich dem Gedanken der Einzigartigkeit von Marken entgegensteht. - Der psychologischen Markenstärke wird umfassend Rechnung getragen.	Högl/Hupp/Maul/Sattler 2002.
Nachteile	Neu, bisher noch nicht in Gänze praxiserprobt, im ersten Zugriff kompliziert, beruht fast ausschließlich auf Methodiken und Datenressourcen der Modellanbieter, dadurch vermutlich hohe Kosten.	

4.3.3.7 Interbrand Brand Valuation (Interbrand)

Kriterien	**Stichpunkte**	**Lit.- Angaben**
Name des Modells	Interbrand Brand Valuation.	
Urheber (Urhebertyp, ggf. Kooperation mit Wissenschaft)	Interbrand.	
Ursprungsjahr	1988.	
Definitorisches Kriterium		
Definition Marke bzw. Markenwert	A brand is a name or a symbol – and its associates tangible and emotional attributes – that is intended to identify the goods or services of one seller in order to differentiate them from those of competitors. At the heart of a brand are trade mark rights. Brand Valuation is based on an assessment of what the value is today of the earnings or cash flow that the brand can be expected to generate in the future. This is known as an Economic Use Valuation and recognises that a brand is valuable because of what it can be expected to earn for the company that owns it. (This may reflect only the way the brand is currently being used, but it may also sometimes include what the brand *could* be worth if it were developed in a certain way, or extended into new product areas, or moved into more countries, or licensed to other parties). The value today of a brand's earnings is a function of how high the earnings are expected to be and how likely it is that the brand will achieve those earnings. It should thus take into consideration three things: - The *financial* performance of the brand (to identify its true earnings), - The *marketing* strength of the brand and its competitive advantage over other brands (to establish the security of demand), and - The *legal* position of the brand (to prove that it is a piece of property).	Interbrand, 4.
Finanzielle Bewertung	Ja.	
Ggf. Definition Markenstärke	Basiert auf 7 Determinanten: 1. Marktführerschaft. 2. Markenstabilität. 3. Markt. 4. Internationalität der Marke.	

	5. Trend der Marke. 6. Marketing-Unterstützung. 7. Rechtlicher Schutz der Marke.	
Klassifizierung in einschlägiger Literatur	- Betriebswirtschaftlich-verhaltenswissenschaftliches Kombinationsmodell. - Indikatororientiert.	BBDO 2001, 55f., Riedel 1996, 172.
Markenbewertung		
Wie viel Stufen/Schritte	Zweistufig (aber vier Einzelschritte).	
Welche Stufen/Schritte	1. In einem ersten Schritt wird die Stärke der Marke anhand von folgenden *7 Determinanten* gemessen, wobei diese Determinanten durch insgesamt knapp 100 Kriterien operationalisiert werden: - Marktführerschaft, - Markenstabilität, - Markt, - Internationalität der Marke, - Trend der Marke, - Marketing-Unterstützung, - Rechtlicher Schutz der Marke, - So wird im ersten Schritt für jede Determinante ein Punktwert ermittelt. 2. Im zweiten Schritt wird dieser Punktwert pro Determinante mit einem ihrer Bedeutung für den Wert der Marke entsprechenden Gewichtungswert aggregiert. Das Ergebnis ist ein Wert zwischen 0 und 100, der die Markenstärke widerspiegelt. 3. Im dritten Schritt wird dieser normierte Indexwert mit einer Transformationsfunktion (einer speziellen Marken-Index-Kurve mit S-förmigem Verlauf) in einen Markenmultiplikator zwischen 0 und 20 überführt. Diese Transformationsfunktion basiert auf zahlreichen Ex-Post-Studien und der Markterfahrung von Interbrand. 4. Der vierte Schritt besteht in der Multiplikation des Multiplikatorwertes mit dem durchschnittlichen Nachsteuergewinn der vergangenen 3 Jahre, um so den monetären Wert der jeweiligen Marke zu erhalten.	
Was und Wie wird gemessen	Im ersten Schritt wird die Stärke der Marke anhand von *7 Determinanten* gemessen, wobei jede dieser Determinanten anhand von zahlreichen Kriterien opera-	

	tionalisiert wird: - *Marktführerschaft:* Marktanteil (MA), Marktposition, Relativer MA, Marktsegment, Marktstruktur, Zukunftsaspekte etc. - *Markenstabilität:* Historie, aktuelle Position, zukünftige Entwicklung etc. - *Markt:* Übersicht, Wettbewerbsstruktur, Wert, Volumen, Trend, Marktdynamik, Perspektiven etc. - *Internationalität der Marke:* Vergangenheit, Export-Historie, Gegenwart, Vertretung auf ausländischen Märkten, Zukunft etc. - *Trend der Marke:* Entwicklung, Status, Wettbewerb, Planung, Entwicklungspläne etc. - *Marketing-Unterstützung:* Qualität, Kontinuität, künftige Strategie, Werbeaktivitäten, Verkaufsförderungen etc. - *Rechtlicher Schutz der Marke:* Namensrechte, Registrierung etc.	
Zukunftsorientiertheit	Hoch.	
Periodenzahl	3	
Sicherheitsgrad	Hoch.	
Wie erfolgt Überführung	Mittels Überführung des Markenstärke-Indexwertes in einen Multiplikatorwert, welcher wiederum mit dem mittleren Nachsteuergewinn der vergangenen 3 Perioden multipliziert wird.	
Erklärungsgrad		
Gültigkeit/Validität	Hoch.	
Kausalitätsgrad	Mittel.	
Empirische Fundierung	Hoch.	
Datenverfügbarkeit	Mittel.	
Objektivität	Hoch.	
Handhabbarkeit		
Einfachheit/Anwendungsaufwand	Mittel. Hoch.	Riedel 1996, 172, BBDO 2001, 57.
Einsetzbarkeit in der strategischen Markenführung	Hoch durch die Ergebnisse der Markenstärke-Bestimmung.	
Berücksichtigung Marketinginstrumente	Ja.	
Trennung von Produktleistung und Markenleistung	Gegeben.	
Reichweite		
Eignung für Markenformen	Konsumgebrauchsgüter. Konsumverbrauchsgüter.	

Bewertungsanlass/-zweck	Alle.	
Einordnung Branche	Keine Branchenbeschränkungen.	
Bisheriger Anwendungsgrad	Höchster Anwendungsgrad: das am häufigsten verwendete monetäre Markenbewertungsmodell.	BBDO 2001, 57.
Zusammenfassende Einschätzung		
Hauptsächlich verwendete Literatur	Interbrand, BBDO 2001, Riedel 1996, Göttgens 2001, Heider 2001, Sattler 2001, Baumgarth 2001, Heider/Strehlau 2000.	
Vorteile	- Detaillierte Erfassung der Einflussgrößen des Markenwertes. - Versuch, den Markenwert ganzheitlich zu erfassen. - Nachvollziehbare Entstehung des Markenwertes. - Möglichkeit, das Modell in der Markenführung einzusetzen. - Sensibilisierung des Managements für Markenentscheidungen, deren Ergebnisse sich sofort in der monetären Markenbewertung niederschlagen. - Zukunftsorientierung.	Riedel 1996, 172, BBDO 2001, 57.
Nachteile	- Subjektive Auswahl der Kriterien zur Bestimmung der Markenstärke. - Subjektive Gewichtung der Kriterien zur Bestimmung der Markenstärke. - Mangelnde Unabhängigkeit und Korrelationen der Kriterien untereinander führen zu Verzerrungen und Überschneidungen bei der Bestimmung der Markenstärke. - Subjektive Datenerhebung im Rahmen der Expertenschätzungen. - Durch die Expertenschätzungen erhalten der monetäre Markenwert ebenfalls Schätzwertcharakter, vor allem durch Abschätzung der Zukunftsperspektiven. - Genaue Grundlagen der Transformationsfunktion S-Kurve bleiben unbekannt. - Berücksichtigung des Nachsteuerergebnisses bedingt eine Abhängigkeit des Markenwertes vom jeweils gültigen Steuersatz. - Geringe Berücksichtigung von kunden- und verhaltensbezogenen Faktoren.	Riedel, 172, Heider 2001, Heider/ Strehlau, 2000.

4.3.3.8 Markenwertmodell (Kapferer)

Kriterien	Stichpunkte	Lit.- Angaben
Name des Modells	Markenwertmodell.	
Urheber (Urhebertyp, ggf. Kooperation mit Wissenschaft)	Jean-Noel Kapferer, HEC Graduate School of Management, Paris	
Ursprungsjahr	1992.	
Definitorisches Kriterium		
Definition Marke bzw. Markenwert	„Die Unterscheidung zwischen Marke und Produkt ist wesentlich: Das Produkt ist das, was das Unternehmen herstellt, die Marke das, was der Kunde kauft. (...) Die Marke charakterisiert das Produkt, und deckt seine Identität, also seine unterscheidenden Merkmale, auf: Gebrauchswert, Affektionswert und individuellen Wert, den das Produkt für den Käufer hat. Ein Wort, ein Symbol beinhalten eine ganze Idee, eine lange Aufzählung von Attributen, Werten oder Prinzipien, die in das Produkt oder die Dienstleistung hineinprojiziert werden. (...) Auf diese Weise charakterisiert, garantiert, stabilisiert und strukturiert die Marke das Angebot.“	Kapferer 1992, 10f.
Finanzielle Bewertung	Ja. Zwei Möglichkeiten der Überführung in einen monetären Wert.	
Ggf. Definition Markenstärke	-	
Klassifizierung in einschlägiger Literatur	- Psychographisch verhaltensorientiertes Modell. - Kostenorientierter Ansatz.	BBDO 2001, 48, Bekmeier-Feuerhahn, 69.
Markenbewertung		
Wie viel Stufen/Schritte	Varianten: 1. Bewertung nach historischen Kosten: 2. 2. Bewertung nach Wiederbeschaffungskosten: 2. 3. Markenbewertung nach Marktwert: 2. 4. Markenbewertung nach Gewinnaussichten: 2.	Kapferer 1992, 299ff.
Welche Stufen/Schritte	Varianten: 1. Bewertung nach historischen Kosten: Addition der Kosten eines bestimmten Zeitraums. 2. Gegenwartsbezogene Bewertung nach Wiederbeschaffungskosten: Kosten, die entstünden, wenn man die Marke noch einmal erschaffen würde.	Kapferer 1992, 299ff.

	3. Markenbewertung nach Marktwert: Orientierung am Wert vergleichbarer Marken, d. h. am Kaufpreis bereits getätigter Markenverkäufe. 4. Markenbewertung nach Gewinnaussichten: Marke als Träger möglicher künftiger Gewinne. Überführung der Ergebnisse in einen monetären Markenwert (2 Methoden, siehe unten): - Berechnung des Cash-Flow. - Multiplikatormethode (Interbrandmethode): Basierend auf Preis-Gewinn-Verhältnis der Unternehmensbewertung (4 Schritte).	
Was und Wie wird gemessen	- Bewertung nach historischen Kosten: Addition der Kosten eines bestimmten Zeitraums. - Gegenwartsbezogene Bewertung nach Wiederbeschaffungskosten: Kosten, die entstünden, wenn man die Marke noch einmal erschaffen würde. - Markenbewertung nach Marktwert: Orientierung am Wert vergleichbarer Marken, d. h. am Kaufpreis bereits getätigter Markenverkäufe. - Markenbewertung nach Gewinnaussichten, Marke als Träger möglicher künftiger Gewinne.	Kapferer 1992, 299ff.
Zukunftsorientiertheit	Gering.	
Periodenzahl	- Bei Cash-Flow-Methode: nicht genannt. - Bei Multiplikatormethode: 3.	
Sicherheitsgrad	Gering.	
Wie erfolgt Überführung	Methoden: 1. Berechnung des Cash-Flow: Berechnung des Restwerts als ständige Rente über einen bestimmten Zeitraum unter der Annahme, die Erträge sind konstant oder beständig anwachsend. 2. Multiplikatormethode (Interbrandmethode): Basierend auf Preis-Gewinn-Verhältnis der Unternehmensbewertung. *4 Schritte:* - Bestimmung des repräsentativen Nettogewinns: Inflationsbereinigte Nettogewinne der letzten 3 Jahre. - Bestimmung der Markenstärke:	Kapferer 1992, 299ff.

	Markenstärke resultiert aus 7 Faktoren: Marktanteil, Stabilität, Marktentwicklung, Internationalität, Trend, Support, Protektion. - Bestimmung des Multiplikators: Interbrand S-Kurve. - Bestimmung des Markenwerts: Multiplikation des Marken-Nettogewinns mit dem Multiplikator.	
Erklärungsgrad		
Gültigkeit/Validität	Gering.	
Kausalitätsgrad	Gering.	
Empirische Fundierung	Gering.	
Datenverfügbarkeit	Mittel.	
Objektivität	Gering.	
Handhabbarkeit		
Einfachheit/ Anwendungsaufwand	Mittel.	
Einsetzbarkeit in der strategischen Markenführung	Gering.	
Berücksichtigung Marketinginstrumente	Gering.	
Trennung von Produktleistung und Markenleistung	In der theoretischen Ausarbeitung: Maximal (vgl. Markendefinition).	
Reichweite		
Eignung für Markenformen	Alle.	
Bewertungsanlass/-zweck	Keine Angabe.	
Einordnung Branche	Keine Angabe.	
Bisheriger Anwendungsgrad	Keine Angabe.	
Zusammenfassende Einschätzung		
Hauptsächlich verwendete Literatur	Kapferer 1992, Bekmeier-Feuerhahn 1998, BBDO 2001.	
Vorteile	Keine Angabe.	
Nachteile	Keine Angabe.	

4.3.3.9 Markenbilanz (ACNielsen)

Kriterien	**Stichpunkte**	**Lit.- Angaben**
Name des Modells	Markenbilanz.	
Urheber (Urhebertyp, ggf. Kooperation mit Wissenschaft)	A. C. Nielsen (Marktforschungsinstitut) Schulz, Roland. Brandmeyer, Klaus.	
Ursprungsjahr	1989.	
Definitorisches Kriterium		
Definition Marke bzw. Markenwert	Schulz-Brandmeyer 1989: „Markenwert beschreibt die Gesamtheit aller positiven und negativen Vorstellungen, die im Konsumenten ganz oder teilweise aktiviert werden, wenn er das Warenzeichen wahrnimmt, und die sich in ökonomischen Daten des Markenwettbewerbes spiegeln." a) Markenkraft: nicht-monetär, absoluter MW. b) Ertragswert: monetär, absoluter MW.	Bekmeier-Feuerhahn 1998, 82, Irmscher 1997, 97.
Finanzielle Bewertung	Ja.	
Ggf. Definition Markenstärke	Kognitiv orientierte Betrachtung der Markenstärke.	Bekmeier-Feuerhahn 1998, 39ff.
Klassifizierung in einschlägiger Literatur	- Betriebswirtschaftlich-verhaltenswissenschaftliches Kombinationsmodell - Finanzorientiert, kompositionell, ertragswertorientiert (aber konsumentenorientierter als Interbrand). Widersprüchliche Zuordnung einerseits zu finanzorientiert und andererseits zu verhaltensorientiert. - Detailanalytisches, präskriptives Totalmodell. - Scoring-Modell. - Indikator-Modell. - Erfolgsorientiert. - Langfristig.	BBDO 2001, Bekmeier-Feuerhahn 1998, 75 und 81, Heider 2001, 11f., 126ff. und 139, Irmscher 1997, S, 97, Riedel 1996, 45, Greinert 2002, 237f., Sattler 1997, 103.
Markenbewertung		
Wie viel Stufen/Schritte	Zweistufig.	Bekmeier-Feuerhahn 1998, 82.
Welche Stufen/Schritte	- Ermittlung Markenstärke (qualitativ, Scoring-Modell). - Transformation in monetären Markenwert (unter Verknüpfung mit Betriebsdaten).	Kriegbaum 2001, 129, Bekmeier-Feuerhahn 1998, 82.

Was und Wie wird gemessen	Indikatoren (6 mit insgesamt 19 Kriterien): - *Markt* (Größe/Marktvolumen, Entwicklung/Lebenszyklusstadium, Wertschöpfung/Gewinnpotenzial). - *Marktanteil* (wertmäßiger Anteil, relativer Anteil im Vergleich zum Marktführer, Anteilsentwicklung i. d. Vergangenheit, Gewinn-Marktanteil i. d. Entwicklung). - *Handel* (gewichtet Distribution/ Nachfragepotenzial, Handelsattraktivität im Regal). - *Marketing-Unterstützung* (Produktqualität beurteilt durch neutrale Experten, Rolle des Preises bei der Entwicklung, Share of voice = Werbeaufwand im Vergleich zur Konkurrenz). - *Konsumentenbeurteilung* (Markentreue/Bindungs- und Zufriedenheitsgrad, Vertrauenskapital insbesondere durch Messung Markenpersönlichkeit, Share of Mind = ungestützte Markenbekanntheit, Werbeerinnerung, Markenidentifikation). - *Geltungsbereich* der Marke (Internationalität/Verbreitung über Stammregion, Grad des internationalen Warenzeichenschutzes). Bewertung durch Punkte (max. 500), Gewichtung der einzelnen Kriterien nach geschätztem Einfluss unter Anwendung eines Skalierungsverfahrens (genaue Bewertungskriterien nicht transparent).	Kriegbaum 2001, 127f., Heider 2001, 140.
Zukunftsorientiertheit	Insgesamt mangelnde Zukunftsorientierung. - Gegenwartsbezogen. - Zukunftsbezogen (finanzorientierte Bewertung). Zeitbezug: dynamisch.	Kriegbaum 2001, 129, Irmscher 1997, 97, 288.
Periodenzahl	Keine Angabe, nur Verweis auf kurz-, mittel- und langfristige Gewinne als Referenzgröße.	
Sicherheitsgrad	Stochastisch.	Irmscher 1997, 97, 288.
Wie erfolgt Überführung	*Zunächst* Prognostizierung der zukünftigen Marktentwicklung und der damit zusammenhängenden Gewinnerwartungen: - Prognose der Umsatzentwicklung der	Kriegbaum 2001, 128, Heider 2001, 141, Bekmeier-Feuerhahn

	Marke auf Endverbraucherpreis-Basis unter Berücksichtigung von Markt- und Marktanteilsentwicklung der Marke, - Prognose des Umsatzes zu Fabrikabgabepreisen, - Prognose der Umsatzrendite auf Vergangenheitsbasis und Plankostenbasis, - Ertragsprognose, *Dann* Kapitalisierung der Erträge mittels eines durch den im Scoring-Modell erzielten Punktwert adjustierten Kalkulationszinsfußes (langfristiger Kapitalmarktzinsfuß des jeweiligen Landes plus Risikozuschlag).	1998, 83.
Erklärungsgrad		
Gültigkeit/Validität	Hohe Subjektivität durch Bewerter, Interdependenzen zwischen den Kriterien.	Kriegbaum 2001, 128.
Kausalitätsgrad	- Präskriptiv, hoher Erklärungsgrad, aber Verwischung von Ursache-Wirkungs-Beziehungen durch Interdependenzen. - Theoretische Fundierung: Verhaltenswissenschaft, Strategisches Markencontrolling.	Irmscher 1997, 97 und 289, Kriegbaum 2001, 128.
Empirische Fundierung	Aus Wettbewerbsgründen kaum Angaben.	Bekmeier-Feuerhahn 1998, 82.
Datenverfügbarkeit	Im Unterschied zu Interbrand Erhebung der Daten anhand von Panel	Heider 2001, 142.
Objektivität	Subjektiv (insbesondere Gewichtung der Einflussfaktoren), aber objektiver als Interbrand.	Irmscher 1997, 97, Heider 2001, 142.
Handhabbarkeit		
Einfachheit/Anwendungsaufwand	Relativ einfach, mittlerer Aufwand.	Irmscher 1997, 112.
Einsetzbarkeit in der strategischen Markenführung	Hohe Managementkompatibilität, gut geeignet.	Irmscher 1997, 112 und 132.
Berücksichtigung Marketinginstrumente	Ja.	
Trennung von Produktleistung und Markenleistung	Nein.	Greinert 2002, 168.

Reichweite		
Eignung für Markenformen	Schwierig übertragbar, Marken müssen schon etabliert sein.	Irmscher 1997, 289, Kriegbaum 2001, 128.
Bewertungsanlass/-zweck	Anlage, Kauf und Verkauf, Strategische Markenplanung, Budgetierung, Markenauswahl, Listung, Anreiz.	Irmscher 1997, 289.
Einordnung Branche	Keine Angabe.	
Bisheriger Anwendungsgrad	Allein bis 1994 wurden bereits ca. 150 Marken bewertet, heute durch Nachfolger Brand Performancer ersetzt.	Bekmeier-Feuerhahn 1998, 82.
Zusammenfassende Einschätzung		
Hauptsächlich verwendete Literatur	Schulz/Brandmeyer 1989, Irmscher 1997, Heider 2001, Bekmeier-Feuerhahn 1998.	
Vorteile	- Professionelles Modell, trotz methodischer Schwächen. - Modell im Sinne des Brand-Equity-Konzepts.	Irmscher 1997, 289.
Nachteile	- Bewertungsverfahren nur zum Teil nachvollziehbar, teilweise Schätzungen. - Interdependenzen zwischen Kriterien. - Fehlende funktionale Hierarchisierung zwischen den Kriterien.	Irmscher 1997, 289, Bekmeier-Feuerhahn 1998, 83, BBDO 2001, 59.

4.3.3.10 Markenkraftmodell (GfK)

Kriterien	**Stichpunkte**	**Lit.- Angaben**
Name des Modells	Markenkraftmodell. TESI-Preismodell (bei Irmscher).	
Urheber (Urhebertyp, ggf. Kooperation mit Wissenschaft)	GfK. (Marktforschungsinstitut) Hammann, Peter.	
Ursprungsjahr	1992.	
Definitorisches Kriterium		
Definition Marke bzw. Markenwert	MW = Markenkraft als „Attraktivität einer Marke für den Konsumenten, die nicht durch den kurzfristige Marketing-Mix erklärt werden kann." Richtgröße für die Markenkraft ist der Preis der Marke, den die Konsumenten im Vergleich zu Konkurrenzprodukten gerade noch zu zahlen bereit sind. - Relativer Wert, nicht-monetär.	Heider 2001, 149, Irmscher 1997, 93.
Finanzielle Bewertung	Nein.	
Ggf. Definition Markenstärke	MS als Markenkraft.	
Klassifizierung in einschlägiger Literatur	- Betriebswirtschlich-verhaltenswissenschaftliches Kombinationsmodell. - Globalanalytisches, marketingorientiertes Partialmodell. - Verhaltensorientiert, aber ökonomisches Modell.	BBDO 2001, Irmscher 1997, 93, Heider 2001, 126ff. und 149.
Markenbewertung		
Wie viel Stufen/Schritte	Einstufig.	Irmscher 1997, 93.
Welche Stufen/Schritte	-	
Was und Wie wird gemessen	Messung des Kaufverhaltens durch Verbraucher-Paneldaten. Mit Testmarktsimulationsmodell TESI wird die Wertdifferenz zwischen verschiedenen Marken monetär ausgedrückt. Daten der Testpersonen werden zunächst individuell ermittelt und erst dann aggregiert. Dadurch ist Segmentierung nach Demographie und Kaufverhalten möglich. Auswirkungen des kurzfristigen Marketing-Mix auf die Marke müssen schließlich von der Markenkraft subtrahiert werden.	BBDO 2001, 64, Heider 2001, 149.
Zukunftsorientiertheit	Gegenwartsbezogen.	Irmscher 1997, 93.
Periodenzahl	Zeitbezug: statisch	Irmscher 1997, 93.

Sicherheitsgrad	Stochastisch.	Irmscher 1997, 93.
Wie erfolgt Überführung	-	
Erklärungsgrad		
Gültigkeit/Validität	Objektiv.	Irmscher 1997, 93.
Kausalitätsgrad	- Präskriptiv. - Begrenzte Erklärungsperspektive. - Theoretische Fundierung: verhaltenswissenschaftliche Preistheorie.	Irmscher 1997, 93, Heider 2001, 150.
Empirische Fundierung	Gültigkeit des TESI-Modells ist anhand realer Daten überprüft worden.	Heider 2001, 150.
Datenverfügbarkeit	Nutzung von Paneldaten.	Irmscher 1997, 285.
Objektivität	Hoch.	Irmscher 1997, 93.
Handhabbarkeit		
Einfachheit/Anwendungsaufwand	Relativ einfach.	Irmscher 1997, 284.
Einsetzbarkeit in der strategischen Markenführung	Bedingt (Preispolitik).	Irmscher 1997, 284.
Berücksichtigung Marketinginstrumente	Preis.	Irmscher 1997, 93.
Trennung von Produktleistung und Markenleistung	Nein, denn es werden nur Differenzen zwischen Marken gemessen.	
Reichweite		
Eignung für Markenformen	TESI-Preismodell sowohl für Gebrauchs- als auch Verbrauchsgüter einsetzbar.	Heider 2001, 149.
Bewertungsanlass/-zweck	- Originäres Ziel: Neuproduktplanung. - Informationsinstrument für Preispolitik. - Kontrollinstrument für Marketing.	Irmscher 1997, 285, Heider 2001, 149.
Einordnung Branche	Keine Angabe.	
Bisheriger Anwendungsgrad	Kommerziell verwertet.	
Zusammenfassende Einschätzung		
Hauptsächlich verwendete Literatur	Irmscher 1997, BBDO 2001, Heider 2001.	
Vorteile	- Berücksichtigt Konkurrenz. - Geringe Anwendungskosten.	Irmscher 1997, 285.
Nachteile	- Funktioniert nur bei hoher Kauffrequenz. - Nur Konkurrenzmarken vergleichbar. - Keine finanzorientierte Bewertung. - Betrachtung lediglich einer Input-Variablen. - Kein Modell im Sinne des Brand-Equity-Konzepte	Heider 2001, 149, Irmscher 1997, 285.

4.3.3.11 Indikatorenmodell (Sattler)

Kriterien	**Stichpunkte**	**Lit.- Angaben**
Name des Modells	Indikatorenmodell.	
Urheber (Urhebertyp, ggf. Kooperation mit Wissenschaft)	Sattler, Henrik. (Professor für Marketing an der Universität Hamburg)	
Ursprungsjahr	1994. Sattler hat danach mehrfach variierte Vorstellungen publiziert.	(Sattler 1997, 1999 etc.)
Definitorisches Kriterium		
Definition Marke bzw. Markenwert	„Unter dem Markenwert (Brand Equity) eines Produktes soll (...) derjenige Wert verstanden werden, der mit dem Namen oder Symbol einer Marke verbunden ist." - Markenwert ist inkremental.	Sattler 1994, 664.
Finanzielle Bewertung	Ja.	
Ggf. Definition Markenstärke	Langfristiger Markennutzen (Prognose) als Vorstufe des monetären langfristigen Markenwerts.	
Klassifizierung in einschlägiger Literatur	- Betriebswirtschlich-verhaltenswissenschaftliches Kombinationsmodell. - Finanzorientiert, dekompositionell, conjointanalytisch. - Indikatorenmodell für langfristige Markenbewertung.	BBDO 2001, Bekmeier-Feuerhahn 1998, 86.
Markenbewertung		
Wie viel Stufen/Schritte	Grundsätzlich zweistufig: - Ermittlung langfristiger Markennutzen. - Transformation in langfristigen monetären MW.	Kriegbaum 2001, 144.
Welche Stufen/Schritte	Fünf Einzelschritte: 1. Identifizierung potenzieller MW-Indikatoren durch explorative Expertenbefragung (zwischenzeitlich geschehen). 2. Bewertung von Marken durch Experten anhand folgender Indikatoren im Rahmen eines Experiments. 3. Mittels Conjoint-Analyse und per Regression Bestimmung der Gewichtungsparameter für langfristigen MW. 4. Aus diesen Koeffizienten Bestimmung des langfristigen Markennutzens. 5. Transformierung in langfristigen monetären MW.	BBDO 2001, 66.

Was und Wie wird gemessen	Bewertung von Marken durch Experten anhand folgender Indikatoren: - *Historische Entwicklung* (Marktstellung der letzten 5 Jahre mittels durchschnittlicher jährlicher Veränderung des wertmäßigen Marktanteils, der gewichteten Distributionsquote und der Handelsakzeptanz der letzten 5 Jahre). - *Gegenwärtige Marktstellung* (wertmäßiger Marktanteil, gewichtete Distributionsquote). - *Gegenwärtige Konsumentenbeurteilung* (gestützter Bekanntheitsgrad, Imagevorteil gegenüber Konkurrenz laut Markenbefragung, Wiederkaufrate).	Kriegbaum 2001, 119, 134.
Zukunftsorientiertheit	Ja, aber einige Indikatoren vergangenheitsbezogen.	Kriegbaum 2001, 145.
Periodenzahl	Mehrperiodigkeit. Annahme eines konstanten Periodeneinzahlungsüberschusses.	Kriegbaum 2001, 135.
Sicherheitsgrad	Hoch.	
Wie erfolgt Überführung	Linearer Zusammenhang zwischen Markennutzen und MW über umfassende, fundierte Transformationsformel: - Bestimmung *eines ersten Datenpunktes:* langfristiger monetärer MW als ewige Rente des als konstant angenommenen Periodeneinzahlungsüberschusses einer Marke (deren Ermittlung wiederum über Formel). - Bestimmung eines *zweiten Datenpunktes*: In-Beziehung-Setzen des langfristigen MW von Marke 1 zu einer Marke 2 mit angenommen künftig wachsendem Periodeneinzahlungsüberschuss. - Durch die zwei langfristigen MW lassen sich Konstante a und Transformationsparameter b zur Bestimmung des Zusammenhangs zwischen langfristigem Markennutzen und MW ermitteln, daraus ergibt sich eine mathematische Gleichung.	Kriegbaum 2001, 135f.

Erklärungsgrad		
Gültigkeit/Validität	- Erfolgspotenziale werden nur bedingt vollständig erfasst. - Interdependenzen zwischen Indikatoren.	Kriegbaum 2001, 145, 134.
Kausalitätsgrad	Ursache-Wirkung-Beziehungen linear.	Kriegbaum 2001, 145.
Empirische Fundierung	- Indikatoren durch explorative Befragung von Markenexperten entwickelt. - Teile des Instrumentariums für langfristige Prognose nur im kurzfristigen Bereich erprobt.	Kriegbaum 2001, 134, 137.
Datenverfügbarkeit	Aufwendig.	
Objektivität	Ja.	Kriegbaum 2001, 145.
Handhabbarkeit		
Einfachheit/Anwendungsaufwand	Hoher Aufwand.	Kriegbaum 2001, 138.
Einsetzbarkeit in der strategischen Markenführung	Zur Steuerung nicht geeignet.	Kriegbaum 2001, 145.
Berücksichtigung Marketinginstrumente	Indirekt über Indikatoren.	
Trennung von Produktleistung und Markenleistung	Ja.	Kriegbaum 2001, 145.
Reichweite		
Eignung für Markenformen	Übertragbarkeit des Indikatorenmodells auf andere Märkte wird behauptet, aber von anderen Autoren als problematisch angesehen.	Kriegbaum 2001, 144, BBDO 2001, 67.
Bewertungsanlass/-zweck	Für langfristige Prognose entwickelt.	Kriegbaum 2001, 134.
Einordnung Branche	Keine Angabe.	
Bisheriger Anwendungsgrad	Z.B. Biermarken.	
Zusammenfassende Einschätzung		
Hauptsächlich verwendete Literatur	Kriegbaum 2001, BBDO 2001.	
Vorteile	- Prognosemodell. - Teilweise ausgefeilte Methodik.	
Nachteile	- Vernachlässigung der unternehmensspezifischen Situation. - Wirtschaftlich nicht anwendbar, trotz großen Aufwandes nur grobe Ergebnisse erzielbar. - Unterstellung eines langfristig nahezu konstanten Marktvolumens und einer ähnlichen Produktqualität zwischen den Marken.	Kriegbaum 2001, 144f., BBDO 2001.

4.3.3.12 Semion Brand €valuation (Semion)

Kriterien	**Stichpunkte**	**Lit.- Angaben**
Name des Modells	Semion Brand €valuation.	
Urheber (Urhebertyp, ggf. Kooperation mit Wissenschaft)	Semion Brand-Broker GmbH. (Markenhandels- und Markenberatungsunternehmen)	
Ursprungsjahr	1995.	Semion 2001, 6.
Definitorisches Kriterium		
Definition Marke bzw. Markenwert	-	
Finanzielle Bewertung	Ja.	
Ggf. Definition Markenstärke	Faktoren, die *Markenstärke* bedingen, sind: 1. Marktanteil. 2. Markteinfluss. 3. Marketingaktivitäten. 4. Distributionsgrad (Marktdurchdringung). 5. Geschlossenheit des Markenauftritts. 6. Markenpotential (Kompetenzfelder, -potentiale).	Semion 2001, 12.
Klassifizierung in einschlägiger Literatur	Betriebswirtschaftlich-verhaltenswissenschaftliches Kombinationsmodell.	BBDO 2001, 31.
Markenbewertung		
Wie viel Stufen/Schritte	Zweistufig.	
Welche Stufen/Schritte	In einem ersten Schritt wird für jeden der folgenden 4 Markenwert-Determinanten ein Faktorwert ermittelt: - *Finanzwert* des Unternehmens (Vorsteuergewinn, Gewinnentwicklung). - *Markenstärke* (Warenverzeichnis, Markenumfeld, Internationaler Schutz). - *Markenstärke* (Marktanteil, Markteinfluss, Marketingaktivitäten, Distributionsgrad, Bekanntheitsgrad, Auftritt und Potenzial). - *Markenbild* (Verbraucherassoziationen, Imageposition im Markt, zum Verbraucher und zum Produkt). Dann werden die 4 Faktorwerte zu einem Gesamtfaktorwert zusammengefasst. Dieser wird in einem zweiten Schritt mit dem durchschnittlichen Vorsteuergewinn der vergangenen 3 Jahre multipliziert.	http://213.198.47.122/d/wert01b.htm (12.3.2002), BBDO 2001 65.
Was und Wie wird gemessen	Es wird eine *Semion-Sigma-Berechnung* zur Erfassung des Markenbilds durchge-	http://213.198.47.122/d/wert01

	führt: Berechnung von Image-Positionen im Markt und in Relation zum Unternehmen, zur Zielgruppe, zu den Produkten und zum Wettbewerb unter rationalen, emotionalen und sozialen Gesichtspunkten.	b.htm (12.3.2002)
Zukunftsorientiertheit	Das Modell vernachlässigt zukunftsorientierte Größen.	BBDO 2001, 65.
Periodenzahl	3	
Sicherheitsgrad	Hoch.	
Wie erfolgt Überführung	Durch Multiplikation des Gesamtfaktorwerts mit dem durchschnittlichen Vorsteuergewinn der vergangenen 3 Jahre.	BBDO 2001, 65.
Erklärungsgrad		
Gültigkeit/Validität	Gegeben.	
Kausalitätsgrad	Im mittleren Bereich.	
Empirische Fundierung	Gut.	
Datenverfügbarkeit	Gegeben. Benötigte Daten sind: - Finanzwerte/Länderspezifische Kennzahlen (Entwicklung Umsatz/ Gewinn), - Markenstärke/Länderspezifische Kennzahlen (Marktanteil, Marketingaktivitäten, Distributionsgrad, Bekanntheitsgrad), - Markenimage/Länderspezifische Kernaussagen (verbal und visuell).	Semion 2001, 11.
Objektivität	Hoch.	
Handhabbarkeit		
Einfachheit/ Anwendungsaufwand	Realisierbar.	
Einsetzbarkeit in der strategischen Markenführung	Ja.	
Berücksichtigung Marketinginstrumente	Ja.	
Trennung von Produktleistung und Markenleistung	Keine Aussage möglich.	

Reichweite		
Eignung für Markenformen	Alle.	
Bewertungsanlass/-zweck	- Bewertung von Marketing-Leistungen. - Festlegung von Lizenzgebühren. - Ermittlung von Markenwertschädigung bei Produktpiraterie. - Kauf und Verkauf von Marken. - Bewertung des Zukunftspotenzial - Unternehmensbewertung.	Semion 2001, 3.
Einordnung Branche	Alle (Semion veröffentlicht jährlich ein Top 50-Ranking der wertvollsten deutschen Marken).	
Bisheriger Anwendungsgrad	Ca. 600 Bewertungen bis 2001.	
Zusammenfassende Einschätzung		
Hauptsächlich verwendete Literatur	Semion 2001, BBDO 2001, http://213.198.47.122/d/wert01b.htm (12.3.2002).	
Vorteile	- Neutrale Quellen. - Keine Abhängigkeit vom jeweiligen Steuersystem durch Berücksichtigung von Vorsteuergewinnen.	Semion 2001, 5.
Nachteile	- Subjektive Determinanten-Auswahl und -Gewichtung (zur Ermittlung der Faktorwerte). - Mögliche Korrelation der einzelnen Kriterien. - Vernachlässigung zukunftsorientierter Größen, daher auch Vernachlässigung des Zukunftspotenzials der betrachteten Marke. - Äußerst aufwendige Generierung der Datengrundlage für die Semion-Sigma-Berechnung.	BBDO 2001, 65.

4.3.3.13 Brand-Equity-Modellrahmen (Srivastava/Shocker)

Kriterien	Stichpunkte	Lit.- Angaben
Name des Modells	Brand Equity-Modellrahmen.	
Urheber (Urhebertyp, ggf. Kooperation mit Wissenschaft)	Srivastava, R. K. Shocker, A. D. (Bereich Wissenschaft und Forschung)	
Ursprungsjahr	1991.	
Definitorisches Kriterium		
Definition Marke bzw. Markenwert	„Brand-strength can be defined as the set of associations and behaviour on the part of a brand's customers, channel members, and parent corporation that permits the brand to earn greater volume or greater margins than it could without the brand name and that gives the brand a strong, sustainable, and differentiated competitive advantage." a) Markenstärke: nicht-monetär, absolut. MW b) Diverse: monetär, absolut. MW	Srivastava/ Shocker 1991, Bekmeier-Feuerhahn 1998, 36, Irmscher 1997, 95.
Finanzielle Bewertung	Ja.	
Ggf. Definition Markenstärke	MW im Sinne von a) = MS Srivastava/Shocker haben erstmals von Markenstärke im heutigen Sinne gesprochen.	Bekmeier-Feuerhahn 1998, 39ff.
Klassifizierung in einschlägiger Literatur	Detailanalytisches, deskriptives Totalmodell.	Irmscher 1997, 95.
Markenbewertung		
Wie viel Stufen/Schritte	(Indirekt) zweistufig.	Irmscher 1997, 95.
Welche Stufen/Schritte	- Ermittlung Markenstärke (a). - ggf. monetäre Schlüsse aus MS (b).	
Was und Wie wird gemessen	Kognitiv orientierte Betrachtung der Markenstärke.	Bekmeier-Feuerhahn 1998, 39ff.
Zukunftsorientiertheit	- Gegenwartsbezogen. - Zukunftsbezogen.	Irmscher 1997, 95.
Periodenzahl	Zeitbezug: dynamisch.	Irmscher 1997, 95.
Sicherheitsgrad	Stochastisch.	Irmscher 1997, 95.
Wie erfolgt Überführung	Nur indirekte finanzielle Transformation (vom Bewerter abhängig).	Irmscher 1997, 124.

Erklärungsgrad		
Gültigkeit/Validität	Subjektiv.	Irmscher 1997, 95.
Kausalitätsgrad	- Deskriptiv, hoher Erklärungsgrad. - Theoretische Fundierung: Industrieökonomik, Strategische Unternehmensplanung.	Irmscher 1997, 95, 286.
Empirische Fundierung	Eher theoretischer Modellrahmen.	
Datenverfügbarkeit	Relativ gering.	Irmscher 1997, 109.
Objektivität	Eher nicht.	Irmscher 1997, 95.
Handhabbarkeit		
Einfachheit/Anwendungsaufwand	Mittlerer bis hoher Anwendungsaufwand.	Irmscher 1997, 109, 286.
Einsetzbarkeit in der strategischen Markenführung	Hohe Managementkompatibilität, gut geeignet.	Irmscher 1997, 109 und 132.
Berücksichtigung Marketinginstrumente	Nein.	
Trennung von Produktleistung und Markenleistung	Ja.	
Reichweite		
Eignung für Markenformen	Übertragbar.	Irmscher 1997, 286.
Bewertungsanlass/-zweck	Gut geeignet für Kauf und Verkauf, Strategische Markenplanung, Budgetierung, Markenauswahl, Listung, Extension, Anreiz.	Irmscher 1997, 132, 286.
Einordnung Branche	Auf verschiedene Branchen und Markentypen übertragbar.	Irmscher 1997, 125.
Bisheriger Anwendungsgrad	Nicht bekannt.	
Zusammenfassende Einschätzung		
Hauptsächlich verwendete Literatur	Irmscher 1997.	
Vorteile	- „Vollständiges" und flexibles Konzept. - Hohe Modelltransparenz. - Unternehmensinternes Markencontrollingsystem.	Irmscher 1997, 286.
Nachteile	- Keine direkte monetäre Transformation. - Eher theoretischer Modellrahmen denn praktisch anwendbares Konzept.	Irmscher 1997, 286.

4.3.4 Glossar zu den Tabellen

Erläuterung von nicht allgemeinverständlichen Fachbegriffen, die bei Analyse und Vergleich der Modelle verwendet wurden.

Kriterien	**Stichpunkte**	**Lit.- Angaben**
Name des Modells		
Urheber (Urhebertyp, ggf. Kooperation mit Wissenschaft)	Theorie der dualen Kodierung = Auffassung, dass und warum Bilder besser behalten werden (u. a.: abstrakte Worte werden nur verbal codiert, konkrete Worte rufen sogleich innere Bilder hervor und werden damit doppelt codiert; Bildercodes sind resistenter als Sprachcodes).	
Ursprungsjahr		
Definitorisches Kriterium		
Definition Marke bzw. Markenwert	Inkremental = Betrag, um den eine Größe zunimmt; zusätzlich.	
Finanzielle Bewertung		
Ggf. Definition Markenstärke		
Klassifizierung in einschlägiger Literatur	- *Detailanalytisch* = Wertermittlung anhand verschiedener Indikatoren, Versuch Ursachen für bestimmte Ausprägungen des MW zu untersuchen. - *Globalanalytisch* = ganzheitliche Ermittlung des MW (Marke als „Black-Box").	Irmscher 1997, 86.
Markenbewertung		
Wie viel Stufen/Schritte		
Welche Stufen/Schritte		
Was und Wie wird gemessen		
Zukunftsorientiertheit		
Periodenzahl		
Sicherheitsgrad	- *Deterministisch* = Eintreten der in die Zukunft projizierten Bewertungsergebnisse wird als sicher angenommen. - *Stochastisch* = Berücksichtigung von Unsicherheiten in Form von Eintrittswahrscheinlichkeiten, Risikozu- bzw. -abschlägen etc.	Irmscher 1997, 88.
Wie erfolgt Überführung		
Erklärungsgrad		
Gültigkeit/Validität		
Kausalitätsgrad	- *Deskriptiv* = modellhafte Beschrei-	Irmscher 1997,

	bung des MW und seiner Determinanten, bloßes Erfassen der Ursache-Wirkung-Beziehungen. - *Präskriptiv* = konkrete Bestimmung der Ursache-Wirkung-Beziehungen.	87 und 98.
Empirische Fundierung	- *Halo-Effekt* = wenn vom Gesamteindruck eines Angebotes deduktiv auf dessen Einzelqualitäten geschlossen wird. - *Irradiation* = Ausstrahlungseffekt, wenn von einer Einzelqualität auf eine andere Einzelqualität geschlossen wird.	Pepels 1994, 38.
Datenverfügbarkeit		
Objektivität	- *Objektiv* = primär auf Basis „harter" empirischer, statistischer Daten. - *Subjektiv* = primär z. B. Spezifizierung von Modellparametern durch subjektive Einschätzungen der Bewerter, Expertenschätzungen etc.	Irmscher 1997, 88 und 99, Kriegbaum 2001, 88.
Handhabbarkeit		
Einfachheit/Anwendungsaufwand		
Einsetzbarkeit in der strategischen Markenführung		
Berücksichtigung Marketinginstrumente		
Trennung von Produktleistung und Markenleistung		
Reichweite		
Eignung für Markenformen		
Bewertungsanlass/-zweck		
Einordnung Branche		
Bisheriger Anwendungsgrad		
Zusammenfassende Einschätzung		
Hauptsächlich verwendete Literatur		
Vorteile/Nachteile	u.a.: „Im Sinne des Brand Equity-Ansatzes" = Dieser Ansatz meint die ursprünglich innovative Überlegung, Markenbewertung aus einer finanz- *und* marketingtheoretischen und damit einer vermögens-, *nicht nur* kostenorientierten Perspektive zu betrachten. Brand Equity dient in diesem Zusammenhang also nicht als bloße Übersetzung von MW.	Irmscher 1997, 99.

4.4 Vergleich betriebswirtschaftlich-verhaltenswissenschaftlicher Kombinationsmodelle

Nachdem nun alle vorliegenden Ansätze und Modelle zur Markenwertbestimmung und -ermittlung vergleichend und bewertend dargestellt wurden, kann nun die bereits angesprochene Komparation der betriebwirtschaftlich-verhaltenswissenschaftlichen Kombinationsmodelle nach den Prinzipien *Ursprung der Bewertungsverfahren* und *Innere Modellstruktur* durchgeführt werden. Als Analyserahmen dient dabei folgende Übersicht:

Abbildung 16 **Weitere Gliederungsprinzipien**

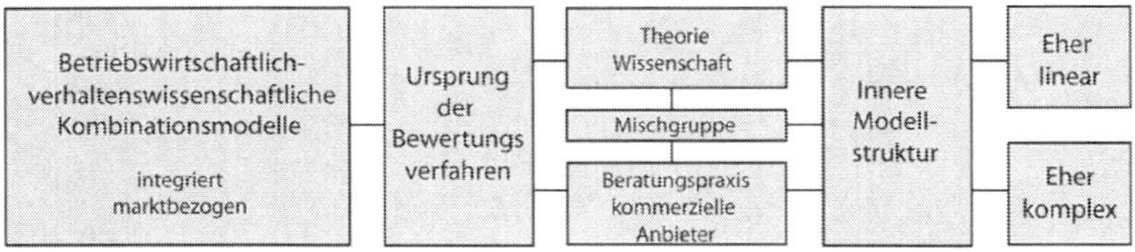

Quelle: eigene Darstellung

4.4.1 Komparation nach Ursprung des Bewertungsverfahrens

Ursprung der Bewertungsverfahren		
Theorie Wissenschaft	**Mischgruppe Praxis/Wissenschaft**	**Beratungsgspraxis Kommerzielle Anbieter**
Bekmeier-Feuerhahn (Marktorientierte Markenbewertung)	**BBDO BEES** (Brand Equity Evaluation System)	**Brand Finance** (Brand Valuation)
Kapferer (Markenwertmodell)	**GfK/PwC/UniHH-Modell** (GfK/Pricewaterhouse-Coopers/Universität HH)	**Brand Rating** (B.R. Brand Rating)
Sattler (Indikatorenmodell)	**Brand Performancer** (ACNielsen/Konzept und Markt/TU Berlin)	**Interbrand** (Interbrand Brand Valuation)
Srivastava/Shocker (Brand Equity-Modellrahmen)		**Markenbilanz** (ACNielsen/ Schulz/Brandmeyer)
		Markenkraftmodell (TESI-Preismodell) GfK
		Semion (Brand €valuation)

4.4.2 Komparation nach innerer Modellstruktur

Im Folgenden werden die betriebswirtschaftlich-verhaltenswissenschaftlichen *Kombinationsmodelle* nach ihrer inneren Modellstruktur und nach dem Ablauf des Wertermittlungsprozesses vergleichend dargestellt. Der Ablauf des Wertermittlungsprozesses kann als Prozess der Reduzierung der Komplexität der Markenwirklichkeit verstanden werden. Die Analyse der inneren Modellstruktur gibt dann darüber Aufschluss, in welcher „Breite" und mit welchem Vereinfachungsgrad die reale Komplexität des Konstrukts Marke im Markenwert berücksichtigt wird.

Generell sind u. E. eher Modelle zu bevorzugen, die Inputgrößen breiter erfassen und vor allem im Ablauf integrativ vorgehen. Letztere wurden in der folgenden Tabelle unter dem Punkt *Gesamtbewertung* grau unterlegt. Diese bilden die Gruppe der komplexen Modelle. Anzumerken ist, dass diese komplexen Modelle im Vergleich zu den einfacher strukturierten, linearen Modellen stärker der Gefahr unterliegen, durch Interdependenzen zwischen den verschiedenen Indikatoren und Modulen einzelne Determinanten mehrfach zu berücksichtigen.

Eine eindeutige Abwägung von Vor- und Nachteilen der unterschiedlichen Ansätze ist aufgrund der mangelnden Detailtransparenz insbesondere vieler kommerzieller Modelle nicht abschließend möglich.

Kombinationsmodelle	**Input-Größen**	**1. Stufe**	**Zwischengrößen**	**2. Stufe**	**Output-Größen**	**Gesamtcharakterisierung des Bewertungsprozesses**
BBDO BEES (Brand Equity Evaluation System) BBDO	Relativ wenig (7 Indikatoren).	Ein Teil der Indikatoren wird in einem Zwischenschritt zur „Markenqualität" aggregiert.	Markenstärke.	Transformation unter Einbeziehung eines 8. monetären Indikator.	Monetärer Wert.	Grundsätzlich zweistufig, 1. Stufe aber mit Zwischenschritt für einige Indikatoren, damit teilw. integrativ.

Kombinations-modelle	Input-Größen	1. Stufe	Zwischen-größen	2. Stufe	Output-Größen	Gesamtcharakterisierung des Bewertungsprozesses
Bekmeier-Feuerhahn (Marktorientierte Markenbewertung)	Relativ wenig (Messung gespeicherter visuell. und verbaler Markenassoziationen + Kosten bzw. Einnahmen).	Parallele Ermittlung von Markenstärke und Markengewinn.	Markenstärke und Markengewinn.	Monetarisierung von Markenstärke und Markengewinn über Ermittlung Marktpreis; Zusammenführung Marktpreise.	Objektivierter, marktorientierter Markenwert.	Zweistufig, Parallel, dadurch im Ergebnis sehr integrativ.
Brand Finance (Brand Valuation)	Zuerst werden Finanz- und Marktdaten erhoben.	Dann werden den Nachfragetreiber erhoben.	(Keine aggregierte Zwischengröße).	Weitere Transformation unter Einschluss von 10 Indikatoren (Scoring).	Monetärer Markenwert.	Dreistufig, linear (im Vergleich zu anderen Modellen teilw. umgekehrtes Vorgehen), dennoch recht integrativ.
Brand Performancer (ACNielsen/ Konzept und Markt)	Relativ wenig (9 Kriterien).	3 Module, Aggregation der Indikatoren, Scoring.	Markenkraft (MS).	Transformation über 3 Unterschritte.	Monetärer, relativer MW.	Zweistufig, modular, in der ersten Stufe sehr integrativ.
Brand Rating (B.R. Brand Rating)	Relativ breit (mehrere Indikatoren der MS unter Berücksichtigung von „Korrekturfaktoren" und weit. Daten).	(Formel).	„Eisbergindex" = qualitative MS als ein Faktor der Formel.	(Formel).	Monetärer MW.	Grundsätzlich einstufig linear (eine globale Formel), dennoch recht integrativ.

Kombinationsmodelle	**Input-Größen**	**1. Stufe**	**Zwischengrößen**	**2. Stufe**	**Output-Größen**	**Gesamtcharakterisierung des Bewertungsprozesses**
GfK/PwC/ Uni HH-Modell (GfK/Price waterhouse-Coopers/ Universität HH)	Breit, Messung „Brand Potential Index“ (mit vielen Indikatoren) und erlösorientierter Daten aus Verbraucherpanel.	5 Module (vernetzte, komplexe Betrachtung).	MS (Share of Soul, Markenattraktivität) und Markenerfolg.	5 Module (vernetzte, komplexe Betrachtung).	Monetärer MW.	Grundsätzlich zweistufig, (Module können aber nicht eindeutig zugeordnet werden), damit sehr integrativ, in der 1. Stufe teilw. parallel.
Kapferer (Markenwertmodell)	Je nach Variante unterschiedliche Indikatoren.	Je nach Variante.	Markenstärke nur bei bestimmter Variante.	Transformation je nach Variante.	Monetärer MW in zwei Möglichkeiten.	Zweistufig (mehrere Varianten), damit parallel.
Markenbilanz (ACNielsen/ Schulz/ Brandmeyer)	Viele (6 Indikatoren mit insgesamt 19 Kriterien).	Aggregation der Indikatoren, Scoring.	Markenkraft (MS).	Transformation über mehrere Unterschritte.	Monetärer, absoluter MW.	Zweistufig, linear.
Markenkraftmodell (TESI-Preismodell) GfK	Wenig, Simulation eines Testmarktes (Ermitteln von Wertdifferenzen).				„Markenkraft“ (= MS), Relativer, nicht-monetärer Wert (der aber faktisch Preisdifferenzen abbildet).	Einstufig.

Kombinationsmodelle	**Input-Größen**	**1. Stufe**	**Zwischengrößen**	**2. Stufe**	**Output-Größen**	**Gesamtcharakterisierung des Bewertungsprozesses**
Sattler (Indikatorenmodell)	Relativ wenig (3 Kriterien, aber mit Unterkriterien).	Über 4 Einzelschritte (Scoring/ Conjoint).	Langfristiger „Markennutzen" (= MS).	Lineare Transformation über umfassende Formel.	Langfristiger monetärer MW.	Zweistufig, linear.
Semion (Brand €valuation)	Relativ wenig (4 Determinanten, aber mit Unterindikatoren).		Gesamtfaktorwert aus Faktorwerten der einzelnen Kriterien (keine „echte", inhaltlich definierte Zwischengröße).	Transformation.	Monetärer MW.	Formal Zweistufig, linear.
Srivastava /Shocker (Brand Equity-Modellrahmen)	Wenig (kognitive Betrachtung der MS).		MS.	Keine direkte Monetarisierung, nur konzeptionell angelegt.	Ggf. monetäre Schlüsse aus MS.	(Indirekt) Zweistufig, linear.

5. Faktoren des Markenwertes zur Wertbestimmung

Von einer klaren Identifizierung und Kategorisierung der Faktoren der Markenwertermittlung – dem Input – hängt die Markenwertermittlung – der Output – und damit die Gültigkeit des schließlich ermittelten Markenwertes zentral ab. So wird im folgenden Kapitel beantwortet, welche Faktoren für die Markenwertermittlung herangezogen werden und den Input der Modelle bilden. In diesem Kontext finden sich weitere Begrifflichkeiten, wie Determinanten, Kriterien oder Indikatoren des Markenwertes. Rückblickend lässt sich feststellen, dass Determinanten oftmals Hauptfaktoren und Indikatoren eher Unterfaktoren des Markenwertes bezeichnen.
Zunächst wird geklärt, wie methodisch vorgegangen wurde. Dann folgt eine Übersicht aus der Literatur gewonnener Faktoren, um dann Faktoren für die drei Modellgruppen aufzuzählen und gleichzeitig nebeneinander zu stellen und zu vergleichen.

5.1 Methodische Vorgehensweise

Sowohl aus der Durchsicht der Fachliteratur als auch aus der Analyse einiger ausgewählter, komplexer Modelle, synthetisierte sich eine „Indikatoren-Idealliste". Dieser Katalog von Indikatoren mündete in sieben Obergruppen: *Produktpolitik*, *Preispolitik*, *Distributionspolitik*, *Marketing-Kommunikationspolitik*, *Branche*, *Umfeldperspektive/Kommunikation zwischen Unternehmen und Gesellschaft* sowie *Zukunftsorientierung*.
Bei der Aufstellung der Obergruppen wurde also von den zentralen Feldern ausgegangen, in denen „Marke" wirkt. Die Gruppen *Teilbereiche des Marketings*[22] und *Branche* richten sich eher an betriebswirtschaftliche Herangehensweisen, die Gruppe *Marketing-Kommunikationspolitik* widmet sich vor allem der Produktkommunikation (Werbung u. ä.) und ihren (psychologischen) Wirkungen beim Konsumenten. Der Bereich *Umfeldperspektive* trägt der Unternehmenskommunikation (PR u. ä.), ihren gesellschaftlichen Wirkungen, der Rolle von Öffentlichkeit und journalistischen Massenmedien Rechnung. Der Punkt *Zukunftsorientierung* bezieht sich generell auf den zeitlichen Horizont der Markenwertermittlung.

Der schließlich entstandene Katalog von Indikatoren wurde dann als Analyse-Instrument für die einzelnen Modelle genutzt. Faktoren, die in den Modellbeschreibungen nicht angegeben waren, konnten nicht berücksichtigt werden. Nicht immer ließen sich einzelne Indikatoren trennscharf und eindeutig zuordnen, da einige Modellanbieter in der Regel diese nicht transparent definie-

[22] Produkt-, Preis- und Distributionspolitik.

ren und/oder teilweise unterschiedlich benennen.[23] Daraus resultierende Zuordnungsprobleme oder Unschärfen müssen aufgrund der Anlage der Untersuchung und der Abhängigkeit vom Datenmaterial in Kauf genommen werden. Um solche Probleme und die zwangsläufige Gefahr der Entstehung von Verzerrungen durch mehr oder weniger ausführliche Modellbeschreibungen zu minimieren, wurden auf Grundlage subjektiver Einschätzungen, Vergleiche und Erfahrungen ähnliche Indikatoren zusammengefasst.

5.2 Indikatoren für Markenwert und Markenstärke in der Literatur

Riedel unternahm bereits 1996 eine Literatursichtung und Expertenbefragung zu potenziellen Einflussvariablen des Markenwertes. Daraus ergab sich folgende Kategorisierung (vgl. Riedel 1996, 113):

- *Faktoren aus dem Marketing-Mix:*
  Produktqualität, Preisverhalten, Share of Voice, USP, Kommunikationsänderungen, Bedeutung der Produktverpackung, Aktualität der Produktart, Unverzichtbarkeit des Produktes, Werbeaufwendungen, Aufwand für Verkaufsförderung, Präsenz auf wichtigen Messen, Kommunikationsaufwendungen

- *Kundenbezogene Faktoren:*
  Markentreue, Vertrauenskapital der Marke, Share of Mind, Werbeerinnerung, Markenidentifikation, Markenpräferenz, wahrgenommene Produktqualität, Image der Marke beim Kunden

- *Handelsbezogene Faktoren*:
  gewichtete Distribution, Handelsattraktivität, Image der Marke beim Handel

- *Marktposition:*
  wertmäßiger Marktanteil, relativer Marktanteil, Marktanteilsentwicklung, Gewinn-Marktanteil, Anzahl der Kunden, Umsatz, Gewinn

- *Markt:*
  Gesamtumsatz des Marktes, Entwicklung des Marktes, Wertschöpfung des Marktes, brisanter Markt

[23] Beispielsweise umfasst der Begriff „Markenguthaben" von Brand Rating Markensympathie, Markenloyalität und Markenvertrauen. „Markenguthaben" wurde aufgrund der originären Bezeichnung zunächst gesondert registriert und nicht ähnlichen Indikatoren zugeordnet. „Markeniconographie" wurde ebenfalls aufgrund der originären Begrifflichkeit gesondert aufgeführt. Iconographie meint die Beschreibung von Bildlichkeit bzw. Bildersprache der Marke.

- *Geltungsbereich:*
  Internationalität, Markenschutz, Position in Auslandsmärkten, wie wurde die Position erreicht

- *Einzelvariablen:*
  Alter der Marke, erfolgte Rufschädigung, Bedeutung der Marke gegenüber anderen Marken der Firma, Wettbewerbssituation

Diese Faktoren scheinen alle mit mehr oder weniger Modifizierung auch auf *Unternehmensmarken* anwendbar zu sein. Allerdings gilt es zu beachten, dass (Produkt-) Markenwert und Firmenwert zwei unterschiedliche Ebenen darstellen. Zum immateriellen, originären Firmenwert gehören beispielsweise auch solche Werte wie Beschaffungs- und Produktionsknowhow, Mitarbeiterqualifikation, Organisationsstruktur, Standortqualitäten sowie Qualität der Beziehungsnetze und ähnliches (vgl. Maretzki 2001). Die Wertdiskussion immaterieller Leistungen erfolgt allerdings überwiegend unabhängig von Markenbewertungsansätzen und stellt eigenständige Forschungsfelder dar. Kommunikative Aspekte immaterieller Seiten eines Unternehmens (z.B. Image des Unternehmens o. ä.) werden in Kap. 5.3 in der „Umfeldperspektive" berücksichtigt.

Mit dem Aufschwung der verhaltenswissenschaftlichen Markenbewertungsmodelle in den letzten Jahrzehnten wurden die „harten" betriebswirtschaftlichen Kennziffern der finanzorientierten Ansätze zunehmend durch *psychologische, konsumentenorientierte Indikatoren* ergänzt. Im folgenden Abschnitt wird der Schwerpunkt der Betrachtung auf diese und andere nicht-monetäre Indikatoren gelegt. Ansätze und Modelle, welche nicht-monetäre Indikatoren genügend berücksichtigen, erscheinen am tragfähigsten.

Die zunehmende Relevanz solcher Indikatoren bei der Modellentwicklung hat dazu geführt, dass sich ein aggregierter Hauptfaktor, die (psychologische) *Markenstärke* (MS), herausgebildet hat. Markenstärke ist damit ein Konstrukt in der Psyche der Konsumenten (vgl. Riedel 1996, 61, Kriegbaum 2001, 74f., Bekmeier-Feuerhahn 1998, 32 u. a.). Der Hauptfaktor Markenstärke[24] fungiert in der Regel in allen zweistufigen, betriebswirtschaftlich-verhaltenswissenschaftlichen Kombinationsmodellen als nicht-monetäre Ergebnisgröße der ersten Stufe und damit als zentrale Zwischengröße. Im Großteil aller Modelle wird diese psychisch motivierte Größe in einer zweiten Stufe in den eigentlichen monetären Markenwert überführt (vgl. Tabelle zur inneren Modellstruktur, Kap. 4.3.2). Dies erscheint nachvollziehbar: Die Markenstärke führt für den Markeninhaber zu ökonomischen Wirkungen (Beeinflussung von Ab-

[24] Begrifflich teilweise auch anders gefasst (Markenkraft etc.).

satz, Preis etc.). Auch in den einstufigen, rein verhaltenswissenschaftlichen Modellen stellt die Ergebnisgröße faktisch die Markenstärke dar – obwohl sie oftmals als Markenwert bezeichnet wird.

Die Markenstärke ist in der Regel durch strategische Marketing- und Kommunikationsmaßnahmen beeinflussbar und kann gesteuert werden. Die Beeinflussung einzelner Indikatoren kann hingegen durch operative Maßnahmen gelingen.

Die den jeweiligen Modellen zugrunde liegenden Definitionen von (psychologischer) Markenstärke sind zum Teil sehr unterschiedlich[25]. Darüberhinaus wird die Markenstärke in den verschiedenen Ansätzen durch unterschiedliche Indikatoren aggregiert. In der Literatur lassen sich beispielsweise folgende zentrale „Wege" der Bildung von Markenstärke finden:

Unterscheidungsprinzip	Unterscheidung nach ...
Motive (Heider 2001, 90ff.)	- *Funktionaler Motivation* aus Kundensicht (finanzielle Werte, qualitativ-technisches Risiko, ökologischer Wert). - *Emotionaler Motivation* (Kommunikationswert, Identifikationswert, Erlebniswert). - *Interaktion der Faktoren* beim Kaufprozess (kognitive und affektive Faktoren, Haupt- und Zusatznutzen).
Triebkräfte aus informationsökonomischer Sicht (Maretzki 2001, 54, in Anlehnung an Kaas)	- *Wissen* (Ge-/Verbrauchserfahrungen, Diffusion, Kommunikation). - *Vertrauen* (Stabilität und Kontinuität, Selbstbindungen des Anbieters). - *Sicherheit* (Kontrollen und Gütesiegel).
Prozessstufen und -teilvorgänge der Bildung von Markenstärke (Bekmeier-Feuerhahn 1998, 153 und 188)	- Prozesse der *Wahrnehmung* und Prozesse der *Speicherung/Verarbeitung* bzw. in - *verbale* Markenspeicherung und *bildliche* Markenspeicherung.
Konzentration auf und Zerlegung der kognitiven Dimension von Markenstärke, dem *Markenwissen* (Irmscher 1997, 189ff.)	- Markenbekanntheit, Markenreputation, Verfügbarkeit, Markenverbreitung, Markentreue.

Eine Konfrontation der Indikatorenkataloge aus der Fachliteratur mit den berücksichtigten Indikatoren der Markenbewertungsmodelle zeigt, dass keines der Modelle diese umfassend und differenziert umsetzt. Zugleich lassen aber auch die unterschiedlichen Verständnisse und Systematiken in der Fachliteratur vermuten, dass der verständliche Wunsch nach einer umfassenden und „vollständigen" Indikatorenliste Utopie bleiben wird.

---

[25] Vgl. Einträge in den Tabellen bei der Darstellung der Modelle, Kap. 4.2.

5.3 Faktoren in den betriebswirtschaftlich-verhaltenswissenschaftlichen Kombinationsmodellen

Folgende Einzelfaktoren zur Erfassung des Markenwertes konnten in den betriebswirtschaftlich-verhaltenswissenschaftlichen Kombinationsmodellen aufgrund der durchgeführten Analyse und Literaturrecherche identifiziert werden. Die Übersicht erfolgt jeweils aufgetrennt in die sieben oben erwähnten Obergruppen bezüglich *Produktpolitik*, *Preispolitik*, *Distributionspolitik*, *Marketing-Kommunikationspolitik*, *Branche*, *Umfeldperspektive/Kommunikation zwischen Unternehmen und Gesellschaft* sowie *Zukunftsorientierung*.

	Einzelfaktoren
Produktpolitik	Absatzmenge
	Akzeptanz von Markenerweiterungen/Dehnungspotenzial der Marke
	Andere Markenvorzüge
	Entwicklungstrend der Marke, Markenstabilität
	Historie (Historie der Marke, Export-Historie)
	Internationalität der Marke: Vertretung auf ausländischen Märkten
	Markennutzen
	Markenspezifisches Risiko
	Produktqualität
	Rechtliche Faktoren (Schutz der Marke: Namensrechte, Registrierung, Bestehender Markenschutz)
	Umsatzbezogene Faktoren (Umsatzentwicklung, -profitabilität und -volumen der Marke)

	Einzelfaktoren
Preispolitik	Aufpreisbereitschaft, Preiselastizität, Preispremium, Preis-Leistungs-Verhältnis, Marktpreis
	Gewinn
	Markenspezifische Erlöse
	Markenspezifische Kosten
	Wiederkaufrate

	Einzelfaktoren
Distributionspolitik	Abverkaufsrate
	Auslösung von Pull-Effekten, Unterstützung durch Handel
	(Gewichtete) Distributionsquote
	Markenpräsenz
	Probierkauf

	Einzelfaktoren
Marketing-Kommunikationspolitik[26]	Akzeptanz der Marke, Zufriedenheit
	Anziehungskraft/Attraktivität der Marke/Vorziehenswürdigkeit
	Bedürfnisse der Kunden
	Bekanntheit des Namens bzw. der Marke
	Beliebtheit/Markensympathie
	Gesamteindruck
	Involvement
	Kaufrisiko
	Kundenorientierung des Unternehmens
	Markenassoziationen (ggf. nach Intensität, Qualität, Zugriffsfähigkeit, Einzigartigkeit u. ä.)
	Markenguthaben
	Markeniconographie (ggf. nach Attraktivität, Größe, Inhalte, Klarheit, Uniqueness u. ä.)
	Markenidentität, Markenimage, Markenpersönlichkeit
	Markentreue/ -loyalität/ -bindung
	Nicht durch kurzfristiges Marketing verursachter Marktanteil
	Präferenz/ Kaufabsicht/ Relevant Set
	Produktbeurteilung
	Werbebekanntheit
	Werbliche Unterstützung, Kontinuität der Werbeunterstützung, Qualität der Marketing-Unterstützung, Werbeaktivitäten

	Einzelfaktoren
Branche	Marktanteil, Marktposition, Stärke in der eigenen Branche
	Marktdynamik, Trend und Perspektiven des Gesamtmarkts
	Marktsegment, Marktstruktur, Marktübersicht, Wettbewerbsstruktur
	Volumen, Wert des Gesamtmarkts

[26] Auch: Konsumentenperspektive.

	Einzelfaktoren
Umfeldperspektive/ Kommunikation zwischen Unternehmen und Gesellschaft	Attraktivität für Manager und Multiplikatoren
	Emotionale Bindungskraft
	Fähigkeit der Marke zur Anschlusskommunikation
	Financial Performance
	Glaubwürdigkeit/Zuverlässigkeit
	Innovationskraft/Visionsfähigkeit/Wachstumsdynamik
	(Marken)vertrauen
	Managementqualität/Führungsstärke/Unabhängigkeit
	Medienresonanz der Unternehmens(kommunikation)
	Mitarbeiterorientierung/Arbeitsplatzzufriedenheit
	Sozialer Status der Marke/Prestigewert/Geltungsnutzen (direkter und indirekter)
	Soziale Verantwortlichkeit des Untern.
	Sponsoring-Aktivitäten
	Thematisierungspotenzial der Unternehmens(kommunikation)
	Unternehmensimage, Unternehmensreputation
	Umweltorientierung
	Verbundenheit mit Region/Standort

	Einzelfaktoren
Zukunftsorientierung	Entwicklungsperspektive, Entwicklungstrend der Marke, Trend der Marke im Wettbewerb
	Entwicklungspläne der Marke, Planungen bezüglich der Markenzukunft
	Künftige Marketingstrategie
	Mögliche Internationalisierung der Marke in der Zukunft
	Zukunftsaspekte: Mögliche Marktführerschaft

Zusammenfassend lassen sich in betriebswirtschaftlich-verhaltenswissenschaftlichen Kombinationsmodellen einige Einzelindikatoren identifizieren, die in fast allen Modellen vertreten sind. Zur Markenwertermittlung in den kombinierten Modellen werden vor allem folgende Faktoren berücksichtigt:

- Rechtliche Faktoren (Markenschutz etc.)
- Umsatzbezogene und/oder gewinnbezogene und/oder preisbezogene Distributionsquote
- Markenbekanntheit
- Markentreue/-loyalität/ -bindung
- Werbebekanntheit, Werbeunterstützung etc.
- Marktanteil, Marktposition etc.
- Entwicklungsperspektive, Entwicklungstrend etc.

Innerhalb der Oberkategorie *Marketing-Kommunikationspolitik/Konsumentenperspektive* spielen neben den bereits erwähnten auch Indikatoren eine Rolle, die unter verschiedenen Akzenten die „Botschaft" der Marke operationalisieren: Markenassoziationen, Markenidentität, Markenpersönlichkeit, Markenimage, Markeniconographie etc.

Kommunikative Faktoren aus der Kategorie *Marketing-Kommunikationspolitik* werden in folgenden Modellen *vergleichsweise* umfangreich genutzt (vorbehaltlich der teilweise eingeschränkten Vergleichbarkeit und Intransparenz mancher Modelle):

- Bekmeier-Feuerhahn (B-F)
- GfK/PricewaterhouseCoopers (GfK)
- Brand Performancer von ACNielsen (BP)
- Brand Rating (BR)

Die Berücksichtigung und Nutzung kommunikativer Faktoren aus der Umfeldperspektive *Kommunikation zwischen Unternehmen und Gesellschaft* lässt sich aufgrund des geringen Auftretens dieser Faktoren kaum nachweisen. Die eben genannten Modelle besitzen aber in diesem Kontext im Vergleich zu anderen gewisse Vorzüge und nutzen bspw. relativ häufig den Indikator *Markenvertrauen.* Da Vertrauen eine zentrale Zielgröße insbesondere der Organisationskommunikation in der Öffentlichkeit darstellt, wurde dieser Indikator der Umfeldperspektive zugeordnet.

5.4 Faktoren in den verhaltenswissenschaftlichen Modellen

In der durchgeführten Analyse ließ sich feststellen, dass sich die rein verhaltenswissenschaftlichen Modelle auf die Konsumentenperspektive fokussieren. Daher wird im Folgenden auf die Darstellung der nur in wenigen Modellen enthaltenen stark unterrepräsentierten Indikatoren aus den Oberkategorien *Produktpolitik*, *Preispolitik*, *Distributionspolitik*, *Branche* und *Zukunftsorientierung* verzichtet. Die Konzentration erfolgt als Einschätzung hinsichtlich identifizierter Indikatoren, die den Konsumenten und die Kommunikation betreffen und wird in den Kategorien *Marketing/Kommunikationspolitik* und *Umfeldperspektive/Kommunikation zwischen Unternehmen und Gesellschaft* durchgeführt.

Auf Grundlage der Analyse lässt sich sagen, dass kommunikative Faktoren in der Kategorie *Marketing-Kommunikationspolitik* in folgenden Modellen *vergleichsweise* umfangreich genutzt werden (vorbehaltlich der teilweise eingeschränkten Vergleichbarkeit und Intransparenz mancher Modelle):

- Brand Trek (BT),
- Konsumentenmodell Keller (Keller),
- McKinsey (McK) und
- Assets & Liabilities von Aaker (Aaker).

In Modellen häufig vorkommende Indikatoren sind:
- Markenassoziationen,
- Markenidentität, Markenpersönlichkeit, Markenimage od. Ä.,
- Markenbekanntheit und
- Markentreue/ -loyalität/ -bindung

Indizien für eine Berücksichtigung kommunikativer Faktoren aus der Kategorie *Umfeldperspektive/Kommunikation zwischen Unternehmen und Gesellschaft* lassen sich nur in wenigen Modellen finden: Nur spärlich findet sich der Indikator „Markenvertrauen".

5.5 Zusammenfassende Feststellungen und Empfehlungen aus den Faktoren-Analysen

Viele Modelle berücksichtigen – in allerdings unterschiedlichem Maße – Faktoren, die die Marketingkommunikation und ihre Wirkungen beim Konsumenten operationalisieren. Vorbehaltlich der teilweise eingeschränkten Vergleichbarkeit und Intransparenz mancher Modelle konnten einige Modelle identifiziert werden, die solche Indikatoren *relativ häufig* aufweisen: Dies sind für die *betriebswirtschaftlich-verhaltenswissenschaftlichen Kombinationsmodelle* Bekmeier-Feuerhahn (B-F), GfK/PricewaterhouseCoopers (GfK), Brand Performancer von ACNielsen (BP) und Brand Rating (BR). Für die Gruppe der *psychographisch bzw. verhaltensorientierten Modelle* sind dies Brand Trek (BT), das Konsumentenmodell Keller (Keller), McKinsey (McK) und Assets & Liabilities von Aaker (Aaker).

Faktoren, die die Unternehmenskommunikation (PR u. ä.), ihre gesellschaftlichen Wirkungen und die Rolle von Öffentlichkeit und journalistischen Massenmedien bei der Markenbildung operationalisieren, sind allerdings erheblich unterrepräsentiert oder gar nicht vorhanden. Damit weisen alle Markenbewertungsmodelle aus kommunikationswissenschaftlicher Sicht erhebliche Defizite auf. Zugleich erscheinen sie damit für eine Bewertung von *Unternehmens*marken im Vergleich zu Produktenmarken nur bedingt geeignet. Unternehmensmarken werden noch weitaus mehr als Produktenmarken nicht nur durch Produkte, sondern vor allem durch Kommunikation und Handeln in und mit der Öffentlichkeit konstituiert.

Aus der Analyse ergibt sich grundsätzlich die Aufgabe künftiger Forschung, ein primär kommunikationswissenschaftlich fundiertes System von Indikatoren zu entwickeln. Dieses könnte in der aggregierten Größe einer „Kommunikationsstärke", eines „Öffentlichkeitspotenzials" der Marke kulminieren, ähnlich wie die konsumentenbezogenen, psychologischen Faktoren in der Markenstärke zusammengeführt werden.
Eine solche „Kommunikationsstärke" könnte möglicherweise aus den folgenden oder einigen der folgenden Einzelfaktoren gebildet werden:

	Kommunikationsstärke
Einzelfaktoren	Attraktivität für Manager und Multiplikatoren
	Emotionale Bindungskraft
	Fähigkeit der Marke zur Anschlusskommunikation
	Financial Performance
	Glaubwürdigkeit/Zuverlässigkeit
	Innovationskraft/Visionsfähigkeit/Wachstumsdynamik
	(Marken)vertrauen
	Managementqualität/Führungsstärke/Unabhängigkeit
	Medienresonanz der Unternehmens(kommunikation)
	Mitarbeiterorientierung/Arbeitsplatzzufriedenheit
	Sozialer Status der Marke/Prestigewert/Geltungsnutzen (direkter und indirekter)
	Soziale Verantwortlichkeit des Unternehmens
	Sponsoring-Aktivitäten
	Thematisierungspotenzial der Unternehmenskommunikation
	Unternehmensimage, Unternehmensreputation
	Umweltorientierung
	Verbundenheit mit Region/Standort

Wie diese Kommunikationsstärke dann aber zusammen mit der (psychologischen) Markenstärke und betriebswirtschaftlichen Kennziffern integriert werden kann, wäre eine weitere, nicht minder anspruchsvolle Aufgabe, die von verschiedenen Forschern oder künftigen Modellanbietern sicherlich ebenfalls unterschiedlich gelöst werden würde.

6. Anwendung der Modelle in der Praxis im Spiegel empirischer Untersuchungen

Nachvollziehbar gilt das Interesse bereits markenbewertender oder sich mit dieser Absicht tragender Unternehmen auch der Frage, welche Markenbewertungsmodelle in welchen Branchen, Sektoren und Bereichen angewendet werden. Darüber hinaus erscheint attraktiv und wichtig, welche Kriterien und Indikatoren in der Bewertungspraxis als die Wichtigsten angesehen werden. Dazu wurden in den letzten Jahren einige Studien durchgeführt. Die folgenden Angaben basieren hauptsächlich auf der kritischen Durchsicht und Analyse dreier Studien zur Markenbewertung: Auf der 1999 durchgeführten „Erfurter Studie" zum Thema *„Markenbewertung und Markenberatung in Deutschland"* (vgl. Drees 1999), der 1999 durchgeführten *„Empirischen Studie zum ‚State of the Art' der Markenbewertung und -steuerung*" (vgl. Kriegbaum 2001) und der *„Industriestudie Praxis von Markenbewertung und Markenmanagement in deutschen Unternehmen*" aus dem Jahr 1998 (vgl. PwC/Sattler 1998).

Dieser sekundäre Blick in die Bewertungspraxis stellt aber keine Empfehlung der meistverwandten oder meisteingesetzten Bewertungsmodelle dar. Diese weisen immer noch jene Schwächen auf, welche in Kapitel vier ausführlich dargestellt wurden.

6.1 Die Bedeutung der Markenbewertung

Generell kann Drees die Bedeutung der Markenbewertung empirisch nachweisen: 54 Prozent der Befragten der Studie zur *Markenbewertung und Markenberatung in Deutschland* gaben an, dass Markenbewertung „große" oder „sehr große" Bedeutung für die Markenführung habe. Darüber hinaus sind 83 Prozent der Befragten davon überzeugt, dass dieser Einfluss in Zukunft noch weiter wachsen wird. Lediglich 18 Prozent sehen im Gegensatz dazu in der Markenbewertung eine geringe bzw. überhaupt keine Bedeutung, auch nicht in Möglichkeiten der Markenführung (vgl. Drees 1999, 3 ff).

6.2 Ergebnisse der Studien im Einzelnen

6.2.1 Markenbewertung und Markenberatung in Deutschland

Die Stichprobenauswahl der Erfurter Studie zu *Markenbewertung und Markenberatung in Deutschland* umfasste 1.080 Markenexperten in unterschiedlichen Branchen, sowohl aus dem *Verbrauchs-* und *Gebrauchsgütersektor* als auch aus der *Dienstleistungs-* sowie *Investitionsgüterbranche.* Um eine möglichst breite Abdeckung auf den verschiedenen Teilgebieten des Marketing sowie aus den unterschiedlichen Hierarchiestufen zu gewährleisten, wurden unter den Begriff Markenexperte sowohl Marketingleiter, Produkt- und Brandmanager als auch Werbe- und Marktforschungsleiter gefasst und per mehrstufigem Einschätzungs-Fragebogen befragt (vgl. Drees 1999, 3). Die Rücklaufquote betrug mit 190 verwertbaren Rücksendungen 17,6 Prozent, die angestrebte Streuung[27] wurde erfüllt.

6.2.1.1 Kriterien für die Markenwertermittlung

Als die drei bedeutendsten Kriterien für die Markenwertermittlung konnten *Markentreue*, *Markenvertrauen* und *Klarheit des Markenprodukts* identifiziert werden. Diese wurden von jeweils 90 Prozent oder mehr der Befragten als wichtig bzw. äußerst wichtig angesehen. Damit erscheint es Markenexperten gerade im Zeitalter der Informationsüberflutung als äußerst wichtig, ein klares Bild der Marke aufzubauen, um damit Markenvertrauen und Markentreue zu erreichen (vgl. Drees 1999, 8).

6.2.1.2 Bekanntheit der Markenwertmodelle

Die Studie zeigt außerdem, dass lediglich vier Verfahren zur Markenwertbestimmung einen Bekanntheitsgrad von mehr als 30 Prozent erreichen: Das *„Eisbergmodell"* von Icon und *„MarkenMonopole"* von Konzept & Analyse erreichen jeweils eine Bekanntheit von 40 Prozent. Sie sind damit die mit Abstand bekanntesten Markenbewertungsverfahren. Die Modelle „*Markenbilanz*" von Nielsen und „*Brand Character*" von Grey liegen mit 33 bzw. 32 Prozent nur knapp dahinter.
Gesondert ist der Wert für das Modell „*Markenkern-Analyse*" zu betrachten, welches bei der Hälfte der Befragten bekannt war. Diese Analyse besitzt generischen Charakter und ist Baustein einer Reihe der genannten Modelle.
Eine zweite Ausnahme stellt „*Brand Status*" dar: Ebenfalls ein Ansatz des Marktforschungsunternehmens Icon, ist im Brand Status das „*Eisbergmodell*" enthalten (vgl. Drees 1999, 4).

Bei der Qualitätsbeurteilung der verschiedenen Modelle liegen – lässt man die „Markenkern-Analyse" aus oben genanntem Grund außer Acht – „*Brand Status*" und „*Eisbergmodell*" mit 41 bzw. 42 Prozent weit vorn[28]. Es folgen

---

27 Bei den zurückgesandten Fragebögen handelte es sich zu 33 Prozent um Markenexperten der *Verbrauchsgüterbranche*, 30 Prozent kamen aus der *Gebrauchsgüterbranche*, 21 Prozent aus dem *Dienstleistungssektor* und 15 Prozent aus der *Investitionsgüterbranche*. Die Befragten waren in ihren Unternehmen auf unterschiedlichen Hierarchiestufen tätig (vgl. Drees 1999, 3).

28 Angaben unter „hohe/sehr hohe Qualität".

dahinter „*MarkenMonopole*“ (31 Prozent), „*Brand Character*“ (28 Prozent) und „*Markenbilanz*“ (26 Prozent).
Auffällig ist die Korrelation der eingeschätzten Qualität mit der Bekanntheit der Instrumente – abgesehen von „*Brand Status*“: Alle bekannten Modelle werden auch qualitativ in ähnlicher Weise und Abstufung eingeschätzt.
Anzumerken ist allerdings, dass diese subjektiv als positiv empfundene Qualität im Abgleich mit den Ergebnissen der vorliegenden Untersuchung (vgl. Kap. 4) jedoch nicht bestätigt werden kann: Die Modelle weisen nach wie vor die angesprochenen Schwächen auf.
Darüber hinaus kennen die wenigsten Befragten die Modelle aus eigener Erfahrung. So arbeiten nur 15 Prozent der Befragten mit dem „*Eisbergmodell*“, lediglich 8 Prozent mit „*Brand Character*“ und nur 4 Prozent mit „*MarkenMonopole*“. Die „*Markenbilanz*“ wurde noch von keinem der Befragten eingesetzt.
Hier kann vermutet werden, dass die positive Kommunikation über die Modelle zu deren Bekanntheit beiträgt und letztendlich eine positive Qualitätswahrnehmung induziert (vgl. Drees 1999, 4), die selbst so nicht wahrgenommen wurde, und dass lediglich Erfahrungswerte anderer oder Meinungen aus Berichterstattungen wiedergegeben wurden.
Auch scheint die geschickt metaphorisch gewählte Bezeichnung des „*Eisbergmodells*“ durch Icon eine positive Erinnerungsfunktion bei den Befragten auszulösen, was als Erklärung für die hohe Bekanntheit bei gleichzeitig relativ vergleichbarer Anwendungsquote dienen kann (vgl. Drees 1999, 9).

Abbildung 17 **Einschätzung der Qualität ausgewählter Markenwertmodelle**

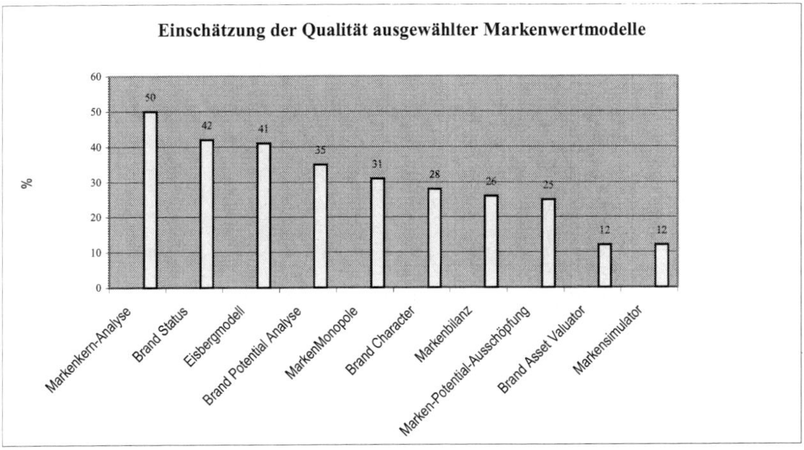

Quelle: eigene Darstellung nach Drees 1999, 10

Fast die Hälfte der Befragten weist in den Einzelbewertungen den Modellen *Eisbergmodell (Brand Status)*, *Brand Character* sowie *Brand Asset Valuator* eine vergleichsweise hohe Berichterstattungsquote über das jeweilige Modell zu, was Bekanntheit und Etablierung suggeriert (Drees 1999, 10).

6.2.2 Ergebnisse der Studie zum „State of the Art"

Die *„Empirische Studie zum ‚State of the Art' der Markenbewertung und -steuerung"* (vgl. Kriegbaum 2001) basiert auf einer 1999 durchgeführten Befragung von 1.060 Unternehmen aus der *Gebrauchs-* und *Verbrauchsgüterindustrie.* Die Marketingabteilungen der Unternehmen antworteten mit einer Rücklaufquote von 27,2 Prozent (vgl. Kriegbaum 2001, 148 ff.).

Trotz überwiegend positiver Einstellungen zur Markenbewertung ließ sich auch hier nur in 37,2 Prozent der Unternehmen die Durchführung einer monetären und/oder einer nicht-monetären Markenbewertung feststellen. Ein Viertel der Unternehmen ohne Markenbewertung gaben jedoch an, das Thema schon einmal diskutiert zu haben. Als Gründe für eine unterlassene Markenbewertung wurden neben Zeit- und Kostengründen von knapp 40 Prozent der Befragten das Fehlen geeigneter Bewertungsmethoden angeführt (vgl. Kriegbaum 2001, 161). *In Anbetracht der Vielzahl an verschiedenen Methoden macht dies die Notwendigkeit einer praktikablen und umsetzbaren Markenbewertungsmethode umso deutlicher.*

In der Regel werden von Unternehmen, die Markenbewertungsmodelle nutzen, mehrere Ansätze angewandt: Fast zwei Drittel der markenbewertenden Unternehmen verwenden zwei und mehr Methoden, über die Hälfte nutzen zwischen zwei und vier Methoden (vgl. Kriegbaum 2001, 163).
Anzumerken ist: Den kommerziell angebotenen Markenbewertungsmethoden von Nielsen, Interbrand und GfK kommt laut Kriegbaum eher geringe Bedeutung zu: Lediglich 14,9 Prozent der Unternehmen nutzen die Modelle der *GfK,* 10,4 Prozent den *Brand Performancer* und nur 3 Prozent die Markenbewertungsmethode von *Interbrand* (vgl. Kriegbaum 2001, 163).

Die in dieser Untersuchung am häufigsten von den Unternehmen eingesetzte und genannte Methode ist die Ermittlung des *Markengewinns.* Dabei wird der Markengewinn nicht als Erfolgspotenzial einer Marke verstanden, sondern als Periodengewinn der Produkte, die unter dem Markenzeichen verkauft werden (vgl. Kriegbaum 2001, 163ff.).
Als sonstige Methoden wurden überwiegend *qualitative Markenstärkeindikatoren* wie *Imagewerte*, *Ansehen beim Kunden* im Vergleich zu den Wettbewerbern oder die Einzigartigkeit von Marken genannt.

Abbildung 18 **Angewandte Methoden der Markenbewertung (Auswahl)**

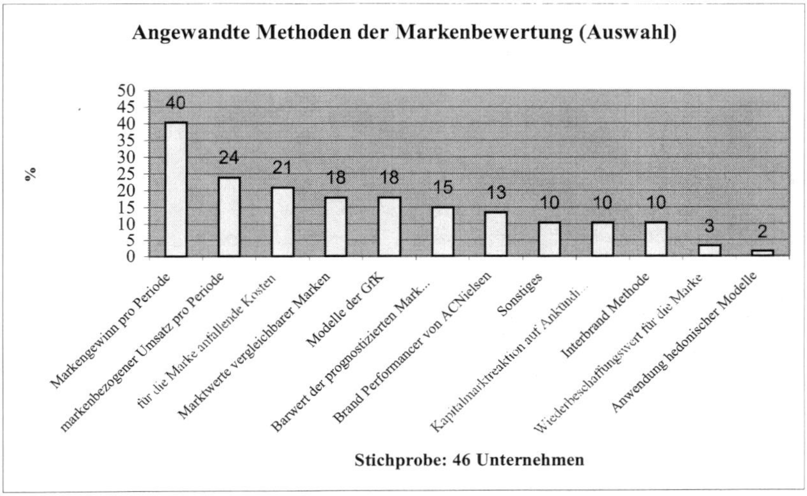

Quelle: eigene Darstellung nach Kriegbaum 2001, 164

6.2.3 Die wichtigsten Ergebnisse aus der Industriestudie

Die 1998 durchgeführte „*Industriestudie – Praxis von Markenbewertung und Markenmanagement in deutschen Unternehmen*" untersuchte 400 deutsche Unternehmen – beinhaltend die 100 größten deutschen Unternehmen – unter anderem bezüglich des Einsatzes von Markenbewertungsmethoden. Bei einer Rücklaufquote von 31 Prozent stimmten die Befragten größtenteils darin überein, dass der Wert von Marken zunehmen wird (80 Prozent). Das größte Markenwertwachstums-Potential wird im *Dienstleistungsbereich*, das geringste auf dem *Industriesektor* gesehen. Daher erscheint für die meisten Unternehmen eine adäquate Markenbewertung wichtig (vgl. PwC/Sattler 2001, 9).

Die am häufigsten genannten Markenbewertungszwecke sind neben *unternehmensinterner Berichterstattung* (61 Prozent) der *Kauf/Verkauf/Fusion* von Unternehmen mit bedeutenden Marken (52 Prozent) sowie die *Steuerung und Kontrolle* von Marken (vgl. PwC/Sattler2001, 10).

Auch hier führten allerdings lediglich ein Viertel der befragten Unternehmen Markenbewertungen durch, wobei die Anwendung monetärer und nichtmonetärer Verfahren ausgeglichen war. Als Hauptgrund für eine fehlende Durchführung von Markenbewertungen wurde die generelle Unzuverlässigkeit insbesondere monetärer Wertmessungen genannt (vgl. PwC/Sattler 2001, 14f., vgl. auch Ergebnisse der Erfurter Studie).

Auch bei den Ergebnissen dieser Studie fällt auf, dass kein kommerziell angebotener Ansatz von mehr als zwei Unternehmen gleichzeitig angewandt wird (vgl. PwC/Sattler 2001, 15). Es existiert somit kein dominierendes, allgemein akzeptiertes Modell zur Markenwertbestimmung.
Damit kann auch aus Sicht der Markenbewertungspraxis von keiner vergleichbaren Markenbewertungsgrundlage ausgegangen werden.

6.3 Abschließende Bemerkungen

Generell ist die Erfassung der Modelle, die in den verschiedenen Bereichen angewandt werden, schwierig. In der Regel werden von Agenturen, Instituten und Modellanbietern nur spärlich Informationen und wenig Aufschluss über genaue Vorgehensweisen herausgegeben. Vor allem aus Wettbewerbsgründen und Gründen der Geheimhaltung geben die meisten Werbeagenturen, Marktforschungsinstitute oder Unternehmensberatungen keine Auskunft über inhaltliche Details. Eine wissenschaftliche Bewertung ist somit nur eingeschränkt möglich (vgl. Drees 1999, 22). Dies gilt sowohl für die vorliegende Untersuchung als auch für die drei in aller Kürze dargestellten Studien.

Es ließ sich aber zeigen:

1. Markenbewertung ist ein insgesamt wachsendes Beschäftigungsfeld, dass auch zunehmend weitere Bedeutung finden wird.

2. **Der Großteil der Verfahren zur Markenwertbestimmung ist wenig bekannt, es lässt sich auch kein marktführendes Modell identifizieren. Allerdings können sich einige Anbieter aufgrund eigener kommunikativer Tätigkeiten als bekannte Größen etablieren. Ein Qualitätskriterium für das damit verbundene Modell ist damit aber nicht automatisch verbunden.**

3. Nur ein Drittel der Unternehmen führt eine Markenbewertung durch, größtenteils wird allerdings auf eigene Übersichten und Indikatoren wie Markengewinn und Kundenbefragungen zurückgegriffen.

4. Unternehmen nutzen sehr unterschiedliche Bewertungsverfahren, damit ist keine Vergleichbarkeit der Bewertungen gegeben.

5. **Ein klares Bild der Marke bringt Markentreue und Markenvertrauen und generiert Markenwert. Dies lässt sich nur integrativ kommunikativ unter Berücksichtigung kommunikationswissenschaftlicher Erkenntnisse gestalten.**

7. Kurze Zusammenfassung - Schlussfolgerungen

Aus der umfangreichen Sichtung von Fachliteratur verschiedenster Disziplinen, Internet- und Praxisrecherchen sowie eigenen Erwägungen lassen sich folgende Schlussfolgerungen ziehen:
Rein quantitativ gesehen dominieren *betriebswirtschaftliche* und *verhaltenswissenschaftliche* Markenwertverständnisse (vgl. Kap. 2.2, 2.3, 3.2, 3.3). Dabei beinhalten betriebswirtschaftliche Verständnisse finanzorientierte und unternehmensbezogene Ansätze, verhaltenwissenschaftliche umfassen psychologische und konsumentenbezogene Sichtweisen.
Den derzeit fortschrittlichsten Stand bilden jedoch beide Sichtweisen kombinierende, integrative Markenwertverständnisse. Diese existieren gegenwärtig vor allem als so genannte marktorientierte Herangehensweisen: Sie sind letztlich primär wirtschaftswissenschaftlich fundiert, weisen aber eine starke interdisziplinäre Ausrichtung auf und berücksichtigen auch kommunikative Aspekte (vgl. 2.4.1 und 3.4.1). Dafür steht die Definition: „*Markenwert* wird definiert als die durch die Markierung ausgelösten gegenwärtigen und zukünftigen Wertsteigerungen von Leistungen auf Konsumenten- und Unternehmensseite, die ökonomisch nutzbar und in monetären Maßeinheiten zu bewerten sind." (Bekmeier-Feuerhahn 1998, 46).
Integrative, originär *kommunikationswissenschaftliche* Marken- und Markenwertverständnisse existieren derzeit noch nahezu keine (vgl. 2.4.2 und 3.4.2). Damit einher geht der Befund (vgl. Kapitel 4), dass keines der bisherigen und gegenwärtigen Markenbewertungsmodelle die Bedeutung von Kommunikation für die Markenbildung und -steuerung und damit kommunikationspraktische Bedürfnisse adäquat berücksichtigt.

Zusammenfassend lässt sich feststellen:

- Betriebswirtschaftliche (finanzorientierte, unternehmensbezogene) Modelle berücksichtigen weder verhaltenswissenschaftliche (psychologische, konsumentenbezogene) Aspekte noch kommunikationswissenschaftliche Sichtweisen. Betriebswirtschaftliche Modelle legen ihren Fokus auf evaluative Zwekke (Bewertung), nicht aber auf diagnostische (Erklärung Ursachen-Wirkungsbeziehungen) oder steuernde (Markenführung) Zwecke.

- Verhaltenswissenschaftliche (psychologische, konsumentenbezogene) Modelle berücksichtigen weder betriebswirtschaftliche (finanzorientierte, unternehmensbezogene) Aspekte noch kommunikationswissenschaftliche Sichtweisen. Verhaltenswissenschaftliche Modelle versuchen, diagnostische (Erklärung Ursachen-Wirkungsbeziehungen) oder steuernde (Markenführung) Leistungen zu erbringen. Da sie individuelle Wirkungen nur im Rahmen eines einfachen Stimulus-Response-Schemas zu betrachten vermögen, liegen ihrem Einsatz in der Markenführung vereinfachte Annahmen zu Grunde, die Markenbildungs- und Markenwirkungsmechanismen in Öffentlichkeit, Gesellschaft und damit (öffentlicher) Kommunikation nicht berücksichtigen. Zudem lassen diese Modelle eine Verknüpfung mit betriebswirtschaftlichen Kennziffern vermissen.

- Betriebswirtschaftlich-verhaltenswissenschaftliche Kombinationsmodelle verbinden die Vorteile betriebswirtschaftlicher (finanzorientierter, unternehmensbezogener) und verhaltenswissenschaftlicher (psychologischer, konsumentenbezogener) Modelle und verkörpern insbesondere als marktorientierte Modelle den derzeit fortgeschrittensten integrativen Modelltyp. Kommunikationswissenschaftliche Perspektiven werden allerdings nicht oder nur ungenügend berücksichtigt. Diesbezügliche Modelle erscheinen auch für den Praxiseinsatz (derzeit) nicht geeignet, weil die nötige Operationalisierung und/oder Logistik fehlt.

Verhaltenswissenschaftliche und betriebswirtschaftlich-verhaltenswissenschaftliche Kombinationsmodelle (vgl. 4.2.2, 4.2.3, vor allem 5.2 und 5.3) enthalten allerdings in der Regel einen oder mehrere Indikatoren, die *kommunikative Werttreiber* von Marken operationalisieren. Diese decken aber so gut wie immer nur Aspekte der produktbezogenen Kommunikation im Rahmen des absatzorientierten Marketings ab. Zugleich stehen sie im Rahmen eines verhaltenswissenschaftlichen, psychologischen Kontextes, erinnert sei an die Ausführungen zu „Markenstärke" (vgl. Kap 5.1). Sie repräsentieren damit die *individuelle* Konsumentenperspektive. Faktoren, die das Agieren der Marke in der *Öffentlichkeit, im sozialen Raum* sowie Wirkungen der nicht produktbezogenen Unternehmenskommunikation abbilden, kommen bislang nur sehr selten vor. Einflüsse und Wirkungen der Unternehmenskommunikation auf den Markenwert sind in Ansätzen und Modellen zur Markenwertbestimmung damit völlig unterrepräsentiert (vgl. 5.4).

Da jede Marke sich aber in den öffentlichen Arenen bewähren muss, hat – aus kommunikationswissenschaftlicher Sicht – ihre Performance in der Öffentlichkeit einen bedeutenden Einfluss im Rahmen der Ermittlung der Stärke und des Wertes der Marke. Eine starke und differenzierende Marke, die in den verschiedenen Teilöffentlichkeiten wert geschätzt wird – vor allem von wirtschaftswissenschaftlich definierten (Käufer-)Zielgruppen –, ist unbestrittenen der beste Beweis für eine effiziente Markenführung. Ein intelligentes strategisches und operatives Markenmanagement wird sich – adäquat im Zeitverlauf gemessen – in konstant steigenden Markenwerten niederschlagen.

Der theoretische Diskurs zum Markenwert und die Modellentwicklungspraxis sind bislang überwiegend auf Produktmarken fokussiert, wenngleich häufig explizit oder implizit eine Übertragbarkeit auf Unternehmensmarken vorausgesetzt wird. Das in vorliegender Untersuchung als Schwäche formulierte Fehlen der kommunikationswissenschaftlichen Perspektive wirkt sich gerade auf diese

Übertragbarkeit aus: Da Organisationen bzw. Unternehmen im Vergleich zu Produkten stärker als soziale Phänomene begriffen werden müssen und Organisationskommunikation (PR, Umfeldperspektive) – bedeutender noch als Marketing (Werbung, Konsumentenperspektive) – öffentlichkeitsabhängig ist, bedarf gerade die Bewertung und Führung von Unternehmensmarken auch kommunikationswissenschaftlicher Fundierung.

Eindeutige Marktführer unter den Modellanbietern sind nicht zu identifizieren, ein Großteil von Organisationen wendet mehrere Modelle an bzw. die Modelle werden durch verschiedene, flankierende Einzelinstrumente ergänzt. Wenn beispielsweise (Marken-) Vertrauen von Befragten als wichtiger Indikator angesehen wird oder die ergänzenden Instrumente insbesondere auf Image, Ansehen oder ähnliches abzielen, bestätigt dies tendenziell die oben erwähnte Einschätzung, dass kommunikationswissenschaftliche Perspektiven in den gegenwärtigen Modellen ungenügend berücksichtigt sind. *Die Praxis ist sich also offensichtlich durchaus der Schwächen gegenwärtiger Bewertungspraxis bewusst.*

Aus alledem lässt sich aber auch mit hoher Wahrscheinlichkeit schlussfolgern: Den unumstrittenen „Superansatz", die „Weltformel" zur Ermittlung von Markenwerten wird es nicht geben. Das scheitert schon an der Nichtexistenz einer einzigen, unumstrittenen, alle Disziplinen integrierenden Definition von „Marke" oder „Markenwert".
Dennoch sei als Hoffnung und Aufgabe formuliert, dass künftig integrative Ansätze auf kommunikationswissenschaftlicher Basis entwickelt werden. Eine mögliche Richtung scheint sich in einer stärkeren Verflechtung bisheriger integrativer, marktorientierter Modelle mit dem Corporate-Reputation-Ansatz (vgl. 3.5) und dem wachsenden Interesse der Kommunikationsfachleute in Praxis und Wissenschaft an der Thematik des „Werts von Kommunikation", insbesondere des Werts von Image-Kommunikation, anzudeuten. Auch lässt es sich als Wunsch formulieren, dass Wissenschaft und Praxis zu einheitlichen Messstandards finden, ähnlich wie dies im Medienbereich bei der Messung der TV-Einschaltquoten gelungen ist.

8. Markenwertermittlung: Neue Perspektiven

8.1 Thema Markenwert – geringere öffentliche Publizität oder neue Themenkarriere?

Um das Thema Markenbewertung, das lange Zeit eins der am stärksten beachteten Themen des Berufsfelds Markenmanagement und laut dem Wirtschaftswissenschaftler Henrik Sattler auch der Betriebswirtschaftslehre dargestellt hat (vgl. Sattler 2005, 1), ist es gegen Ende des ersten Jahrzehnts nach dem Jahrtausendwechsel etwas ruhiger geworden: sowohl die Berichterstattung in der Branchenfachpresse als auch die Anzahl der Tagungen, Kongresse und der Seminare von Berufsverbänden zu diesem Themengebiet haben deutlich abgenommen. In etwa unverändert erscheint dagegen die Zahl der wissenschaftlichen Veröffentlichungen zu dieser Thematik (vgl. Frahm 2004; Schimansky 2004; Zednik/Strebinger 2005; Repenn/Weidenhiller 2005; Künzel 2006; Wagenbach 2008).

Der Grund für diese geringere Publizität in der Fach-Öffentlichkeit der Branchenpraktiker steht wohl in Zusammenhang mit dem Zeitpunkt der Einführung der „Purchase Price Allocation“. Sie schreibt seit dem Jahr 2005 nach IFRS und US-GAAP vor, den Kaufpreis für ein erworbenes Unternehmen auf seine materiellen und seine immateriellen Werte (z.B. Marken) aufzuteilen und mit ihrem Zeitwert („fair value“) in die Bilanz aufzunehmen (vgl. Menninger/Maul/Wagner 2004, 1914; Bottler 2007, 12). Bei etablierten Marken ist diesbezüglich von einer unbegrenzten Nutzungsdauer auszugehen, daher ist eine Abschreibung nur über eine zwingend vorgeschriebene, jährlich durchzuführende Werthaltigkeitsprüfung („impairment test“) möglich (vgl. Sattler 2005, 4). Die Einführung der „Purchase Price Allocation“ sorgte etwa von 2002 bis 2004 für große Aufmerksamkeit bei den beteiligten Marktpartnern, so insbesondere bei Dienstleistungsunternehmen der Bereiche Markenführung, Markenwert, Markenkommunikation und Wirtschaftsprüfung, da sie an dem neuen Tätigkeitsfeld Markenbewertung geschäftliches Interesse hatten.

Es besteht nach wie vor die Pflicht, erworbene, nicht selbst geschaffene Marken zu bilanzieren – gleichzeitig dürfen eigene, selbst geschaffene Marken ausdrücklich nicht bilanziert werden. Wenn derartige Markenstrukturen in einem Unternehmen geführt werden, sollten sie aber vergleichbaren (im bestmöglichen Fall sogar einheitlichen) Evaluationsmethoden unterliegen. Trotz der Anstrengungen der größten Reform des Handelsbilanzrechts seit 1985 besteht dieser Widerspruch nach wie vor. Das im Frühjahr 2009 durch Bundestag und Bundesrat verabschiedete Bilanzrechtsmodernisierungsgesetz (kurz: BilMoG) brachte trotz großer Hoffnungen keine Änderung in der Aktivierung von selbstgeschaffenen Marken und damit verbundener Herstellungskosten (vgl. Buchele 2008). Es wurde die Chance vertan, gesetzlich die Entwicklung eines möglichst einheitlichen, langfristig sinnvollen Ansatzes oder Bezugsrahmens zur Markenbewertung zu fördern. Dabei bewerten Wirtschaftsprüfer und Investoren immate-

rielle Werte aber als immer wichtiger – gleichgültig, ob sie in der Bilanz als Aktivposten stehen oder in Anhängen wie Wissensbilanzen oder Intangible Assets Reports. Damit liegt es bei den Unternehmen, immaterielle Werte außerhalb der Bilanz darzustellen und deren Wertbeitrag für das Unternehmen nachzuweisen. Der im Frühjahr 2009 verabschiedete Bezugsrahmen für Kommunikations-Controlling der Deutschen Public Relations Gesellschaft (DPRG) und des Internationalen Controller Vereins (ICV) kann dafür eine Grundlage sein (vgl. Buchele 2009). Für Unternehmen gilt es, "individuelle Systeme aufzubauen, die interne Berichterstattung zu professionalisieren und zum Beispiel über transparente Kostenstellenstrukturen nachzudenken" (Buchele 2008).
Rund fünf Jahre nach der ersten Auflage von „Markenwert und Markenwertermittlung“ macht es vor diesem Hintergrund wieder einmal Sinn, der Frage nachzugehen: Wie sieht gegen Ende des ersten Jahrzehnts des dritten Jahrtausends der Status Quo der verschiedenen Ansätze zur Markenbewertung in Deutschland aus?

8.2 Neuere empirische Ergebnisse zur Markenbewertung

Im Jahr 2005 haben der Wirtschaftswissenschaftler Henrik Sattler und PricewaterhouseCoopers (PwC) ihre empirische Studie „Praxis von Markenbewertung und Markenmanagement in deutschen Unternehmen“ aus dem Jahr 1998 wiederholt.[29] Diese wiederholte Befragung wurde durch den Markenverband und das Marktforschungsunternehmen GfK unterstützt. Wie im Jahr 1998 wurden wiederum Führungskräfte der 100 größten deutschen Unternehmen sowie der Mitgliedsunternehmen des Markenverbands befragt: Insgesamt wurden 480 große deutsche Unternehmen angeschrieben, von denen 48 Prozent der Branche „kurzlebige Konsumgüter“ angehörten.
Das zentrale Ergebnis der wiederholten Befragung: die Befragten schätzen, dass 67 Prozent des Unternehmenswerts auf die Werte von Marken zurückzuführen sind (vgl. PwC/Sattler/Markenverband/GfK 2006, 11). Sieben Jahre zuvor gingen die befragten Führungskräfte noch davon aus, dass Marken durchschnittlich 56 Prozent des Gesamtwerts der jeweiligen Unternehmen repräsentieren (vgl. PwC/Sattler 2001, 11). Trotz dieser bereits im Jahr 1998 recht hohen Einschätzung hatte sich dieses Ergebnis sieben Jahre später aber noch einmal deutlich erhöht.
Welcher Einfluss wird Marken und Markenlizenzen auf den Unternehmenserfolg zugerechnet? Bezüglich dieser Frage zeigt sich ein ähnliches Bild: 1998 sahen 78 Prozent der Befragten einen wichtigen bzw. sehr wichtigen Beitrag zum Unternehmenserfolg, 2005 waren es 83 Prozent (vgl. PwC/Sattler 2001, 11; PwC/Sattler/Markenverband/GfK 2006, 10). Gleichzeitig sank ihre Einschätzung eines zukünftigen Zuwachses des Wertbeitrags von Marken aber von 80

[29] Vgl. zu dieser Studie weiterführend Kap. 6.2.3 dieses Buches.

Prozent auf 69 Prozent. Dies verwundert aber vor dem Hintergrund der in diesen sieben Jahren gestiegenen Einschätzung des jeweils aktuellen Wertbeitrags der Marken nicht (vgl. PwC/Sattler 2001, 12f.; PwC/Sattler/Markenverband/GfK 2006, 11).

Diese Werte gehen weitgehend konform mit den Ergebnissen einer Befragung von 344 deutschen Markenverantwortlichen, die der Psychologe Schimansky, TNS Emnid und das marketingjournal im Jahr 2003 durchgeführt haben: Hier schätzten zehn Prozent der Befragten das Thema Markenbewertung für ihr jeweiliges Unternehmen als „sehr bedeutend" ein, 32 Prozent gingen von einer „großen Bedeutung" aus und 30 Prozent von einer generellen Bedeutung. Nur 13 Prozent meinten zu diesem Zeitpunkt, dass dieses Thema für ihr Unternehmen „wenig Bedeutung" hat (vgl. Schimansky 2004, 17f).

Im Jahr 2005 hat die Forschergruppe um Sattler die befragten Führungskräfte ferner gebeten, eine Rangfolge der bedeutendsten immateriellen Vermögenswerte von Unternehmen zu erstellen: Innerhalb dieser Rangfolge zeigt sich die Beimessung einer recht hohen Bedeutung für Marken, da sie nach Humankapital (68 Prozent), Kundenbeziehungen (67 Prozent) und Schutzrechten (43 Prozent) mit 42 Prozent auf dem vierten Rangplatz landen (vgl. PwC/Sattler/Markenverband/GfK 2006, 11).

In Bezug auf Markenbewertungen haben im Jahr 1998 26 Prozent der Befragten angegeben, dass in ihren Unternehmen bereits Markenbewertungen vorgenommen wurden – sieben Prozent der Befragten lehnten Markenbewertungen allerdings gänzlich ab (vgl. PwC/Sattler 2001, 14f). Sieben Jahre später war dieser Wert weitgehend konstant geblieben: 38 Pozent gaben im Jahr 2005 an, nichtmonetäre Markenbewertungen durchgeführt zu haben, 23 Prozent hatten in der Vergangenheit monetäre Markenwerte bestimmt (vgl. PwC/Sattler/Markenverband/GfK 2006, 12).

Die Forschergruppe um den Psychologen Schimansky erhob im Jahr 2003 ähnliche Aussagen: Hier gaben 18 Prozent der Befragten an, mindestens einmal im Jahr Markenbewertungen durchführen zu lassen, und 46 Prozent kommunizierten eine unregelmäßige Nutzung von Markenbewertungen. Demgegenüber meinten 25 Prozent, dass in ihren Unternehmen noch keine Markenbewertungen vorgenommen worden seien (vgl. Schimansky 2004, 18).

Diese Werte sind etwas besser als Vergleichswerte, die Hubbard 2003 gefunden hatte: Sie fand in einer Befragung von PR-Leitern aus 490 deutschen Großunternehmen, dass 44 Prozent Markenbewertungen durchführen. 45 Prozent verneinten dies (vgl. Hubbard 2004, 230).

Die Zwecke solcher Markenbewertungen wurden in Befragungen von PwC und Sattler sowohl 1998 als auch 2005 thematisiert. Während 1998 der primäre Zweck in der unternehmensinternen Berichterstattung bestand (61 Prozent), wurde dieser Grund sieben Jahre später nur noch von 47 Prozent der Unternehmensmanager angegeben (vgl. PwC/Sattler 2001, 15; PwC/Sattler/Markenverband/GfK 2006, 14). Im Jahr 2005 dominierten dagegen bei 80 Prozent der befragten Führungskräfte die Steuerung und Kontrolle von Marken (1998: 50 Prozent) und bei 57 Prozent die Gründe Kauf/Verkauf/Fusion (1998: 52 Prozent). Deutlich weniger wichtig erschienen 2005 die unternehmensinterne Berichterstattung (1998: 32 Prozent, 2005: 30 Prozent) und die Lizenzierung von Marken (1998: 25 Prozent, 2005: 26 Prozent). Weitere wichtige Gründe, die allerdings nur im Jahr 2005 thematisiert wurden und für die daher kein zeitlicher Vergleich möglich ist, sind die Erfassung von Markenimages (63 Prozent), die Planung von Kommunikationsmaßnahmen (56 Prozent), Wettbewerbsanalysen (53 Prozent), Stärken-Schwächen-Analysen (53 Prozent), Handlungsempfehlungen für die Markenführung (43 Prozent), die Erfolgskontrolle der Markenführung (35 Prozent) und Markenvergleiche im eigenen Portfolio (32 Prozent) (vgl. PwC/Sattler/Markenverband/GfK 2006, 15).

Diese Werte können Ergebnissen der Forschergruppe um den Psychologen Schimansky gegenübergestellt werden, da auch sie im Jahr 2003 Gründe für (potenzielle) Markenbewertungen erhoben hat. Auf die Frage „Zu welchem Zweck würden Sie Markenbewertungen durchführen?“ antworteten im Durchschnitt 341 der 344 Experten. Die Positionierungen von Marken wurden als zentraler potenzieller Grund angeführt: 67 Prozent der Markenverantwortlichen meinten, dass sie aus diesem Grund Marken „regelmäßig“ oder „öfter“ bewerten lassen würden. Weitere wichtige Gründe waren die Erfassung von Marken-Images (66 Prozent), die Planung von Kommunikationsmaßnahmen (65 Prozent) und Wettbewerbsanalysen (65%) (vgl. Schimansky 2004, 18f).

Eine Übersicht kann die Ergebnisse dieser drei Befragungen zusammenfassen und somit die Gründe für Markenbewertungen verdeutlichen:

Gründe	1998 Sattler (n=44)	2003 Schim. (n=341)	2005 Sattler (n=88)
Steuerung und Kontrolle von Marken bzw. Markencontrolling	50%	45%	80%
Erfassung des Markenimages	-	66%	63%
Kauf/Verkauf/Fusion	52%	-	57%
Planung von Kommunikationsmaßnahmen	-	65%	56%
Stärken-Schwächen-Analyse	-	54%	53%
Wettbewerbsanalysen	-	65%	53%
Unternehmensinterne Berichterstattung	61%	-	47%
Handlungsempfehlungen für die Markenführung	-	59%	43%
Erfolgskontrolle der Markenführung	-	59%	35%
Markenvergleich im eigenen Portfolio	-	43%	32%
Unternehmensexterne Berichterstattung	32%	-	30%
Lizenzierung von Marken	25%	-	26%
Aufteilung des Budgets	27%	-	23%
Steuerliche Gründe	-	-	13%
Schadensersatzbestimmung bei Markenrechtsverletzung	9%	-	9%
Steuerung und Kontrolle von Führungskräften	16%	-	6%
Kreditsicherung von Marken	0%	-	5%
Sale-and-Lease-Back von Marken	-	-	1%
Kreditakquisition durch Marken	2%	-	-
Positionierung von Marken	-	67%	-
Benchmarking	-	51%	-

Quelle: eigene Darstellung nach PwC/Sattler 2001, 15; PwC/Sattler/Markenverband/GfK 2006, 14f; Schimansky 2004, 18f (Anm.: Die Forschergruppe um Sattler erhob in den Jahren 1998 und 2005 die Gründe von tatsächlichen vergangenen Markenbewertungen, die Forschergruppe um Schimansky im Jahr 2003 die Gründe von potenziellen Markenbewertungen; die Ergebnisse der Schimansky-Befragung sind die addierten Werte der Antworten „regelmäßige Durchführung" und „öftere Durchführung")

In Bezug auf den Sinn einer Berichterstattung über selbst erstellte Marken und andere selbst erstellte immaterielle Vermögenswerte in der unternehmerischen Handelsbilanz waren die Befragten im Jahr 2005 recht unentschieden: Etwa 47 Prozent waren dafür und etwa 38 Prozent dagegen. Die restlichen 15 Prozent äußerten sich unentschieden (vgl. PwC/Sattler/Markenverband/GfK 2006, 15f). Dieses Ergebnis geht mit einem Ergebnis einer anderen empirischen Studie konform: Im Januar 2007 haben die Unternehmensberatung Peakom und das Handelsblatt im Rahmen ihrer Studie „Unternehmen als Marke führen" gefunden, dass Markenbewertungen von den Befragten immer noch als unsicher und volatil wahrgenommen werden. Aus diesem Grund gaben 68 Prozent der 210 befragten Unternehmens-Manager an, Markenwerte nur in dem Fall in der Bilanz ausweisen zu wollen, wenn dieser Ausweis gesetzlich vorgeschrieben wäre. Ferner äußerten die Befragten die Auffassung, dass es ihnen vielmehr auf die

Informationen ankomme, wie sie den Markenwert managen können und wie die Marke den Geschäftserfolg stützen kann (vgl. Peakom/Handelsblatt 2007, 8). Der Blick in die Zukunft: Im Jahr 2005 planten 29 Prozent der befragten Führungskräfte, künftig monetäre Markenbewertungen durchführen zu lassen, 41 Prozent verneinten einen solchen Plan, und 29 Prozent waren unentschlossen. Noch im Jahr 1998 planten immerhin 42 Prozent der befragten Führungskräfte monetäre Markenbewertungen. Hier schlossen lediglich 33 Prozent der Befragten aus, Marken zukünftig monetär bewerten zu lassen, 25 Prozent waren unentschieden (vgl. PwC/Sattler/Markenverband/GfK 2006, 17f). Der primäre Grund für diese gesunkene Akzeptanz von monetärer Markenbewertung liegt für knapp die Hälfte der Befragten darin, dass „Markenbewertungen derzeit noch nicht zuverlässig durchführbar“ sind (vgl. PwC/Sattler/Markenverband/GfK 2006, 18). Es kann vermutet werden, dass diese Einstellung auch ein Resultat der Vielzahl an Publikationen ist, die wie die ersten beiden Auflagen von „Markenwert und Markenwertermittlung“ zwischen 1999 und 2005 deutlich auf Defizite der vorliegenden und am Markt angebotenen monetären Markenbewertungsverfahren hingewiesen haben. Eine dieser Studien, die für den Bereich Markenbewertung einen Professionalitätsmangel aufzeigen konnte, haben die Branchenzeitschrift „Absatzwirtschaft“ und das Beratungsunternehmen PricewaterhouseCoopers im Jahr 2004 initiiert: im Rahmen eines Experiments wurden neun bedeutende Anbieter von monetären Markenbewertungsverfahren gebeten, jeweils den monetären Markenwert einer fiktiven „Tank AG“ auszuweisen. Die ausgewiesenen Ergebnisse variierten zwischen 173 und 958 Millionen Euro und unterschieden sich somit um bis zu 553 Prozent (vgl. Absatzwirtschaft/PricewaterhouseCoopers 2004). Dies zeigt deutlich, dass bei weitem noch kein allgemein akzeptiertes Bestimmungsverfahren, keine „gemeinsame Währung“ der Markenbewertung vorhanden ist – ein Zustand, der sich bis heute nicht geändert hat.

8.3 Drei Gruppierungen

Die vorliegenden Markenbewertungsmodelle lassen sich anhand der Zugehörigkeit ihrer Anbieter in drei wesentliche Gruppierungen gliedern (vgl. Menninger 2007, 1):

1. *Anbieter aus dem Bereich Werbe- und PR-Agenturen*: Sie fokussieren insbesondere auf den kommunikativen Aspekt der Marke.
2. *Anbieter aus dem Bereich Markt- und Meinungsforschung*: Sie betonen insbesondere die Bedeutung der Ermittlung von Meinungen, von Einstellungen der Verbraucher gegenüber Marken und von Auswirkungen auf das Kaufverhalten.
3. *Strategische Berater (z.T. mit Spezialisierung auf Marketing- und Markenmanagement)*: Sie ermitteln vor allem monetäre Werte – jedoch auf Basis von sehr unterschiedlichen Verfahren.

Die Verhältnisse dieser drei Gruppierungen zueinander sind vor allem durch gegenseitige Kritik und den gegenseitigen Vorwurf einer einseitigen Vorgehensweise gekennzeichnet. Da diese Haltung jedoch einer Verbesserung bzw. Weiterentwicklung der Ansätze im Wege steht, haben sich drei zentrale Initiativen mit jeweiligem Fokus auf das Thema Markenwert gegründet. Sie alle versuchen, der charakteristischen Schnittstelle dieser Thematik gerecht zu werden und ihre Beziehungen zu verschiedenen Disziplinen wie Marketing, Marktforschung, Markenrecht und Finanzwirtschaft zu berücksichtigen und zu vereinen (vgl. Menninger 2007, 2).

8.4 Drei Initiativen

8.4.1 Bündelung von individuellem Wissen

Ein Ausweg aus dem Zustand der Skepsis bei unternehmerischen Entscheidern gegenüber dem Thema Markenbewertung wird vielfach in der Etablierung eines standardisierten und allgemein anerkannten Verfahrens zur monetären Markenbewertung gesehen. So haben PricewaterhouseCoopers, Sattler, der Markenverband und GfK im Jahr 2005 ermittelt, dass 67 Prozent der von ihnen befragten Führungskräfte aus deutschen Unternehmen allgemein anerkannte Bewertungsverfahren zur monetären Markenbewertung als wichtig einschätzen. 61 Prozent befürworten standardisierte Bewertungsverfahren (z.B. DIN, ISO) zur monetären Markenbewertung (vgl. PwC/Sattler/Markenverband/GfK 2006, 19f). Einige Marktpartner, die dieses Ziel angestrebt hatten, verfolgen es allerdings mittlerweile nicht mehr, so z.B. das „Institut für Markenwert" in Frankfurt/Main. Primär unterstützt vom Melitta-Konzern war dieses Institut im Jahr 2003 mit der Ambition gestartet, ein umfassendes monetäres Markenbewertungsmodell zu entwickeln. Zwischenzeitlich ist es von diesem Ziel abgerückt und bietet aktuell Consultingdienstleistungen und eigene Markenbewertungen an.

Im Gegenzug haben sich aber auch einige Arbeitskreise zum Thema „Markenbewertung" zusammengeschlossen. Diese Initiativen zeigen, dass das Thema „Markenbewertung" zwar in der Fachöffentlichkeit der Branche an Publizität eingebüßt hat, gleichzeitig aber „hinter den Kulissen" nach wie vor recht lebendig ist und als wichtig eingeschätzt wird. *Drei dieser Arbeitskreise* gelten als relevant, da sich jeweils eine größere Anzahl von relevanten Anbietern von Markenbewertungsmodellen in ihnen engagieren (vgl. PwC/Sattler/Markenverband/GfK 2006, 18f; Menninger 2007, 1). Diese drei Gruppierungen sind:

- das Project Committee „Brand Valuation" der International Organization for Standardization (ISO) [mit seinem deutschen Spiegelgremium, dem Normenausschuss Gebrauchstauglichkeit und Dienstleistungen (NAGD) des Deutschen Instituts für Normierung (DIN)]

- das „Brand Valuation Forum“ [Arbeitskreis unter dem Dach der Gesellschaft zur Erforschung des Markenwesens (GEM) und des Markenverbands]
- der Fachausschuss Unternehmensbewertung und Betriebswirtschaft (FAUB) des Instituts der Wirtschaftsprüfer (IDW)

Die Ziele aller drei Gruppierungen bestehen in der Bündelung individuellen Wissens zur Markenbewertung, in der Erhöhung der Transparenz und in der Harmonisierung der unterschiedlichen Markenbewertungsverfahren.

Im Jahr 2005 haben PricewaterhouseCoopers, Sattler, der Markenverband und GfK im Rahmen ihrer oben bereits angesprochenen Befragung von Führungskräften in deutschen Unternehmen nach der Bekanntheit dieser drei Gruppierungen gefragt. Es hat sich gezeigt, dass 43 Prozent der Befragten den Arbeitskreis „Brand Valuation Forum“ kennen, der sich unter dem Dach der Gesellschaft zur Erforschung des Markenwesens (GEM) und des Markenverbands etabliert hat. Deutlich geringer sind die Bekanntheitswerte der anderen beiden Gruppen: 30 Prozent der Befragten kennen den Normenausschuss Gebrauchstauglichkeit und Dienstleistungen (NAGD) des Deutschen Instituts für Normierung (DIN), und lediglich 11 Prozent geben an, den Fachausschuss Unternehmensbewertung und Betriebswirtschaft (FAUB) des Instituts der Wirtschaftsprüfer (IDW) zu kennen (vgl. PwC/Sattler/Markenverband/GfK 2006, 18f).

8.4.2 Das Project Committee „Brand Valuation“ der International Organization for Standardization (ISO)

Das *Project Committee „Brand Valuation“ der International Organization for Standardization (ISO)* wurde im Jahr 2006 von dem ISO-Zentralsekretariat in Genf beauftragt und hat sich im März 2007 in Berlin gegründet. Ihm gehören Markenwert-Experten (z.B. Unternehmensberater, Wirtschaftsprüfer) aus folgenden 13 Schlüssel-Mitgliedsländern an: Australien, Bulgarien, China, Finnland, Frankreich, Großbritannien, Japan, die Niederlande, Österreich, Spanien, Südkorea und Schweden. Die Länder Dänemark und Schweiz haben derzeit den Status von „Observing Countries“ und prüfen derzeit einen Anschluss an das Project Committee. Die Markenwert-Experten, die aus den einzelnen Länder in das ISO-Project Committee entsandt wurden, gehören in ihren Heimatländern nationalen Spiegelgremien dieses Project Committees an. Dies bedeutet, das jedes Mitgliedsland ein eigenes nationales Komitee zum Thema Markenbewertung eingerichtet hat, das jeweils Mitglieder in das ISO-Project Committee „Brand Valuation“ entsendet.

Der *Normenausschuss Gebrauchstauglichkeit und Dienstleistungen (NAGD) des Deutschen Instituts für Normierung (DIN)* ist das deutsche Spiegelgremium. Er strebt einen weltweit einheitlichen Standard für Markenwertmessungen an, also eine Meta-Norm, die kein eigenes Markenbewertungsmodell und auch keine „Bedienungsanleitung“ für praktische Markenwertberechnungen darstellt, sondern nur grundsätzliche Vorgaben über Methoden und Komponenten von Markenwertberechnungen formuliert, die der individuellen Markenbewertung einen gewissen Spielraum lassen. Der NAGD sitzt dem ISO-Project Committee „Brand Valuation" im Sinne eines Sekretariats auch vor. International Chairman des ISO-Project Committees ist Christopher Scholz, der stellvertretende Hauptgeschäftsführer des deutschen Markenverbands. Er ist zugleich Obmann des deutschen Spiegelgremiums, also des NAGD. Dieses wiederum wird von Claudia Laabs vom Deutschen Institut für Normierung geleitet, die Deutschland auch auf ISO-Ebene vertritt.

Im Frühsommer 2009 hat das ISO-Project Committee einen Entwurf entwickelt und als „Draft International Standard" (ISO/DIS 10668) veröffentlicht. Während der Veröffentlichungsphase des Drafts im Sommer 2009 kann jedermann Anmerkungen zu ihm bei der ISO einreichen. Auf der Basis dieser Einwände wird im Winter 2009/2010 ein finaler „International Standard" erarbeitet werden.[30]

Dieser Draft hat den Anspruch, die Anforderungen zu spezifizieren, die für die Durchführung von monetären Markenbewertungen erforderlich sind. Er bestimmt ein „Intangible Asset" als

> „identifiable non-financial asset with no physical substance" (ISO-Project Committee „Brand Valuation" 2009, 1).

Marken werden als die wertvollsten Intangible Assets benannt. Sie werden verstanden als

> „marketing related intangible assets including but not limited to names, terms, signs, symbols, logos, designs, or a combination of these, intended to identify goods and/or services creating distinctive images/associations regarding a good or service which is firmly anchored in the mind of stakeholders and thus generates economic benefits/values for the beneficiary" (ISO-Project Committee „Brand Valuation" 2009, 1).

In Bezug auf Anforderungen an Markenbewertungen wird zwischen generellen und spezifischen Anforderungen unterschieden: Generelle Anforderungen beinhalten allgemeine Parameter wie Transparenz, Validität, Reliabilität, Zulänglichkeit, Objektivität und die Berücksichtigung von Finanz-, Verhaltens- und juristischen Parametern. Demgegenüber umfassen spezifische Anforderungen die Definition bzw. Beschreibung der zu bewertenden Marke, die Benennung des Bewertungsverfahrens (auf Basis der durch die Marke erzielten Einnahmen, Gewinne oder den durch die Marke eingesparten Kosten) sowie die Angabe des Grunds der Markenbewertung. Als Gründe für Markenbewertungen werden beispielhaft genannt: Information des Managements, Strategische Planung, Value Reporting, Rechnungswesen, Markenveräußerung, juristische Transaktionen, Markenlizenzierung, Unterstützung von Rechtsstreitigkeiten, Beilegung von Rechtsstreitigkeiten, Steuerplanung und -einhaltung sowie Fundraising (vgl. ISO-Project Committee „Brand Valuation" 2009, 3).

[30] Derzeit ist geplant, diesen im Beuth-Verlag zu veröffentlichen.

Auf der Basis dieser einleitenden Bestimmungen und Definitionen thematisiert der Draft Bewertungsverfahren und -methoden. Hier wird generell unterschieden zwischen drei Gruppen von Verfahren (vgl. ISO-Project Committee „Brand Valuation“ 2009, 4ff.). Diese basieren auf
1) den durch die betreffenden Marke zu erzielenden Erlösen,
2) dem Zugang über den betreffenden Markt und
3) den durch die Marke verursachten Kosten.
Das jeweilige Ziel der Markenbewertung, das jeweilige Wertverständnis sowie die individuellen Charakteristika der zu bewertenden Marke sind jeweils entscheidend für die Auswahl des bzw. der am besten geeigneten Markenbewertungsmethode(n).

Diese Methoden sind im einzelnen:

1) **Markenerlösbasierte (bzw. kapitalwertorientierte) Markenbewertungsverfahren**
   Diese Bewertungsverfahren bestimmen den Wert einer Marke auf Basis des materiellen Nutzens, der durch die Marke über die Dauer ihres Lebenszyklusses erwirtschaftet werden kann. Konkret werden hier die Nach-Steuer-Cash-Flow-Ströme bis zum Ende der Nutzungsdauer der Marke geschätzt und mit einem angemessenen Diskontsatz abgezinst, um den gegenwärtigen Markenwert zu erhalten. Die hier zu verwendenden Cash-Flows werden durch die Differenz zwischen den Cash-Flows, die ein Unternehmen mit der betreffenden Marke erzielen kann, und den Cash-Flows, die es ohne diese Marke erzielen kann, bestimmt. In diesem Rahmen werden sechs Verfahren benannt (vgl. ISO-Project Committee „Brand Valuation“ 2009, 4ff.):
   - *die Preis-Premium-Methode:* Hier wird der Markenwert auf der Basis des durch die Marke ermöglichten Preis-Premiums bestimmt. Zu diesem Zweck wird der Preis der zu bewertenden Marke mit dem Preis einer unmarkierten Konkurrenzmarke (z.B. einer Handelsmarke) oder einer sehr schwachen konkurrierenden Marke verglichen.
   - *die Volumen-Premium-Methode:* Dieses Verfahren bestimmt den Markenwert auf der Basis der abgesetzten Mengen, die auf die Existenz der betreffenden Marke zurückzuführen sind. Als Indikator hierfür dient der Marktanteil. Konkret soll der durch die betreffende Marke generierte Mehr-Erlös als jener Erlös bestimmt werden, der auf den erhöhten Marktanteil zurückzuführen ist. Da Marktanteilsgewinne aber oftmals auch auf den betreffenden Markt zurückgeführt werden können, sollen Markenbewertungen, die auf der Volumen-Premium-Methode basieren, die Unvollkommenheit des Marktes berücksichtigen und diese Methode um weitere Methoden ergänzen, so insbesondere um die Preis-Premium-Methode.
   - *die Income-Split-Methode:* Diese Methode bestimmt den ökonomischen Profit auf der Basis des Netto-Gewinns abzüglich der Kosten für das eingesetzte Kapital. Auf der Basis von verhaltenswissenschaftlichen Analy-

sen wird anschließend der Anteil der Marke an der Steigerung des Gewinns bzw. an der Reduktion von Kosten bestimmt.

- *die Multi-Period-Zuschlags-Gewinn-Methode (Residualwertmethode):* Hier wird der Markenwert als der gegenwärtige Wert der zukünftigen Cash Flows abzüglich der Renditen aller anderen für den Geschäftsbetrieb notwendigen Vermögenswerte bestimmt. Wenn mehrere immaterielle Vermögenswerte Cash Flows generieren, muss eine Bewertung jeder einzelnen Vermögenswert-Gruppe vorgenommen werden, um die Kapitalkosten für jede dieser Vermögenswert-Gruppen bestimmen zu können.
- *die Incremental Cash-Flow-Methode (Mehrgewinnmethode):* Dieses Verfahren bestimmt den Cash-Flow, den ein Unternehmen durch eine Marke generiert, durch Vergleich dieses Unternehmens mit einem vergleichbaren Unternehmen, das nicht über eine solche Marke verfügt. Diese Cash-Flows werden nicht nur durch erhöhte Einnahmen, sondern auch durch reduzierte Kosten erwirtschaftet. Diese müssen in den Berechnungen berücksichtigt werden.
- *die Royalty Relief Methode (Lizenpreis-Analogie-Methode):* Diese Methode nähert sich dem monetären Markenwert über den Gedanken, dass die betreffende Marke von dem jeweiligen Unternehmen nicht besessen, sondern gegen Zahlung einer Lizenz-Gebühr genutzt wird. Der gegenwärtige monetäre Wert dieser Marke wird demnach bestimmt als gegenwärtiger Wert der zukünftigen Lizenzgebühren, die das Unternehmen durch den Besitz der Marke spart und nicht zu entrichten hat. Basis für solche Berechnungen stellen Analysen der zur Verfügung stehenden Daten von Lizenzierungen vergleichbarer Marken dar.

2) Das marktpreisbasierte Markenbewertungsverfahren

Dieses Verfahren misst den Markenwert auf der Basis der Marktpreise, die andere Käufer in diesem Markt für vergleichbare Marken bzw. Vermögensgegenstände bezahlt haben. Auf dieser Grundlage kann der Preis geschätzt werden, der erzielt werden könnte, wenn die betreffende Marke in diesem Markt verkauft werden würde (vgl. ISO-Project Committee „Brand Valuation" 2009, 6f).

3) Kostenbasierte Markenbewertungsverfahren

Hier kann zwischen drei Bewertungsverfahren unterschieden werden (vgl. ISO-Project Committee „Brand Valuation" 2009, 7). Sie setzen an den Kosten an,

- die notwendig waren, um die Marke aufzubauen,
- die notwendig wären, um sie zu ersetzen (*Wiederbeschaffungskostenmethode*), oder
- die notwendig wären, um sie erneut aufzubauen (*Reproduktionskostenmethode*).

Diese drei Verfahren gehen von dem Gedanken aus, dass der Markenwert über den Preis ermittelt werden kann, den ein Investor im Rahmen eines Markenerwerbs zu zahlen bereit wäre.

Eine Übersicht stellt die verschiedenen Verfahren und Methoden vor:

	Verfahren		
	Markenerlösbasierte Verfahren	**Marktpreisbasiertes Verfahren**	**Kostenbasierte Verfahren**
Methoden	1. Preis-Premium-Methode 2. Volumen-Premium-Methode 3. Incom-Split-Methode 4. Multi-Period-Zuschlags-Gewinn-Methode 5. Incremental Cash-Flow-Methode 6. Royalty-Relief-Methode (Lizenzpreis-Analogie-Methode)	1. Messung der Marktpreise von vergleichbaren Marken	1. Analyse der zum Markenaufbau notwendigen Kosten 2. Wiederbeschaffungskostenmethode 3. Reproduktionskostenmethode

Quelle: eigene Darstellung nach ISO-Project Committee „Brand Valuation“ 2009, 4ff.

Im weiteren werden die für die jeweilige Markenbewertung notwendigen Inputgrößen bestimmt. Diese betreffen insbesondere *Marktdaten*: Im Rahmen der Markenbewertung sollen die jeweils gegenwärtigen und vorhergesagten Marktvolumina, Werte, Renditen und Kanäle kritisch geprüft und mit jeweiligen Schätzungen abgeglichen werden (vgl. ISO-Project Committee „Brand Valuation“ 2009, 7f).
Ferner werden *verhaltenswissenschaftliche Aspekte* betont (vgl. ISO-Project Committee „Brand Valuation“ 2009, 8f). Hier wird angemerkt, dass die Beziehungen der zu bewertenden Marke zu ihren Bezugsgruppen („stakeholders“) in jede monetäre Markenbewertung einfließen sollen. Ein Stakeholder wird definiert als jemand, dessen Entscheidungsfindung aktuell durch eine Marke beeinflusst wird oder potenziell durch sie beeinflusst werden kann – dies können Kunden, aktuelle und potenzielle Mitarbeiter, Meinungsführer, Anteilseigner und Investoren sein. Ferner sollen Markenbewertungen alle Formen, in denen eine Marke Wert schöpfen kann, berücksichtigen und somit den gesamten ökonomischen Nutzen der Marke widerspiegeln. Hintergrund dieser Anmerkung ist der Ansatz, dass die Bedeutung bzw. die Bedeutungen der Marke bei ihren di-

versen Bezugsgruppen den Kern des Werts einer Marke darstellen. Dies hat eine Reihe von Auswirkungen. Drei von ihnen werden angeführt:

- Die erste Auswirkung besteht in der Tatsache, dass Marken eine bessere Wiedererkennbarkeit und bessere Verbindungen zwischen den Kommunikationsbotschaften bewirken. Dies macht wiederum die diversen Kommunikationsinitiativen eines Unternehmens effizienter und trägt zu der Profitabilität des Unternehmens bei.
- Die zweite Auswirkung besteht in dem Beitrag der Marke zur Differenzierung der markierten Produkte und Dienstleistungen. Diese führt zu Präferenzbildung bei den Kunden der Marke und stimuliert ihr Kaufverhalten. So generieren Marken finanzielles Wachstum für die betreffenden Unternehmen.
- Eine dritte Auswirkung besteht darin, dass Marken Kunden akquirieren und binden und dadurch einen Beitrag zur Nachhaltigkeit des Geschäfts ihrer Unternehmen leisten. So sichern Marken die zukünftige Nachfrage und reduzieren die operativen Risiken ihrer Unternehmen.

Ferner soll die Situation der Marke samt ihrer Markenwerttreiber bestimmt werden: Hintergrund ist hier die Erkenntnis, dass die emotionalen und rationalen Beziehungen der Bezugsgruppen der Marke ihren zukünftigen Erfolg sowie die Erhaltung bzw. Steigerung ihres Werts bewirken. Daher muss eine umfassende und gewissenhafte Bewertung der Beziehungen der Marke zu ihren relevanten Stakeholdern vorgenommen und mit den entsprechenden Werten für die Konkurrenzmarken abgeglichen werden (vgl. ISO-Project Committee „Brand Valuation" 2009, 8).

Um die zukünftigen Absätze, Umsätze und Risiken prognostizieren zu können, soll die Markenstärke bei den relevanten Stakeholdergruppen bestimmt werden. In der Regel werden Messungen der Markenbekanntheit, der Bekanntheit der Markenattribute, des Markenwissens, der Einstellung gegenüber der Marke und der Markentreue vorgenommen, um die Markenstärke zu bestimmen. Allerdings können der Umfang und die Qualität der zur Bestimmung der Markenstärke erhobenen Daten von Marke zu Marke deutlich variieren. Ferner kann die Stärke einer Marke durch Wechsel im Konsumentenverhalten, durch Trends, durch Markeninvestitionen, durch Aktivitäten der Wettbewerber und durch Markenschutz-Programme beeinflusst werden (vgl. ISO-Project Committee „Brand Valuation" 2009, 8).

Ferner ist im Rahmen jeder Markenwertermittlung eine Bestimmung der Bedeutung der Marke in ihrem spezifischen Markt bzw. Marktsegment vorzunehmen. Diese Markenrelevanz beschreibt den Einfluss der Marke auf die Kaufentscheidungen ihrer Zielgruppe. Kombiniert man die Markenrelevanz mit den Spezifika ihres Unternehmens, so wird ersichtlich, welchen Wert die Marke zu dem Gesamtwert des Unternehmens beiträgt, also welcher Anteil am Cash-Flow des Unternehmens auf die betrachtete Marke zurückgeführt werden kann. Da solche Bestimmungen der Markenrelevanz stets in Relation zur aktuellen und zur zukünftigen Situation der Marke vorzunehmen sind, müssen Schätzungen der zukünftigen Bedeutung der Marke in ihrem Markt bzw. in ihrem Marktseg-

ment vorgenommen werden (vgl. ISO-Project Committee „Brand Valuation" 2009, 9).
Ein weiterer Schwerpunkt dieses Drafts liegt in der Thematisierung von juristischen Aspekten der Markenbewertung (vgl. ISO-Project Committee „Brand Valuation" 2009, 9f): In diesem Punkt wird zuerst auf den rechtlichen Schutz der Marke eingegangen. Um den Markenschutz zu bestimmen, sollen die einzelnen Schutzmaßnahmen und die Nutznießer dieser Schutzmaßnahmen genannt werden sowie die Gesetze, die den Markenwert beeinflussen, bestimmt werden. Dieser Markenschutz sollte individuell für alle relevanten geographischen Regionen und Nationen geprüft werden, da die Marken-Schutz-Gesetze in den unterschiedlichen Regionen und Nationen variieren. Ferner sollte geprüft werden, inwiefern Dritte durch Gewohnheitsrechte Ansprüche an die Marke haben. Weitere relevante Parameter sind Unterscheidungskraft, Umfang der Nutzung, Umfang der Registrierung, Bekanntheitsgrad, Ausfallrisiken, der Zeitrang (im Patentrecht), die Markenverwässerung sowie die Fähigkeit bzw. der Wille der Eigentümer, den Markenschutz zu vollstrecken (vgl. ISO-Project Committee „Brand Valuation" 2009, 10).
In Bezug auf die Qualität des Datenmaterials formuliert der Draft, dass der Markenwert-Gutachter verlässliches Datenmaterial des Eigentümers der Marke sowie von Dritten nutzen soll. Weiterhin soll er diese Daten hinsichtlich ihrer Relevanz und ihrer Konsistenz bewerten.
Abschließend wird daraufhin gewiesen, dass der Gutachter Sorgfalt und professionelles Urteilsvermögen nutzen soll, um zu einer objektiven und unabhängigen Bewertungsmeinung zu kommen (vgl. ISO-Project Committee „Brand Valuation" 2009, 10).

8.4.3 Das „Brand Valuation Forum" (BVF)

Das „*Brand Valuation Forum*" (BVF) ist ein Arbeitskreis unter dem Dach der Gesellschaft zur Erforschung des Markenwesens (GEM) und des Markenverbands, in dem sich neun Urheber von Markenbewertungsmodellen zusammengeschlossen haben.[31] Alle diese neun Mitglieder hatten vorher an dem von PricewaterhouseCoopers und der Fachzeitschrift „absatzwirtschaft" initiierten Projekt der monetären Bewertung der fiktiven Marke „Tank AG" teilgenommen (vgl. Absatzwirtschaft/PricewaterhouseCoopers 2004). Das „Brand Valuation Forum" will auf Basis marktgerechter monetärer Bewertungsverfahren einen einheitlichen Rahmen entwickeln, der die verschiedenen am Markt angebotenen Verfahren einordnet – eine vollständige Nivellierung der vorhandenen Verfahren zu einem einzigen Standard stellt dagegen ausdrücklich kein Ziel des BVF dar (vgl. o.V. 2007, 16; BVF/GEM 2007, 7). Als Grund hierfür werden die un-

[31] Diese neun Mitglieder sind BBDO Consulting, B.R. Brand Rating, Ernst & Young, GfK Marktforschung, Interbrand Zintzmeyer und Lux, Konzept und Markt, KPMG Deutsche Treuhandgesellschaft, PricewaterhouseCoopers, semion brand broker.

terschiedlichen Anlässe für Markenbewertungen angeführt, die jeweils adäquate Ansätze der Markenbewertung erfordern. Ob ein Markenbewertungsmodell allein eines Tages allen diesen Anlässen gerecht werden wird, stellen die BVF-Mitglieder in Frage.
Das BVF hat „Zehn Grundsätze der monetären Markenbewertung“ erarbeitet und im März 2007 vorgestellt. Sie beschreiben die aus BVF-Sicht zehn zentralen Schritte eines jeden Markenbewertungsverfahrens. Die Ziele dieser Grundsätze liegen – so die Autoren – in der Steigerung der Transparenz und der Nachvollziehbarkeit von monetärer Markenbewertung, die sich in einer erhöhten Nachvollziehbarkeit der in den verschiedenen Markenbewertungen berücksichtigten Faktoren ausdrücken (vgl. o.V. 2007, 16; BVF/GEM 2007, 29). Konkret soll jeder an Markenbewertungen Interessierte anhand dieser zehn Grundsätze nachvollziehen können, „welche Aspekte in die Bewertung seiner Marke eingeflossen sind und was seinen Markenwert möglicherweise von anderen unterscheidet“ (vgl. BFV/GEM 2007, 7). Eine Gewichtung dieser Grundsätze wurde bislang allerdings nicht vorgenommen (vgl. Bottler 2007, 15).
Diese „Zehn Grundsätze der monetären Markenbewertung“ beschreiben nach Auffassung der BVF-Autoren die wichtigsten Schritte eines Bewertungsverfahrens, die in jedem seriösen Bewertungsmodell und auch in jedem Bericht bzw. in jedem Gutachten zu finden sein müssen (vgl. BFV/GEM 2007, 10). Sie basieren auf einem Markenverständnis, das *drei ökonomische Funktionen von Marken* betont (vgl. BFV/GEM 2007, 13f): zum ersten werden Marken als Kommunikationsplattformen gesehen, die Orientierung geben, klare Absenderzugehörigkeit signalisieren und dadurch Wiedererkennbarkeit und Kontinuität der kommunikativen Wirkung sicherstellen. Als zweite ökonomische Markenfunktion werden differenzierende Qualitäten von Marken benannt, die die Markenwahrnehmung bestimmen, eine Identifikationsplattform für Kunden darstellen und dadurch Kaufentscheidungen beeinflussen. Mit diesen Ansätzen gehen Möglichkeiten einher, für Marken ein Preispremium zu generieren und so höhere zukünftige Erträge zu erwirtschaften. Als dritte ökonomische Markenfunktion charakterisieren die BVF-Autoren die Marke als „Materialisierung hoher Wertschätzung“ und als Basis für Kundenbindung, da sie oftmals die einzige erkennbare Konstante zwischen Unternehmen und Kunden darstellt. Auf der Grundlage dieses Markenverständnisses definieren die Mitglieder des „Brand Valuation Forums“ den „Markenwert“ als

> „gegenwärtigen Wert (...) der zukünftigen Erträge (...), die alleine auf das Vorhandensein der Marke zurückgeführt werden können“ (BVF/GEM 2007, 13).

Auf dieser Basis hat das „Brand Valuation Forum“ *„zehn Grundsätze der Markenbewertung“* entwickelt, die im Folgenden in der Original-Kurzform wiedergegeben werden (vgl. BVF/GEM 2007, 10ff.):

Grundsatz 1: Berücksichtigung des Bewertungsanlasses und der Bewertungsfunktion
Markenbewertungen werden aus verschiedenen Anlässen (z.B. wertorientierte Markenführung oder finanzorientierte Kommunikation) durchgeführt. Der Bewerter hat deshalb sicherzustellen, dass eine dem Anlass adäquate Methode zugrunde gelegt wird

Grundsatz 2: Berücksichtigung der Markenart und Markenfunktion
Marken kommen in unterschiedlichen Erscheinungsformen vor, zum Beispiel als Produkt-, Dach- oder Unternehmensmarke. Deshalb sollte zunächst eine genaue Definition erfolgen, um welche Art von Marke es sich handelt und welche Funktion sie im Markt erfüllt. Diese Differenzierung ist für die angemessene Bestimmung der relevanten Markenrisiken unabdingbar (vgl. Grundsatz 9).

Grundsatz 3: Berücksichtigung des rechtlichen Markenschutzes
Marken sind immaterielle Vermögenswerte eines Unternehmens. Als solche sind sie flüchtig und volatil. Der erste Hinweis ihrer Existenz ist ihr Markenschutz. Eine Bewertung sollte immer auf der Basis gesicherter Markenrechte erfolgen.

Grundsatz 4: Berücksichtigung der Marken- und Zielgruppenrelevanz
Jedes Bewertungsverfahren sollte auf Marktdaten gestützt sein. Auch wenn Marken per definitionem einzigartig sind, basiert jede Bewertung auf vergleichbaren Informationen

Grundsatz 5: Berücksichtigung des aktuellen Markenstatus auf der Basis von repräsentativen Daten der relevanten Zielgruppe
Die Ermittlung des Markenstatus beruht auf der Identifikation des Markenerfolgs und der Markenstärke.

Grundsatz 6: Berücksichtigung des Markenpotenzials und der wirtschaftlichen Lebensdauer der Marke
Eine monetäre Bewertung, die auf Einzahlungsüberschüssen basiert, wird ausschließlich die zukünftigen markenspezifischen Einzahlungen berücksichtigen. Vor dem Hintergrund zukünftiger markenspezifischer Erträge wird jede Bewertung deshalb eine Begründung für die angemessene Nutzungsdauer der Marke geben.

Grundsatz 7: Berücksichtigung von markenspezifischen Einzahlungsüberschüssen durch empirische Methoden in der relevanten Zielgruppe
Grundsätzlich sind für Marken mehrere Bewertungsverfahren denkbar. Für manche Bewertungsanlässe kann eine Ermittlung auf Basis von Lizenzpreisen ausreichend sein. Es herrscht jedoch große Einigkeit, dass das zu präferierende Bewertungsverfahren die Erträge berücksichtigt, die ein Unternehmen eben des-

halb erzielt, weil es sich durch die Marke von Mitbewerbern im Markt zu unterscheiden vermag. Diese markenspezifischen Erträge können prinzipiell sehr unterschiedlich ermittelt werden, sollten aber im Mittelpunkt eines jeden Bewertungsverfahrens stehen und genau beschrieben werden.

Grundsatz 8: Berücksichtigung eines kapitalwertorientierten Verfahrens und eines angemessenen Diskontierungssatzes
Bewertungsverfahren, die auf Zukunftserfolgswerten fokussieren, basieren grundsätzlich auf den Erkenntnissen der Finanzierungstheorie, das heißt auf kapitalmarkttheoretischen Bewertungsverfahren. Die meisten Markenbewertungsverfahren basieren auf dem Barwertkalkül, in dem erwartete zukünftige Überschüsse auf den Bewertungszeitpunkt abgezinst werden. Im Barwertkalkül wird das Unternehmensrisiko, verstanden als zukünftige Kapitalkosten, auch bei der Bewertung der Marke berücksichtigt.

Grundsatz 9: Markenspezifische Risiken (Markt- und Wettbewerbsrisiken)
Zukünftige Erträge unterliegen Risiken, die in der Natur der Zukunft, das heißt der Unsicherheit, liegen. Das Unternehmensrisiko kann vom Markenrisiko abweichen. Deshalb kann die Berücksichtigung des Unternehmensrisikos – bestimmt als die Kapitalkosten – unter Umständen nicht ausreichend sein. Ergänzend müssen markenspezifische Risiken angemessen berücksichtigt werden.

Grundsatz 10: Nachvollziehbarkeit und Transparenz
Eine Bewertung ist nur dann aussagekräftig, wenn sie den Grundsätzen der Validität, Reliabilität, Objektivität und Transparenz verpflichtet ist.

8.4.4 Das Institut der Wirtschaftsprüfer (IDW)

Das *Institut der Wirtschaftsprüfer (IDW)* hat zur Auseinandersetzung mit dem Thema Bewertung von immateriellen Vermögenswerten – und damit auch Markenwerten – seinen Fachausschuss Unternehmensbewertung und Betriebswirtschaft (FAUB) gegründet. Im August 2006 hat dieser Fachausschuss einen IDW-Standard-Entwurf mit Grundsätzen zur Bewertung immaterieller Vermögensgegenstände unter dem Kürzel „IDW ES 5“ verabschiedet (vgl. Institut der Wirtschaftsprüfer 2006). Dieser wurde im September 2007 auch vom Hauptfachausschuss des IDW verabschiedet und erhielt dadurch den Status eines IDW Standards, des „IDW S 5“.
Unter immateriellen Vermögensgegenständen versteht dieser Standard

> „ein in Leistungserstellungsprozessen eingesetztes wirtschaftliches Gut (...), dessen Substanz nicht körperlich wahrnehmbar ist, sondern beispielsweise als Recht, Beziehung, Wissen oder Information, Prozess, Verfahren oder Gedanke in Erscheinung tritt“ (Institut der Wirtschaftsprüfer 2006, 2).

Es zeigt sich, dass der Begriff des „immateriellen Vermögensgegenstands" weit über „Marken" hinausgeht. Der „IDW S 5" benennt fünf Formen immaterieller Vermögenswerte (vgl. Institut der Wirtschaftsprüfer 2006, 4f):

1. *Marketingbezogene immaterielle Vermögenswerte*, also Warenzeichen, Handelsmarken, Konsummarken, Einzelmarken, Dachmarken, eingetragene Marken, Markenauftritte oder Internet-Domainnamen.
2. *Kundenorientierte immaterielle Vermögenswerte* wie Kundenlisten, Auftragsbestände, Fertigungsverträge, Kundenverträge oder Kundenbeziehungen.
3. *Auf sonstigen vorteilhaften Verträgen oder Rechten basierende immaterielle Vermögenswerte*, z.B. Lizenzen, Verträge (z.B. Dienstleistungsverträge), Leasing- oder Franchisevereinbarungen oder Konkurrenzklauseln.
4. *Technologiebasierte immaterielle Vermögenswerte* wie patentierte oder unpatentierte Technologien, Geschäftsgeheimnisse, Software oder Datenbanken.
5. *Kunstbezogene immaterielle Vermögenswerte*, also Rechte an Kunst, wie z.B. an Theaterstücken, Musikstücken, Kompositionen, Bildern, Videos oder Fernsehprogrammen.

Als Basis für den Wert eines immateriellen Vermögensgegenstands gibt der IDW S 5 an, dass sich ein solcher Wert stets auf den zu erwartenden zukünftigen finanziellen Nutzen bezieht, der durch den immateriellen Vermögensgegenstand realisiert werden kann. Zur Ermittlung des monetären Werts eines solchen immateriellen Vermögensgegenstands werden *drei Verfahren* unterschieden (vgl. Institut der Wirtschaftsprüfer 2006, 5ff.):

1. *Das marktpreisorientierte Verfahren (market approach)*: Die erste Methode besteht in der Beobachtung der Preise von immateriellen Vermögenswerten auf einem aktiven Markt. Ist dieses nicht möglich, so werden Marktpreise durch Analogiemethoden bestimmt, also durch die Beobachtung von vergleichbaren Vermögenswerten auf einem aktiven Markt (d.h. einem Markt, auf dem homogene Güter von einer hinreichend großen Anzahl vertragswilliger Käufer und Verkäufer zu öffentlich bekannten Preisen gehandelt werden). Der Einsatz solcher Analogiemethoden für die Bewertung von immateriellen Vermögensgegenständen ist aber sehr schwierig, da immaterielle Vermögensgegenstände nur selten auf aktiven Märkten gehandelt werden und da die Daten aus relevanten Vergleichstransaktionen nur selten in dem benötigten Umfang zur Verfügung stehen.
2. *Das kapitalwertorientierte Verfahren (income approach)* basiert auf der Annahme, dass der Wert eines immateriellen Vermögensgegenstands aus dessen Eigenschaft resultiert, zukünftige Ergebnisbeiträge in Form von Cashflows zu generieren. Probleme bei der Ermittlung dieser Cashflows bestehen in der Regel darin, Cashflows zu separieren, sie individuell zu benennen und den zeitlichen Horizont zu bestimmen, der als Grundlage für die Cashflow-Berechnung herangezogen werden sollte. Zentral ist hier die

Risikozuschlagsmethode, die das Risiko der zukünftigen Cashflows eines immateriellen Vermögensgegenstands durch Diskontierung der Erwartungswerte der Cashflows mit einem risikoangepassten Kapitalisierungszinssatz ermittelt.[32] Es werden *vier Methoden der Risikozuschlagsmethode* beschrieben:

- Die erste Methode ist die *Methode der unmittelbaren Cashflow-Prognose*, die aber nur anwendbar ist, wenn Cashflows ermittelt werden können, die den immateriellen Vermögenswerten direkt zurechenbar sind: diese werden dann mit dem vermögenswertspezifischen risikoadjustierten Kapitalisierungszinssatz diskontiert.
- Die zweite Methode ist die Methode der *Lizenzpreisanalogie,*[33] welche auf dem fiktiven Gedanken basiert, dass der Besitz immaterieller Vermögensgegenstände ihrem Besitzer die Nutzung fremder, zu lizenzierender Vergleichsobjekte mit vergleichbarem Nutzen erspart und ihm so auch die jeweiligen Lizenzentgelte erspart. Diese ersparten Lizenzentgelte werden auf Basis marktüblicher Vergleichs-Lizenzgebühren bestimmt und anschließend mit den geplanten Umsatzerlösen des betreffenden immateriellen Vermögensgegenstands multipliziert. Bereinigt um die zu berücksichtigenden Unternehmenssteuern und diskontiert mit dem vermögenswertspezifischen Kapitalkostensatz ergibt sich der Wert des betreffenden immateriellen Vermögensgegenstands.
- Die dritte Methode ist die *Mehrgewinnmethode*[34]: hier werden die zukünftigen Cashflows des Unternehmens, das über einen bestimmten immateriellen Vermögensgegenstand verfügt, mit den Cashflows eines fiktiven Vergleichsunternehmens, das über diesen immateriellen Vermögensgegenstand nicht verfügt, verglichen. Das Ziel besteht darin, diejenigen zukünftigen Cashflows pro Periode bestimmen zu können, die eindeutig auf den betrachteten immateriellen Vermögensgegenstand zurückzuführen sind. Anschließend werden diese Cashflows separiert und mit dem vermögenswertspezifischen Kapitalkostensatz multipliziert.
- Die vierte Methode ist die *Residualwertmethode,*[35] welche bei der Ermittlung von Einzahlungsüberschüssen fiktive Auszahlungen für „unterstützende", quasi als „gemietet" angesehene, immaterielle Vermögenswerte als fiktive Nutzungsentgelte berücksichtigt. Im Rahmen der

---

[32] Neben der Risikozuschlagsmethode existiert weiterhin die *Sicherheitsäquivalenzmethode*, die erst einen Abschlag von den erwarteten Cashflows zur Ermittlung des jeweiligen Sicherheitsäquivalents nimmt und in einem zweiten Schritt den resultierenden Cashflow mit dem risikolosen Zinssatz diskontiert. Da diese Sicherheitsäquivalenzmethode aber in der Praxis kaum relevant ist, wird sie von den IDW-Experten vernachlässigt.

[33] Sie wird auch „Relief-from-Royalty" genannt.

[34] Sie wird auch „Incremental Cash Flow Method" genannt.

[35] Sie firmiert auch unter „Multi-Period Excess Earnings Method".

Bestimmung dieser fiktiven Nutzungsentgelte sind sowohl ein Werteverzehr als auch eine angemessene Verzinsung auf das investierte Kapital und die Unternehmenssteuern zu berücksichtigen. Die im Ergebnis bestimmbare Überschussgröße wird mit dem vermögenswertspezifischen Kapitalisierungszinssatz diskontiert.

3. *Das kostenorientierte Verfahren (cost approach)* stellt das dritte Verfahren zur Ermittlung des monetären Werts eines immateriellen Vermögensgegenstands dar. Es ist nicht nutzenorientiert, da sich die verwendeten Daten stets auf die Vergangenheit beziehen. Hier stehen zwei Methoden zur Verfügung: bei der *Reproduktionskostenmethode* werden die Kosten berechnet, die anfallen würden, um ein exaktes Duplikat des jeweiligen Vermögenswerts herzustellen. Bei der *Wiederbeschaffungskostenmethode* werden dagegen die Kosten für die Herstellung bzw. für die Beschaffung eines nutzenäquivalenten Vermögenswerts herangezogen.

Eine Übersicht fasst die verschiedenen Verfahren und Methoden zusammen:

	Verfahren		
	Marktpreisorientiertes Verfahren	**Kapitalwertorientiertes Verfahren**	**Kostenorientiertes Verfahren**
Methoden	1. Marktpreise auf aktivem Markt 2. Analogiemethoden	1. Methode der unmittelbaren Cash-flow-Prognose 2. Methode der Lizenzpreisanalogie 3. Residualwertmethode 4. Mehrgewinnmethode	1. Reproduktionskostenmethode 2. Wiederbeschaffungskostenmethode

Quelle: eigene Darstellung auf Basis von Institut der Wirtschaftsprüfer 2006, 5

Bezieht man diesen Entwurf auf Marken, so gelten seine Aussagen für Produkt-, Dienstleistungs-, Dach- und Unternehmensmarken. Bei jeder Markenbewertung muss zwischen der rechtlichen Dimension (insbesondere dem Umfang des Markenschutzes) und der wirtschaftlichen Dimension der Marke unterschieden werden. Die Wahl des Bewertungsverfahrens muss stets von dem jeweiligen Bewertungsanlass abhängig gemacht werden: Im Rahmen der Bewertung von Marken kommen laut IDW vor allem die Methoden des kapitalwertorientierten Verfahrens in Betracht: die einzelnen Methoden dieses Verfahrens sind in Abhängigkeit von der Bedeutung der Marke für das jeweilige Unternehmen und von der jeweiligen Verfügbarkeit von relevanten Informationen zu wählen. Die zentrale Aufgabe im Rahmen der Bewertung von Marken sehen die IDW-Experten in der Abgrenzung der markenrelevanten Umsätze, also jener Umsätze, die durch die Existenz der Marke beeinflusst sind (vgl. Institut der Wirtschaftsprüfer 2006, 14). Sie geben ferner an, im Rahmen der Bewertung von Produktmarken die Mehrgewinnmethode zu bevorzugen. Allerdings schränken sie hier gleichzeitig ein, dass nicht immer aussagekräftige Markt- bzw. Konsumentenanalysen vorliegen, welche für den Einsatz der Mehrgewinnmethode aber zwingend notwendig sind.

8.5 Die Bedeutung von Kommunikation für den Markenwert

Die von uns in den ersten beiden Auflagen von „Markenwert und Markenwertermittlung" und einer Reihe ergänzender Publikationen (vgl. Bentele/Buchele/Hoepfner 2004; Buchele/Hoepfner 2004a; Buchele/Hoepfner 2004b; Bentele/Buchele/Hoepfner 2008) formulierten Hinweise und Ansatzpunkte für eine auch unter kommunikationswissenschaftlichen Gesichtspunkten sinnvolle Markenbewertung wurden von den etablierten Anbietern von Markenbewertungsmodellen im deutschsprachigen Raum in den vergangenen fünf Jahren weitgehend ignoriert. Einer der wenigen Kommentare stammt von Jutta Menninger, Partnerin bei PricewaterhouseCoopers und Mitglied in allen drei oben angeführten Arbeitskreisen zum Thema Markenwert. Sie kommentiert diese kommunikationswissenschaftlich fundierten und insbesondere auf Ergebnissen der PR-Forschung basierenden Ansätze:

> „Berechtigt weisen Vertreter dieser Richtung [Werbe- und PR-Agenturen] darauf hin, dass das Agieren der Marke in der Öffentlichkeit, im sozialen Raum sowie Wirkungen der nicht produktbezogenen Unternehmenskommunikation insbesondere bei der Bewertung und Führung von Unternehmensmarken nicht vernachlässigt werden dürfen." (Menninger 2007, 1)

An anderer Stelle führt Menninger allerdings Marketing, Marktforschung, Finanzwirtschaft, Markenrecht als diejenigen Disziplinen an, die für die Markenbewertung relevant sind, und vermeidet in diesem Zusammenhang einen Hinweis auf die Kommunikationswissenschaft bzw. auf Erkenntnisse der PR-Forschung (vgl. Menninger 2007, 2).[36]

Relevanter als die Rezeption bzw. die Besprechung unserer Positionen in Publikationen zum Markenwert ist jedoch die folgende Frage: Inwiefern haben die drei dargestellten Initiativen, die das Thema Markenbewertung aktuell vorantreiben, unsere Anregungen rezipiert und in ihre Ansätze integriert?

---

[36] Gründe für die Vernachlässigung des Zusammenhangs zwischen sozial- und insbesondere kommunikationswissenschaftlich fundierter Public Relations bzw. Unternehmenskommunikation und Markenwert könnten in disziplinären Gewohnheiten oder – negativ formuliert – disziplinären Scheuklappen liegen. Es ist auch denkbar, dass dieser Zusammenhang manchem nicht auf den ersten Blick einleuchten mag. Dass ein solcher Zusammenhang faktisch aber vorhanden ist, zeigt z.B. die umfangreiche Studie „European Communication Monitor", in deren Rahmen im Jahr 2008 über 1.500 PR-Professionals in 37 europäischen Ländern befragt wurden: sie zeigt auf, dass die Arbeit von über 30 Prozent dieser PR-Professionals über den Markenwert bzw. über Reputationsindizes evaluiert wird (vgl. Zerfaß/Moreno/Tench/Verčič/Verhoeven 2008, 39).

Eine Analyse der „Grundsätze zur Bewertung immaterieller Vermögenswerte“ des IDW zeigt, dass unsere Ansätze und Positionen in diese Grundsätze bislang nicht eingeflossen sind. Stattdessen können alle Bewertungsansätze des IDW S 5 als wirtschaftswissenschaftlich bzw. finanzwirtschaftlich charakterisiert werden. Die IDW-Experten geben diesen Verfahren deutlich den Vorrang gegenüber verhaltenswissenschaftlichen Verfahren, welchen sie maximal eine additive, unterstützende Funktion beimessen (z.B. die Bestimmung der Positionierung einer Marke oder den Vergleich einer Marke mit anderen Marken). Eine Eignung im Sinne von eigenständigen Bewertungsverfahren sprechen die IDW-Experten ihnen aber ab (vgl. Institut der Wirtschaftsprüfer 2006, 16). Aus diesen Ausführungen lässt sich folgern, dass die IDW-Experten unsere Argumentation vollkommen unberücksichtigt gelassen haben.
Anders als der IDW S 5 haben die „Zehn Grundsätze der monetären Markenbewertung“ des Brand Valuation Forums unsere kommunikationswissenschaftlich basierte Position sehr zaghaft bzw. im Ansatz aufgegriffen (vgl. BVF/GEM 2007, 7). So beschreibt der zweite der zehn Grundsätze, dass

> „bei der Bewertung von Unternehmensmarken die einzelnen Anspruchsgruppen (Stakeholder) zu berücksichtigen (sind), da Unternehmensmarken nicht nur Wirkungen auf Absatzmärkte, sondern auch auf andere unternehmensrelevante Märkte wie Beschaffungsmärkte, Kapitalmärkte, Arbeitskräftemärkte usw. erzeugen“ (BVF/GEM 2007, 17).

Auf dieser inhaltlichen Basis fordern die zehn Grundsätze, dass alle für die betreffende Unternehmensmarke bedeutenden Stakeholdergruppen identifiziert und in ihrer Bedeutung berücksichtigt werden sollten. Ist dieses nicht möglich, so sollen in jedem Fall die jeweils berücksichtigten Stakeholdergruppen ausgewiesen werden.
Der ISO-Draft „Monetary Brand Valuation“ geht dagegen am umfassendsten auf kommunikationswissenschaftliche Perspektiven ein, weist aber auch eine bedeutende Schwäche auf: die inhaltliche Beschränkung auf Produkt- und Dienstleistungsmarken. Diese spricht ihm implizit eine Relevanz für Dachmarken und explizit eine Relevanz für Unternehmensmarken ab. Die Gründe hierfür erschließen sich auch dem gründlichen Leser nicht. Hier scheinen in der vorliegenden Version des Public Draft vom Mai 2009 bedeutende Chancen verschenkt worden zu sein. Es bleibt zu hoffen, dass diese inhaltliche Begrenzung im Rahmen der Veröffentlichungsphase des Drafts im Sommer 2009 noch verändert wird und keinen Eingang in den späteren „International Standard“ finden wird. Abgesehen von diesem eingegrenzten Markenverständnis ist der Public Draft aber deutlich detaillierter angelegt als die anderen beiden Papiere und basiert auch auf einem kommunikationswissenschaftlich nachvollziehbaren Verständnis von „Marke“, die die Marken-Assoziationen und -Images bei ihren Rezipienten berücksichtigt. Darüber hinaus charakterisiert dieser Ansatz die Beziehungen der zu bewertenden Marke

zu allen ihren Bezugsgruppen („stakeholders“) als so bedeutend, dass sie in jeder monetären Markenbewertung berücksichtigt werden sollen. Weiterhin soll auch die Stärke der Marke bei ihren relevanten Stakeholdern in die Markenwertermittlung einfließen. Sehr positiv erscheinen hier ferner die Ausführungen, dass neben Kunden, Investoren und Anteilseignern auch aktuelle und potenzielle Mitarbeiter und Meinungsführer angeführt werden, dass der Wert der Marke aus ihren rationalen und emotionalen Beziehungen zu diesen Bezugsgruppen resultiert und dass daher alle diese Beziehungen analysiert und mit den Beziehungen der vergleichbaren bzw. konkurrierenden Marken abgeglichen werden sollen (vgl. ISO-Project Committee „Brand Valuation“ 2009, 8).

Resümmierend zeigt sich also, dass der IDW S 5 kommunikationswissenschaftliche Sichtweisen nicht berücksichtigt, dass die „Zehn Grundsätze“ des BVF sie ansatzweise thematisieren und dass der ISO-Draft sie am deutlichsten und am umfänglichsten aufgreift. Die Thematisierung in den beiden letztgenannten Ansätzen bezieht sich insbesondere auf die Berücksichtigung der Gesamtheit aller Stakeholder-Gruppen von Marken. Diese Berücksichtigung ist nicht nur in einer Reihe von kommunikationswissenschaftlichen Publikationen zu finden – so z.B. in dem Stakeholder-Ansatz von Karmasin (vgl. Karmasin 2007; Karmasin 2008) oder in dem Stakeholder-Kompass von Kirf und Rolke (vgl. Kirf/Rolke 2002), – sondern wurde auch von uns mehrfach erläutert (vgl. Bentele/Hoepfner 2004, 1546 ff.; Bentele/Hoepfner 2008).

In unseren Augen ist die Gesamtheit der Marken-Stakeholder für alle Markenformen relevant, also für Produkt-, Dienstleistungs-, Dach- und insbesondere auch für Unternehmensmarken. Daher sind wir der Ansicht, dass die Werte aller dieser Markenformen durch die Beziehungen der jeweiligen Marken zu der Gesamtheit ihrer Stakeholder bestimmt werden. Hierzu ein Beispiel: Was wäre die Unternehmensmarke „Porsche“ oder auch eine Produktmarke wie das Modell „911“ ohne ihre Millionen von weltweiten Fans und Anhängern? Sie werden sich diese konkrete Produktmarke zwar wahrscheinlich niemals leisten können, bedingen aber sowohl durch ihre Begeisterung für die Dach- bzw. Unternehmensmarke „Porsche“, als auch durch ihre Bewunderung der Produktmarke „911“ sehr wohl die Stärke dieser Unternehmensmarke und auch der Produktmarke „911“. Denn: wäre die Marke „Porsche“ nicht für breite Massen zwar hochbegehrenswert und zugleich unerreichbar, dann wäre sie auch für ihre potenziellen und tatsächlichen Käufer ein Stück weit weniger begehrenswert, da diese sich durch den Besitz von Produktmarken der Marke „Porsche“ nicht von den breiten Massen abheben könnten, nicht demonstrativ den unerreichbaren Traum dieser Massen leben könnten und ihrer Umwelt nicht zeigen könnten, dass sie sich den Traum anderer leisten können. Aber auch die Aushilfskräfte oder die Auszubildenden in dem Unternehmen „Porsche“ stellen relevante Stakeholder dar, da sie bei ihren sozialen Umfeldern aufgrund dieser Tätigkeiten als Insider gelten, bei welchen fundierte, unternehmensinterne Informationen vermutet werden können. Ihre „Insider“-

Meinungen können ausserhalb des Unternehmens hochgeschätzt werden und als besonders glaub- und vertrauenswürdig gelten: es wäre fahrlässig, diese Stakeholdergruppen nicht zu berücksichtigen, nicht mit ihnen zu kommunizieren oder sie und ihre Bedeutungen für die Marken „Porsche“ oder „911“ im Rahmen von Markenwertermittlungen zu vernachlässigen. Hat ein Unternehmen aber intakte, ausgeprägte und vertrauensvolle Kommunikationsbeziehungen zwischen seinen Marken und allen unternehmensinternen und -externen Stakeholdern etabliert, so stellen diese Beziehungen einen bedeutenden Wert dar, der im Rahmen der Ermittlung des Werts einer Marke keinesfalls vernachlässigt werden darf. Zahlreichen Unternehmen wird der Wert etablierter Beziehungen erst in Krisenzeiten bewusst – in Zeiten, in denen sie auf das Vertrauen von Anwohnern, von Journalisten, von Mitarbeitern, von Bloggern, von Marken-Fans, von Politikern, von Partnern aus dem Finanzbereich etc. angewiesen sind. Diese etablierten Beziehungen können in Krisen genau wie in erfolgreichen Zeiten von immensem Wert sein – welcher im Rahmen der Markenwertermittlung berücksichtigt werden muss.

9. Literaturverzeichnis

9.1 Monographien

Aaker, David A. (1996): Building strong brands. New York, Free Press.

Aaker, David A. (1992): Management des Markenwerts. Frankfurt/Main, Campus.

Aaker, David A. (1991): Managing brand equity. New York, Free Press.

Aaker, David A./Joachimsthaler, Erich (2000): Brand leadership. The next level of the brand revolution. New York, Free Press.

Aaker, David A./Biel, Alexander L. (1993): Brand equity and advertising. Advertising's role in building strong brands. Hillsdale, Erlbaum.

Aaker, Jennifer L./Benet-Martínez, Verónica/Garolera, Jordi (2001): Consumption symbols as carriers of culture. A study of Japanese, Spanish and North American brand personality dimensions. Cambridge, Marketing Science Institute.

Absatzwirtschaft/PricewaterhouseCoopers (2004): Markenbewertung. Die Tank AG. Wie neun Bewertungsexperten eine fiktive Marke bewerten. Düsseldorf, Absatzwirtschaft.

Adjouri, Nicholas (1993): Die Marke als Botschafter. Markenidentität bestimmen und entwickeln. Münsterschwarzach, Vier-Türme.

Albers, Soenke (2000): Handbuch Produktmanagement. Strategieentwicklung, Produktplanung, Organisation, Kontrolle. Wiesbaden, Gabler.

ARD-Werbung Sales and Services (Hrsg.)(1995): Wirkungsstudie Pickwick – Werbung auf dem Prüfstand. Erfolgreich werben für eine neue Marke. Frankfurt/Main/Hamburg, ARD-Werbung.

Argenti, Paul A. (1994): Corporate communication. Burr Ridge [u.a.], Irwin.

Arnold, David. (1992): Modernes Markenmanagement – Geheimnisse erfolgreicher Marken. Wien, Ueberreuter.

Avenarius, Horst (1995): Public Relations – Die Grundform der gesellschaftlichen Kommunikation. Darmstadt, Wissenschaftliche Buchgesellschaft.

Baehr-Seppelfricke, Ulrike (2000): Die Wirkung von Produkteigenschaften auf die Diffusion von Produktgruppen – Empirische Überprüfung in einem aggregierten Diffusionsmodell. Manuskripte aus dem Institut für Betriebswirtschaftslehre, Nr. 525, Kiel, Universität Kiel.

Baerns, Barbara (Hrsg.) (1995): PR-Erfolgskontrolle – Messen und Bewerten in der Öffentlichkeitsarbeit. Verfahren, Strategien, Beispiele. Frankfurt/Main, IMK.

Baerns, Barbara/Raupp, Juliana (Hrsg.) (2000): Information und Kommunikation in Europa. Forschung und Praxis. Berlin, Vistas.

Balmer, John M.T. (1997): Corporate identity – Past, present and future. Working Paper Series, No. 4, International Center of Corporate Identity Studies. Glasgow, University of Strathclyde.

Baumgarth, Carsten (2001): Markenpolitik. Markenwirkungen – Markenführung – Markenforschung. Wiesbaden, Gabler.

Bayrischer Rundfunk (Hrsg.) (1995): Markenbewusstsein versus Preisbewusstsein – Ein Gegensatz? Eine Studie zum Thema „Marken- oder Preisorientierung“ unter besonderer Berücksichtigung der Position von Handelsmarken. München, Bayrische Rundfunkwerbung BRW.

BBDO Consulting GmbH (2001): Markenbewertung als strategischer Erfolgsfaktor. Düsseldorf, BBDO Consulting GmbH.

Behrent, Michael/Mentner, Peter (2001): Campaigning. Werbung in den Arenen der Öffentlichkeit. Münster [u.a.], Lit.

Bekmeier-Feuerhahn, Sigrid (1998): Marktorientierte Markenbewertung. Eine konsumenten- und unternehmensbezogene Betrachtung. Wiesbaden, Gabler.

Belci, Roberto (2000): Kommunikation als Erfolgsfaktor im Banking. Bern [u.a.], Haupt.

Berger, Arthur A. (1984): Signs in contemporary culture. An introduction to semiotics. New York, Longman.

Bismarck, Wolf-Bertram von/Baumann, Stefan (1995): Markenmythos. Verkörperung eines attraktiven Wertesystems. Frankfurt/Main, Lang.

Bolz, Nobert/Bosshart, David (1995): Kult-Marketing – Die neuen Götter des Marktes. Düsseldorf, Econ.

Boorstin, Daniel J. (1961): The Image or what happened to the American dream. London, Weidenfeld and Nicolson.

Boston Consulting Group (1994): Total-Brand-Management – Die Marke als Geschäftssystem. Amsterdam [u.a.], Boston Consulting Group.

Brandmeyer, Klaus/Deichsel, Alexander/Prill, Christian (1995): Jahrbuch Markentechnik. Frankfurt/Main, Deutscher Fachverlag.

Bromley, Dennis B. (1993): Reputation, image and impression management. Chichester [u.a.], Wiley.

Bruhn, Manfred (2001): Die Marke. Symbolkraft eines Zeichensystems. Bern [u.a.], Haupt.

Bruhn, Manfred (Hrsg.) (1994): Handbuch Markenartikel. Anforderungen an die Markenpolitik aus Sicht von Wissenschaft und Praxis. Stuttgart, Schäffer-Poeschel.

Buchholz, Andreas/Wördemann, Wolfram (2000): Der Wachstums-Code für Siegermarken. Düsseldorf/München, Econ.

Buchholz, Andreas/Wördemann, Wolfram (1998): Was Siegermarken anders machen. 2. Aufl., Düsseldorf/München, Econ.

Buri, Ueli (2000): Die Verwechselbarkeit von Internet Domain Names nach schweizerischem Firmen-, Marken-, Namens- und Lauterkeitsrecht. Bern, Stämpfli.

Burkart, Roland (1998): Kommunikationswissenschaft. Grundlagen und Problemfelder. 3. Aufl., Wien [u.a.], Böhlau.

Buss, Eugen/Fink-Heuberger, Ulrike (2000): Image Management. Erfolgsregeln für das öffentliche Ansehen von Unternehmen, Parteien und Organisationen. Frankfurt/Main, F.A.Z.-Institut.

Caller, Linda (1996): Researching brands. Amsterdam, Esomar.

Clifton, Rita/Maughan, Esther. (2000): The future of brands. 25 visions. Basingstoke, Macmillan.

Dahm, Axel (1995): McDonald's – Die gepflegte Gier. Eine tiefenpsychologische Analyse. 2. Aufl., Berlin, Frieling.

Davis, Scott (2000): Brand Asset Management. San Francisco, Jossey-Bass.

Dawar, Niraj (1998): Product-harm crises and the signaling ability of brands. Working Papers Series, No. 98-03. London, Richard Ivey School of Business.

Decker Mediaservice (1999): Automobil-Kundenmagazine im Premium-Segment. AUDI das Magazin, BMW Magazin, Mercedes-Magazin, Christophorus Porsche Magazin. München, Horst Decker Mediaservice [u.a.].

Deekeling, Egbert/Fiebig, Norbert (1999): Interne Kommunikation. Erfolgsfaktor im Corporate Change. Wiesbaden, Gabler.

Dichtl, Erwin/Eggers, Walter (1995): Markterfolg mit Marken. München, Beck.

Diller, Hermann (2000): Preispolitik. 3. Aufl., Stuttgart [u.a.], Kohlhammer.

Diller, Hermann (1992): Vahlens Großes Marketinglexikon. München, Beck.

Domizlaff, Hans/Brandmeyer, Klaus (1982): Die Gewinnung des öffentlichen Vertrauens. Ein Lehrbuch der Markentechnik. Hamburg, Marketing Journal.

Douglas, Mary/Isherwood, Baron (1979): The world of goods. Towards an anthropology of consumption. New York, Basic Books.

Drees, Norbert (1999): Markenbewertung und Markenberatung in Deutschland – Ergebnisse einer empirischen Studie und Begriff des Markenwertes und Modelle zur Markenwertermittlung. Erfurt, Fachhochschule Erfurt, FB Wirtschaftswissenschaften.

Duncan, Tom/Moriarty, Sandra (1997): Driving brand value: Using integrated marketing to manage profitable shareholder relationships. New York, McGraw-Hill.

Ernst, Angelika (1993): Technologieschutz in Japan – Strategien für Unternehmenskooperationen. München, Ifo-Institut für Wirtschaftsforschung.

Esch, Franz-Rudolf (2003): Strategie und Technik der Markenführung. München, Vahlen.

Esch, Franz-Rudolf (Hrsg.) (2001): Moderne Markenführung. 3. Aufl., Wiesbaden, Gabler.

Focus Magazin (Hrsg.) (1996): Communication Networks. Marken, Medien, Com-acting-Typen. München, Focus Magazin.

Fombrun, Charles J. (1996): Reputation. Realizing value from the corporate image. Boston, Harvard Business School Press.

Frahm, Lars-Gunnar (2004): Markenbewertung ein empirischer Vergleich von Bewertungsmethoden und Markenwertindikatoren. Frankfurt/Main, Lang.

Freytag, Stefan (1999): Haftung im Netz. Verantwortlichkeit für Urheber-, Marken- und Wettbewerbsrechtsverletzungen nach § 5 TDG und § 5 MDStV. München, Beck.

Fritz, Thomas (1994): Die Botschaft der Markenartikel. Vertextungsstrategien in der Werbung. Tübingen, Stauffenburg.

Fuchs, Manuela (1998): Medien als Marken. Der Einsatz des Erlebnisweltkonzepts in der qualitativen Mediaforschung. Wien, Servicefachverlag.

Gerken, Gerd. (1996): Szenen statt Zielgruppen. Vom Produkt zum Kult. Die Praxis der Interfusion. Frankfurt/Main, Deutscher Fachverlag.

Gerken, Gerd (1995): Der magische Code. Marken-Tuning. Düsseldorf, Econ.

Gerlach, Ulf (2001): Aufbau globaler Markenimages im Internationalen Private Banking. Grundlagen, Einflussfaktoren, Strategien und Markeneinführung aus Sicht der deutschen Grossbanken. Marburg, Tectum.

GfK Testmarktforschung (1995): Wie Werbung wirkt. Untersuchungsbefunde zur Absatzwirkung klassischer Markenwerbung. Nürnberg, GfK-Testmarktforschung.

Gobe, Marc/Zyman, Sergio (2001): Emotional branding. The new paradigm for connecting brands to people. New York, Allworth Press.

Goodchild, John/Callow, Clive (2001): Brands – visions and values. Chichester, Wiley.

Gottdiener, Mark (1995): Postmodern Semiotics. Material Culture and the Forms of Postmodern Life. Malden, Blackwell.

Graham, Stedman (2001): Build your own life brand! A powerful strategy to maximize your potential and enhance your value for ultimate achievement. New York, Free Press.

Greinert, Markus (2002): Die bilanzielle Behandlung von Marken. Steuer, Wirtschaft und Recht. Lohmar/Köln, Eul.

Groehn, Andreas (1996): Der Wert von Markennamen in der Konsumgüter-Industrie. Eine Anwendung des hedonischen Preisansatzes auf die Surfboard-Industrie. Kiel, Institut für Weltwirtschaft.

Grunig, James E. (Hrsg.) (1992): Excellence in public relations and communication management. Hillsdale [u.a.], Erlbaum.

Grunig, Larissa A./Grunig, James E./Dozier, David M. (2002): Excellence in public relations and effective organisations. A study of communication management in three Countries. Mahwah/London, Erlbaum.

Halstenberg, Volker (1996): Integrierte Marken-Kommunikation. Psychoanalyse und Systemtheorie im Dienste erfolgreicher Markenführung. Frankfurt/Main, Deutscher Fachverlag.

Hamish, Pringle/Thompson, Marjorie (2001): Brand spirit. How cause related marketing builds brands. Chichester [u.a.], Wiley.

Hart, Susannah/Murphy, John (1997): Brands. The new wealth creators. Basingstoke [u.a.], Macmillan.

Harvard Business Review (1999): Harvard Business Review on brand management. Harvard, Harvard Business School Press.

Hätty, Holger (1989): Der Markentransfer. Heidelberg, Physica.

Hauser, Ulrich (1997): Erfolgreiches Markenmanagement. Vom Wert einer Marke, ihrer Stärkung und Erhaltung. Wiesbaden, Gabler.

Heider, Ulrich H. (2001): Markenbewertung. Die Marke als Quelle der Wertschaffung. Eine empirische Analyse am Beispiel der deutschen Automobilindustrie. München/Mering, Hampp.

Herp, Thomas (1982): Der Markenwert von Marken des Gebrauchsgütersektors. Frankfurt/Main, Lang.

Herreiner, Thomas (1994): Der „Wert" der Marke. Darstellung und kritische Würdigung von Verfahren der Markenevaluierung. 2. Aufl., München, Förderges. Marketing.

Herreiner, Thomas (1992): Der „Wert" der Marke. Darstellung und kritische Würdigung von Verfahren der Markenevaluierung. Augsburg, Förderges. Marketing.

Herrmann, Christoph (1999): Die Zukunft der Marke. Mit effizienten Führungsentscheidungen zum Markterfolg. Frankfurt/Main, Frankfurter Allgemeine Buch.

Hinny, Pascal (1995): Die steuerrechtliche Behandlung der Marke im Konzern (einschliesslich Steuerplanung). Bern, Haupt.

Hilpert, Hanns-Günther/Martsch, Silvia/Heath, Christopher (1997): Technologieschutz für deutsche Investitionen in Asien. München [u.a.], Weltforum.

Horx, Matthias/Wippermann, Peter (1998): Markenkult. Wie Waren zu Ikonen werden. Düsseldorf, Econ.

Hruschka, Harald (1999): Estimation of general attraction models. A semi-parametric additive modeling approach. Regensburg, Universität Regensburg, Fakultät für Wirtschaftswissenschaften.

Hubbard, Monika (2004): Markenführung von innen nach außen. Zur Rolle der Internen Kommunikation als Werttreiber für Marken. Wiesbaden, VS Verlag für Sozialwissenschaften.

Ind, Nicholas (1997): The corporate brand. New York, University Press.

Institut für Marktforschung (1991): Werbung und Markterfolg WUM. Eine empirische Untersuchung auf der Grundlage von Experteneinschätzungen im Markenartikelbereich. Frankfurt, Gesamtverband der Werbeagenturen GWA.

InTrend, Gesellaft für Markt-, Media- und Sozialforschung (Hrsg.)(1996): SAT.1 Merchandising im Bewußtsein der Zuschauer. Nürnberg, InTrend Gesellschaft für Markt-, Media- und Sozialforschung.

Irmscher, Markus (1997): Markenwertmanagement – Aufbau und Erhalt von Markenwissen und -vertrauen im Wettbewerb. Eine informationsökonomische Analyse. Frankfurt/Main, Lang.

Jary, Michael/Schneider, Dirk/Wileman, Andrew (1999): Marken-Power. Warum Aldi, Ikea, H&M und Co. so erfolgreich sind. Wiesbaden, Gabler.

Jenner, Thomas/Kuehn, Richard (1999): Bedeutung realer Optionen für den Markenwert. Bern, Institut für Marketing und Unternehmungsfuehrung.

Jung, Holger/Matt, Jean-Remy von (2002): Momentum. Die Kraft die Werbung heute braucht. Berlin, Lardon.

Kählert, Jens-Peter (1995): Die Abbildung immaterieller Güter im handelsrechtlichen Jahresabschluss. München, VVF.

Kapferer, Jean-Noël (1997): Strategic brand management. London [u.a.], Kogan Page.

Kapferer, Jean-Noël (1992): Die Marke – Kapital der Unternehmung. Landsberg/Lech, Moderne Industrie.

Keller, Kevin Lane (1998): Strategic brand management – Building, measuring and managing brand equity. Upper Saddle River, Prentice Hall.

Kirchhoff, Klaus Rainer/Piwinger, Manfred (Hrsg.) (2001): Die Praxis der Investor Relations. Effiziente Kommunikation zwischen Unternehmen und Kapitalmarkt. 2. Aufl., Neuwied/Kriftel, Luchterhand.

Kirf, Bodo/Rolke, Lothar (2002): Der Stakeholder-Kompass. Navigationsinstrument für die Unternehmenskommunikation. Frankfurt/Main, Frankfurter Allgemeine Buch.

Klöpfer, Rolf (1991): Ästhetik der Werbung. Der Fernsehspot in Europa als Symptom neuer Macht. Frankfurt/Main, Fischer.

Knüppel, Hartmut/Lindner, Christian (2001): Die Aktie als Marke. Wie Unternehmen mit Investoren kommunizieren sollen. Frankfurt/Main, Frankfurter Allgemeine Buch.

Köhler, Richard (Hrsg.) (2000): Erfolgsfaktor Marke. Neue Strategien des Markenmanagements. München, Vahlen.

Koppe, Peter (2001): Handelsmarke und Markenartikel. Wahrnehmungsunterschiede zwischen Handelsmarke und Markenartikel aus der Sicht der Marktteilnehmer. Wien, Servicefachverlag.

Korchia, Mickael (2000): Brand image and brand associations. Cergy-Pontoise, ESSEC.

Kotler, Philipp (1999): Marketing management. Upper Saddle River, Prentice Hall.

Kotler, Philipp/Bliemel, Friedhelm (1995): Marketing Management. 8. Aufl., Stuttgart, Schäffer-Poeschel.

Kotler, Philip/Dubois, Bernard (1989): Marketing Management. 6. Aufl., Paris, Publi-Union.

Kriegbaum, Catharina (2001): Markencontrolling – Bewertung und Steuerung von Marken als immaterielle Vermögenswerte im Rahmen eines unternehmenswertorientierten Controlling. München, Vahlen.

Kriegbaum, Catharina (1998): Valuation of brands. A critical comparison of different methods. Dresden, Technische Universität Dresden/Fakultät für Wirtschaftswissenschaften.

Kroeber-Riel, Werner/Weinberg, Peter (1999): Konsumentenverhalten. 7. Aufl., München, Vahlen.

Künzel, Manuela (2006): Die Marke und ihr Wert. Benchmarking-Studie zu integrativen Ansätzen der Markenbewertung. Saarbrücken, VDM Verlag Dr. Müller.

Lambie-Nairn, Martin (1997): Brand identity for television. With knobs on. London, Phaidon.

Lutzker, Arnold P. (1997): Copyrights and trademarks for media professionals. Broadcast, cable, film, internet, multimedia, satellite, WWW. Boston, Focal Press.

Maklan, Stan/Knox, Simon (1998): Competing on value. Bridging the gap between brand and customer value. London, Pitman.

Maretzki, Jürgen (2001): Preisorientierte Markenwertmessung. Wiesbaden, Deutscher Universitäts-Verlag.

Matt, Dominique von (1988): Markenpolitik in der schweizerischen Markenartikelindustrie. Bern/Stuttgart, Haupt.

Mayerhofer, Wolfgang (1995): Imagetransfer – Die Nutzung von Erlebniswelten für die Positionierung von Ländern, Produktgruppen und Marken. Wien, Servicefachverlag.

Mellerowicz, Konrad (1963): Markenartikel. Die ökonomischen Gesetze ihrer Preisbildung und Preisbindung. 2. Aufl., München/Berlin, Beck.

Meffert, Heribert/Burmann, Christoph/Koers, Martin (Hrsg.) (2002): Markenmanagement. Grundfragen der identitätsorientierten Markenführung. Mit Best Practice-Fallstudien. Wiesbaden, Gabler.

Meffert, Heribert (2000): Marketing. Wiesbaden, Gabler.
Mei-Pochtler, Antonella (1994): Total-Brand-Management – Die Marke als Geschäftssystem. Amsterdam [u.a.], Boston Consulting Group.
Merten, Klaus (1977): Kommunikation. Eine Begriffs- und Prozessanalyse. Opladen, Westdeutscher Verlag.
Meyer, Anton (2000): Alles Marketing oder was? Wie Marketing zentrale Unternehmenswerte im 21. Jahrhundert schafft. München, Fördergesellschaft Marketing FGM.
Murken-Altrogge, Christa (1991): Coca-Cola-Art – Konsum, Kult, Kunst. München, Klinckhardt und Biermann.
Murphy, John M. (1989): Brand valuation. Establishing a true and fair view. London, Hutchinson Business Books.
Noethel, Till (1999): Szenen-Marketing und Produkt-Positionierung. Ein Ansatz zur Zielgruppenfragmentierung. Wiesbaden, Deutscher Universitäts-Verlag.
Nufer, Gerdt (2002): Wirkungen von Event-Marketing – Theoretische Fundierung und empirische Analyse. Wiesbaden, Deutscher Universitäts-Verlag.
Olins, Wally/Morgan, Conway L. (1995): Corporate Identity weltweit. 80 Beispiele für Strategie und Gestaltung. Frankfurt/Main, Campus.
Otter, Thomas (2002): Conjointanalyse zur Messung und Erklärung von Markenwert. Wien, Servicefachverlag.
Peakom/Handelsblatt (2007): Unternehmen als Marken führen. Corporate Branding: Neue Chancen und Perspektiven für den Geschäftserfolg nutzen. Frankfurt am Main/ Düsseldorf, Peakom/Handelsblatt.
Peer, Kurt (1997): TV tie-ins. A bibliography of American TV tie-in paperbacks. Tucson, Neptune.
Pepels, Werner (1994): Kommunikatikons-Management. Stuttgart, Schäffer-Poeschel.
Perrier, Raymond (1997): Brand valuation. London, Premier.
Peschel, Andreas (1996): Die anlehnende vergleichende Werbung im deutschen und französischen Wettbewerbs- und Markenrecht. Eine rechtsvergleichende Untersuchung unter besonderer Berücksichtigung der einschlägigen EG-Richtlinien. Köln, Heymann.
PricewaterhouseCoopers/Sattler, Henrik (Hrsg.) (2001): Praxis von Markenbewertung und Markenmanagement in deutschen Unternehmen. Industriestudie. 2. Aufl., Frankfurt/Main, Moderne Wirtschaft.
Repenn, Wolfgang (1998): Handbuch der Markenbewertung und -verwertung. Pfändung von Marken, Sicherungsübertragung, Kauf und Verkauf von Marken, Lizenzen, Bilanzierung von Markenwerten, Markenwert-Tabelle. Weinheim/Chichester, Wiley-VCH.
Repenn, Wolfgang/Weidenhiller, Gabriele (2005): Markenbewertung und Markenverwertung. 2. Auflage. München, Beck Juristischer Verlag.
Riedel, Frank (1996): Die Markenwertmessung als Grundlage strategischer Markenführung. Heidelberg, Physica.
Riel, Cees B. M. van (1995): Principles of corporate communications. London/New York, Prentice Hall.
Ries, Al/Trout, Jack (2001): Die 22 unumstößlichen Gebote im Marketing. München, Ullstein.
Ries, Al/Ries, Laura (1999): Die 22 unumstößlichen Gebote des Branding. Düsseldorf/ München, Econ.
Roeb, Thomas (1994): Markenwert – Begriff, Berechnung, Bestimmungsfaktoren. Aachen, Mainz.
Rolke, Lothar (Hrsg.) (2000): Finanzkommunikation – Kurspflege durch Meinungspflege. Die neuen Spielregeln am Aktienmarkt. Frankfurt/Main, FAZ-Institut.

Rosa, Jose A./ Porac, Joseph F./Runser-Spanjol, Jelena (1999): Product markets as socio-cognitive systems. Theoretical foundations and research propositions. Working Papers. Champaign, University of Illinois.
Roth, Stefan (1999): Positionierung und Interaktion: Simulation wettbewerblicher Positionierungsprozesse. Wiesbaden, Deutscher Universitäts-Verlag.
Russel, Gary J./Kamakura, Wagner A. (1993): New tools for understanding brand competition. Integrating household and retail scanner data. Cambridge, MSI.
Salecker, Jürgen (1995): Der Kommunikationsauftrag von Unternehmen bei Mergers & Acquisitions. Problemdimensionen und Gestaltungsoptionen der Kommunikation bei Unternehmensübernahmen. Bern [u.a.], Haupt.
Sander, Matthias (1994): Der Wert internationaler Marken. Ein Ansatz zu seiner Bestimmung auf Basis der hedonischen Theorie. Tübingen, Universität Tübingen/Fakultät für Wirtschaftswissenschaften.
Sander, Matthias (1994): Die Bestimmung und Steuerung des Wertes von Marken. Eine Analyse aus Sicht des Markeninhabers. Heidelberg, Physica.
Sattler, Henrik (2001): Markenpolitik. Stuttgart, Kohlhammer.
Sattler, Henrik (1997): Monetäre Bewertung von Markenstrategien für neue Projekte. Stuttgart, Schäffer-Poeschel.
Sattler, Henrik (1994): Der Wert von Marken (Brand Equity). Manuskripte aus dem Institut für Betriebswirtschaftslehre, Nr. 341, Kiel, Universität Kiel.
Schaller, Beat (2001): Die Macht der Kommunikation. Erfolg durch „geldwerte“ Worte. München, Langen Müller/Herbig.
Schimansky, Alexander (Hrsg.)(2004): Der Wert der Marke. Markenbewertungsverfahren für ein erfolgreiches Markenmanagement. München, Vahlen.
Schimbourski, Anke (1997): Imagekontrolle mit längsschnittorientierten Positionierungsmodellen unter besonderer Berücksichtigung der konfirmatorischen Faktorenanalyse. Frankfurt/Main, Lang.
Schlaberg, Frank (1997): Wettbewerbsvorteil und Bewertung von Marken. Entwicklung eines Bewertungsmodells zur Effizienzsteigerung im Markenmanagement und -controlling auf Basis mikroökonomisch und finanztheoretisch fundierter Untersuchungen. St. Gallen, Universität St. Gallen.
Schönberger, Angela/Stilcken, Rudolf (2001): Faszination Marke. Neuwied/Kriftel, Luchterhand.
Schönborn, Gregor/Molthan, Kerstin M. (Hrsg.) (2000): Marken Agenda. Kommunikationsmanagement zwischen Marke und Zielgruppe. Neuwied/Kriftel, Luchterhand.
Schulz, Tanja M. (1998): Klassifikation und Typologisierung von Fernsehwerbespots. Theoretisch fundierte Modellbildung und empirische Anwendung. Lohmar, Eul.
Siegert, Gabriele (2001): Medien Marken Management. Relevanz, Spezifika und Implikationen einer medienökonomischen Profilierungsstrategie. München, Fischer.
Simon, Hans-Joachim (2001): Das Geheimnis der Marke. ABC der Markentechnik. München, Langen Müller/Herbig.
Smoczok, Michael (1999): Baugleiche Produkte aus Konsumentensicht. Auswirkungen auf die Dachmarken. Wiesbaden, Deutscher Universitäts-Verlag.
Sommer, Rudolf (1998): Psychologie der Marke. Frankfurt/Main, Deutscher Fachverlag.
Srinivasan, Seenu V. (1979): Conjoint analysis verus chantal choice models. A comment. Brussels, European Institute for Advanced Studies in Management.
Srivastava, Rajendra K./Shocker, Allan D. (1991): Brand equity. A perspective on its meaning and measurement. Cambridge, Marketing Science Institut.
Stein, Peer-Holger (1999): Brain Cluster. Nürnberg, Tümmels.
Stein, Peer-Holger (1997): Marken Monopole – Wie man seinen Markt dominiert. Nürnberg, Tümmels.

Stein, Peer-Holger (1997): Marken Monopole – Mach's gleich richtig! Nürnberg, Tümmels.

Sternberg, Ernest (1999): The economy of icons. How business manufactures meaning. Westport [u.a.], Praeger.

Stolowy, Herve/Haller, Axel/Chambre de Commerce et d'Industrie de Paris (1996): Accounting for brands. A comparison between IASC, France and Germany. Paris, Chambre de Commerce et d'Industrie de Paris.

Temporal, Paul/Trott, Martin (2001): Romancing the customer. Building power relations between customer and brand equity. Singapore [u.a.], Wiley.

Trommsdorff, Volker (1993): Konsumentenverhalten. 2. Aufl., Stuttgart [u.a.], Kohlhammer.

Upshaw, Lynn B. (1995): Building brand identity. A strategy for success in a hostile marketplace. New York, Wiley.

Vasata, Vilim (2000): Radical Brand. Überleben in der Sintflut. München, Econ.

Wagenbach, Frank (2008): Methoden der Markenbewertung am Beispiel von Telekommunikationsunternehmen. Hamburg, Igel Verlag.

Wehr, Alexander W. (2001): Imagegestaltung in der Automobilindustrie. Eine kausalanalytische Untersuchung zur Quantifizierung von Imagetransfereffekten. Wiesbaden, Deutscher Universitäts-Verlag.

Weis, Michaela/Huber, Frank (2000): Der Wert der Markenpersönlichkeit. Das Phänomen der strategischen Positionierung von Marken. Wiesbaden, Deutscher Universitäts-Verlag.

Wileman, Andrew/Michael, Jary (1997): Retail power plays – From trading to brand leadership. Strategies for building retail brand value. New York, University Press.

Will, Markus (2000): Kommunikationsmanagement und Unternehmenskommunikation in Theorie und Praxis. Strategische Konzepte und operative Anleitungen. St. Gallen, MCM Institut.

Will, Markus/Schmidt, Thomas/Probst, Malte (1999): Kommunikation oder Marketing – Die Gretchenfrage für das moderne Kommunikationsmanagement? Studie bei führenden europäischen Unternehmen. St. Gallen, MCM Institut.

Winkelgrund, Reinhard (1984): Produktionsdifferenzierung durch Werbung. Ein Beitrag zur kommunikationspolitischen Positionierung von Markenartikeln. Frankfurt/Main, Lang.

Winkler, Sabine (2000): Der Aufbau von Qualitätssignalen durch Werbung. Eine empirische Studie am Beispiel eines neuen Gütezeichens. Lohmar, Eul.

Woodside, Arch G. (1996): Measuring the effectiveness of image and linkage Advertising. The nitty-gitty of maxi-marketing. Westport [u.a.], Quorum.

Zatloukal, Grit (2002): Erfolgsfaktoren von Markentransfers. Wiesbaden, Deutscher Universitäts-Verlag.

Zednik, Anja/Strebinger, Andreas (2005): Marken-Modelle der Praxis. Darstellung, Analyse und kritische Würdigung. Wiesbaden, Deutscher Universitäts-Verlag.

9.2 Aufsätze in Sammelbänden und Zeitschriften

Aaker, David A. (2000): Brand news. In: Business 2.0, Vol. 5, Issue 18, S. 58.

Aaker, David A. (1997): Should you take your brand to where the action is? In: Harvard Business Review, Vol. 75, Issue 5, S. 135.

Aaker, David A. (1996): Measuring brand equity across products and markets. In: California Management Review, 38. Jg., No. 3, S. 102-120.

Aaker, David A./Jacobson, Robert (2001): The value relevance of brand attitude in high-technology markets. In: Journal of Marketing Research, Vol. 38, Issue 4, S. 485.

Aaker, David A./Keller, Kevin L./Hermann, Werner (1991): Dachmarken – Und was man darunter stopfen kann. In: Vierteljahreshefte für Media und Werbewirkung, Nr. 1, S. 10-15.

Abratt, Russell (1989): A new approach to the corporate image management process. In: Journal of Marketing Management, Vol. 5, No. 1, S. 63-76.

Aders, Christian/Wiedemann, Florian (2001): Brand Valuation. Errechnen die bekannten Ansätze der Markenbewertung entscheidungsrelevante Markenwerte? In: Finanz-Betrieb, 3. Jg., S. 469-478.

Alford, Bruce L./Capella, Louis M./Faircloth, James B. (2001): The effect of brand attitude and brand image on brand equity. In: Journal of Marketing Theory & Practice, Vol. 9, Issue 3, S. 61.

Alvensleben, Reimar von (2000): Verbraucherpräferenzen für regionale Produkte. Konsumtheoretische Grundlagen. In: Werner, Wilfried (Hrsg.), Regionale Vermarktungssysteme in der Land-, Ernährungs- und Forstwirtschaft. Chancen, Probleme, Bewertung. Frankfurt/Main, DLG. S. 3-18.

Ambler, Tim (2001): What does marketing success look like? In: Marketing Management, Vol. 10, Issue 1, S. 12.

Ambler, Tim (2001): Why marketing is key to helping financial services move forward. In: Marketing, S. 24.

Ambler, Tim (2000): Roll up, every promo a winner while there's no measurement. In: Marketing, S. 30.

Ambler, Tim (2000): Boards should budget before commissioning the architects. In: Marketing, S. 26.

Ambler, Tim (2000): Geld verschwenden? Ja, bitte! In: Vierteljahreshefte für Media- und Werbewirkung, Nr. 2, S. 33-37.

Ambler, Tim (1997): How much of brand equity is explained by trust? In: Management Decision, Vol. 35, No. 4, S. 283-292.

Ambler, Tim/Kokkinaki, Flora (2000): Marketing performance measurement. Which way is up? In: International Journal of Business Performance Management, Heft 1-3, S. 72-85.

Ambler, Tim/Styles, Chris (1997): Brand development versus new product development. Toward a process model of extension decisions. In: Journal of Product and Brand Management, Vol. 6, No. 4, S. 222-234.

Anantachart, Saravudh (1998): A theoretical study of brand equity. Reconceptualizing and measuring the construct from an individual consumer perspective. In: Dissertation Abstracts International, Vol. 60, No. 2, S. 277.

Anderson, Jamie/Hibbard, Steve (1999): Lonely Planet – A brand that travels. In: Monash Mount Eliza Business Review, Vol. 2, Issue 2, S. 85.

Andresen, Thomas (1991): Innere Markenbilder. MAX – Wie er wurde, was er ist. In: Planung & Analyse, Heft 1, S. 28-34.

Andresen, Thomas/Esch, Franz-Rudolf (1999): Messung der Markenstärke durch den Markeneisberg. In: Esch, Franz-Rudolf (Hrsg.), Moderne Markenführung. Wiesbaden, Gabler, S. 1011-1033.

Anson, Weston (2000): Introducing the internet value equation. In: Managing Intellectual Property, Issue 101, S. 23.

Anson, Weston (2000): Brand Valuation – Die marktorientierte Markenbewertung. In: Absatzwirtschaft, Sondernummer, S. 164-168.

Arnold, Matthew (2001): Marketing spend grows but pace slows. In: Marketing, S. 8.

Auer, Manfred (1993): Product Placement ist planbar. In: Media Spectrum, Nr. 2, S. 46-47.

Bachem, Richard/Esser, Mark/Riesenbeck, Hajo (2001): Mit „BPP“ den Markenwert maximieren. In: Akzente, S. 2-9.

Badenhausen, Kurt (1995): Brands. The management factor. In: FW, Vol. 164, Issue 17, S. 50.

Bachofner, Gaby (1993): Mix wirkt besser. Die Werbewirkung von Mono- und Mix-Kampagnen In: Media Spectrum, Nr. 10, S. 30-34.

Baldinger, Allan L./Rubinson, Joel (1997): Markenimage. Der Schlüssel zur Markentreue. In: Vierteljahreshefte für Media und Werbewirkung, Nr. 2, S. 20-25.

Barnard, Neil/Ehrenberg, Andrew (1997): Markentreue ist geteilte Treue. In: Vierteljahreshefte für Media und Werbewirkung, Nr. 3, S. 14-19.

Barney, Jay B. (1991): Firm resources and sustained competitive advantage. In: Journal of Management, Vol. 17, No. 1, S. 99-120.

Barthon, Pierre/Capon, Noel/Hulbert, James/Pitt, Leyland (2001): Brand custodianship. A new primer for senior managers. In: European Management Journal, Vol. 19, Issue 3, S. 215.

Barwise, Patrick (2000): Werbung und Markenwert. In: Vierteljahreshefte für Media- und Werbewirkung, Nr. 1, S. 7-11.

Bauer, Hans H./Huber, Frank (1998): Markenführung – Know how. Warum die Markenpolitik auch über 2000 hinaus wirkt. In: Markenartikel, Heft 1, S. 36-37.

Bauer, Hans H./Herrmann, Andreas/Huber, Frank (1994): Die Erfassung der Markentreue im Automobilmarkt mit loglinearen Modellen. In: Wirtschaftswissenschaftliches Studium, Heft 9, S. 434- 439.

Bayne, Thomas (1999): Banken-Marketing: Neue Wege zu Neuen Zielen. In: Vierteljahreshefte für Media und Werbewirkung, Nr. 4, S. 32-34.

Bazil, Vazrik (2001): Reputation Management – Die Werte aufrechterhalten. In: Bentele, Günter/Piwinger, Manfred/Schönborn, Gregor (Hrsg.), Handbuch Kommunikationsmanagement. Neuwied/Kriftel, Luchterhand. S. 1-24.

Beale, Claire (2000): UK finance heads still query value of brands. In: Campaign, Issue 7, S. 5.

Bebber, Hendrik (2000): Mobiles Haifischbecken. In: PR-Magazin, Heft 12, S. 20-23.

Beck, Klaus/Bentele, Günter (1994): Information – Kommunikation – Massenkommunikation. Grundbegriffe und Modelle der Publizistik- und Kommunikationswissenschaft. In: Jarren, Otfried (Hrsg.), Medien und Journalismus 1. Eine Einführung. Opladen, Westdeutscher Verlag. S. 15-50.

Beike, Peter (1991): Mix oder Mono? In: Media Spectrum, Nr. 10, S. 34-36.

Bekmeier-Feuerhahn, Sigrid (2000): Nachfrageorientierte Bewertung von Marken. In: Thexis, Heft 2, S. 54-58.

Bell, John (2001): Be a brand surgeon. In: Marketing Magazine, Vol. 106, Issue 3, S. 11.

Bell, Martin (2008): Markenwerte mit der Wünschelrute. In: w&v (werben und verkaufen) 43/2008, S. 24-26.

Belz, Christopher (1998): SAT.1 AdTrend. Eine Langzeitstudie zur Untersuchung von TV-Werbewirkung. In: Media Spectrum, 1998, Nr. 8, S. 29-30.

Bentele, Günter (1998): Vertrauen/Glaubwürdigkeit. In: Jarren, Otfried/Sarcinelli, Ulrich/Saxer, Ulrich (Hrsg.), Politische Kommunikation in der demokratischen Gesellschaft. Ein Handbuch mit Lexikon. Opladen, Westdeutscher Verlag. S. 305-311.

Bentele, Günter/Buchele, Mark-Steffen/Hoepfner, Jörg (2004): Markenwertermittlung: Faktoren der nicht-produktbezogenen Kommunikation stärken. In: Gesamtverband Kommunikationsagenturen (GWA)(Hrsg.)(2005): GWA-Jahrbuch 2005. Frankfurt am Main, Gesamtverband Kommunikationsagenturen (GWA). S. 28-35.

Bentele, Günter/Buchele, Mark-Steffen/Hoepfner, Jörg (2008): Markenwert. In: Bentele, Günter/Fröhlich, Romy/Szyszka, Peter (Hrsg.)(2008): Handbuch der Public Relations. Wissenschaftliche Grundlagen und berufliches Handeln. Mit Lexikon. 2. korr. und erw. Auflage, Wiesbaden, VS Verlag für Sozialwissenschaften. S. 605-607.

Bentele, Günter/Hoepfner, Jörg (2004): Markenpolitik und Public Relations. In: Bruhn, Manfred (Hrsg.)(2004): Handbuch Markenführung. Kompendium zum erfolgreichen Markenmanagement. Strategien – Instrumente – Erfahrungen. 2. Auflage, 3 Bände. Wiesbaden, Gabler. S. 1535-1564.

Bentele, Günter/ Hoepfner, Jörg (2008): Marke. In: Bentele, Günter/Fröhlich, Romy/Szyszka, Peter (Hrsg.)(2008): Handbuch der Public Relations. Wissenschaftliche Grundlagen und berufliches Handeln. Mit Lexikon. 2. korr. und erw. Auflage, Wiesbaden, VS Verlag für Sozialwissenschaften. S. 605.

Bennett, Roger/Kottasz, Rita (2000): Practitioner perceptions of corporate reputation. An empirical investigation. In: Corporate Communications, Vol. 5, No. 4, S. 224-234.

Bergh, Bruce V./Adler, Keith/Oliver, Lauren (1988): Namen suchen – Namen finden. In: Vierteljahreshefte für Media und Werbewirkung, Nr. 1, S. 3-9.

Bernays, Edward L. (1977): Down with image, up with reality. In: Public Relations Quarterly, Vol. 22, No. 1, 12-24.

Berndt, Holger (1998): Schwerpunkt Kartenforum. Karten im Bankenwettbewerb als eigene Marke entwickeln. In: Cards – Karten – Cartes, Heft 2, S. 21-24.

Berndt, Ralph/Sander, Matthias (1994): Der Wert von Marken – Begriffliche Grundlagen und Ansätze zur Markenbewertung. In: Bruhn, Manfred (Hrsg.), Handbuch Markenartikel. Bd. 3, Stuttgart, Schäffer-Pöschel. S. 1353-1371.

Berthon, Pierre/Hulbert, James M./Pitt, Leyland F. (1999): Brand management prognostications. In: Sloan Management Review, Vol. 40, Issue 2, S. 53-55.

Bickart, Barbara A. (1993): Carryover and backfire effects in marketing research. In: Journal of Marketing, Vol. 30, No. 1, S. 52-62.

Bickerton, David (2000): Corporate reputation versus corporate branding. The realist debate. In: Corporate Communications, Vol. 5, Nr 1, S. 42-48.

Biel, Alexander L. (1997): Discovering brand magic. The hardness of the softer side of branding. In: International Journal of Advertising, Vol. 16, Issue 3, S. 199.

Biel, Alexander L. (1996): Markenmagie. Die Härte der „weicheren" Seite der Marke. In: Werbeforschung & Praxis, Heft 1, S. 1-6.

Bissell, John (2000): A Sad End for the Saturn Experiment? In: Brandweek, Vol. 41, Issue 45, S. 26.

Bittar, Christine (2001): Mr. Clean Eyes Broom, Mop Sweep. In: Brandweek, Vol. 42, Issue 3, S. 4.

Bittar, Christine (2001): Uni's New Cycle. In: Brandweek, Vol. 42, Issue 45, S. 3.

Blackett, Tom (1990): Brand Valuation. A true and fair view. In: ESOMAR (Hrsg.), General Session. Amsterdam, ESOMAR. S. 289-607.

Blackston, Max (2000): Observations. Building Brand Equity By Managing The Brand's Relationships. In: Journal of Advertising Research, Vol. 40, Issue 6, S. 101.

Booker, Ellis (2001): 2001 survival strategy. Lean on brand equity. In: B to B, Vol. 85, Issue 21, S. 8.

Bottler, Stefan (2007): Startschuss für weltweite Werte-Standards. In: w&v (werben und verkaufen) 21/2007, S. 12-15.

Boush, David M./Loken, Barbara (1991): A process-tracing study of brand extension evaluation. In: Journal of Marketing Research, Vol. 28, S.16-28.

Bosman, Jan (2000): Stereotyping in self image brand image research. Die Rolle von Stereotypen bei der Untersuchung des Verhältnisses von Eigenimage und Markenimage. In: Communications, No. 3, Vol. 25, S. 269-289.

Bosman, Jan (1996): The relation between self image and brand image. An alternative perspective. In: Communications, Vol., 21, No. 1, S. 27-47.

Brannasch, Andreas (1998): Power für die Marke. Sport-Sponsoring schafft Bekanntheit und Sympathie. In: Media Spectrum, Nr. 3, S. 32-37.

Brandmeyer, Klaus (1991): Das verramschte Symbol. Marken zwischen Klasse und Masse. In: Media Spectrum, Nr. 9, S. 48-52.

Brandmeyer, Klaus/Otte, Thomas (1992): Marken. Lebende Systeme mit Dynamik. In: Harvard Business Manager, Bd. 14, S. 27-32.

Brandmeyer, Klaus/Deichsel, Alexander (1991): Die magische Gestalt. Der geheimnisvolle Mehrwert der Marke. In: Media Spectrum, Nr. 11, S. 22-24.

Brettschneider, Andrea (1998): Stiefkind im Media-Mix. TZ in der Mediaplanung. In: Media Spectrum, Nr. 4, S. 36-37.

Brockmeyer, Dieter (1997): Ungeliebte Bastarde. Regionalfenster sind ein Spielball der Politik aber kein Werberenner. In: Media Spectrum, Nr. 6, S. 6-8.

Brooks, George (1994): CYRK adds value to brands. In: Equities, Vol. 42, Issue 7, S. 12.

Brown, Cliston (2001): This bud's for you – Unless you run a small Czech brewery. In: Corporate Legal Times, Vol. 11, Issue 118, S. 7.

Brown, Gordon (1994): Unterschätzte Anzeigenwirkung. In: Vierteljahreshefte für Media und Werbewirkung, Nr. 2, S. 22-26.

Bruhn, Manfred (1994): Begriffliche Grundlagen des Markenartikels und der Markenpolitik. In: Bruhn, Manfred (Hrsg.), Handbuch Markenartikel, Bd. 1, Stuttgart, Schäffer-Pöschel. S. 5-41.

Buchanan, Lauranne/Simmons, Carolyn J./Bickart, Barbara A. (1999): Brand equity dilution. Retailer display and context brand effects. In: Journal of Marketing Research, Vol. 36, Issue 3, S. 345.

Buchele, Mark-Steffen/Hoepfner, Jörg (2004a): Marken und die Bestimmung des Markenwerts. In: Bentele, Günter/Piwinger, Manfred/Schönborn, Gregor (Hrsg.): Handbuch Kommunikationsmanagement [Ständig aktualisierte Loseblattsammlung], Neuwied, Luchterhand. Kap. 4.10.

Buchele, Mark-Steffen/Hoepfner, Jörg (2004b): Marken und die Bestimmung des Markenwerts. In: PR Magazin 7/2004, S. 47-54.

Burda, Hubert (1998): Entwicklung – Von der Zeitschrift zur Marke. In: Werben & Verkaufen EXTRA, Jubiläumsausgabe, Heft 13, S. 78-79.

Burger, John (1998): Tech commodities aren't consumables. In: MC-Technology Marketing Intelligence, Vol. 18, Issue 4, S. 59.

Burgess, Steven M./Blackwell, Roger D. (1994): Personal values and South African financial services brand preference. In: South African Journal of Business Management, Vol. 25, Issue 1, S. 22.

Butterfield, Leslie (1998): Ehrlich währt am längsten! In: Vierteljahreshefte für Media und Werbewirkung, Nr. 3, S. 36-40.

Byrne, John A./Grover, Ronald/Melcher, Richard A. (1997): The best and worst boards. In: Business Week, S. 46-52.

Cabral, Luis M.B. (2000): Stretching firm and brand reputation. In: The Rand Journal of economics, Bd. 31, S. 658- 673.

Calantone, Roger J./Di Benedetto, C. Anthony/Gordon, Geoffrey L. (1993): Brand equity in the business-to-business sector. An exploratory study. In: Journal of Product and Brand Management, Vol. 2, No. 3, S. 4-16.

Camphausen, Rainer (2001): Markencontrolling. Motor oder Bremse für die Steigerung des Markenwertes? Erfahrungen aus der Praxis. In: Köhler, Richard/Majer, Wolfgang/Wiezorek, Heinz (Hrsg.), Erfolgsfaktor Marke. Wiesbaden/München, Vahlen. S. 295-308.

Carberry, Mary (1999): Competitive branding. In: Journal of Marketing Management, Vol. 15, Issue 1-3, S. 205.

Carter, Stephen (1999): Handelswerbung – Der dritte Weg. In: Vierteljahreshefte für Media und Werbewirkung, Nr. 3, S. 40-44.

Cassidy, Hilary (2002): Marketers plan to strengthen programs in '02. In: Sporting Goods Business, Vol. 35, Issue 1, S. 16.

Chantrey, David/Brown, Millward (2001): Vom Busfahrschein zu Posters. In: Vierteljahreshefte für Media und Werbewirkung, Nr. 1, S. 7-13.

Chaudhuri, Arjun (1995): Brand equity or double jeopardy? In: Journal of Product and Brand Management, Vol. 4, No. 1, S. 26-32.

Chaudhuri, Arjun/Holbrook, Morris B. (2001): The chain of effects from brand trust and brand affect to brand performance. The role of brand loyalty. In: Journal of Marketing, Vol. 65, Issue 2, S. 81.

Chen, Arthur C. (2001): Using free association to examine the relationship between the characteristics of brand associations and brand equity. In: Journal of Product and Brand Management, Vol. 10, No. 7, S. 439-451.

Chen, Arthur C./Chen, Shaw K. (2000): Brand dilution effect of extension failure – A Taiwan study. In: Journal of Product and Brand Management, Vol. 9, No. 4; S. 243-254.

Chung, Koo K. (1995): Brand popularity and country image in global competition. Managerial implications. In: Journal of Product and Brand Management, Vol. 4, Issue 5-6, S. 21.

Cioletti, Jeff (2001): The tween scene. In: Supermarket Business Magazine, Vol. 56, Issue 5, S. 33.

Clarke, Ken (2001): What price on loyalty when a brand switch is just a click away? In: Qualitative Market Research, Vol. 4, No. 3, S. 160-168.

Clausen, Sven/Rohnke, Christian (2000): Markenartikel leiden an klassischer Werbung. Marketing-Experten entwerfen Erlebniswelten, die den Verkauf anheizen sollen. In: Financial Times Deutschland, Nr. 232, S. 7.

Cooper, Malcolm (1989): Brand valuation in the balance. In: Accountancy, Vol. 104, Issue 1151, S. 28.

Cooper-Chen, Anne/Leung, Eva/Cho, Sung-Ho (1995): Sex roles in East Asian magazine advertising. In: Gazette, Vol. 55, No. 3, S. 207-223.

Cordiner, Richard (2001): Sport wakes up to the value of brands. In: Sports Marketing, Issue 75, S. 13.

Cornwell, T. Bettina/Donald P, Roy/Steinard, Edward A. (2001): Exploring managers' perceptions of the impact of sponsorship on brand equity. In: Journal of Advertising, Vol. 30, Issue 2, S. 41.

Court, David (1996): Uncovering the value of brands. In: McKinsey Quarterly, Issue 4, S. 176.

Cowan, David (1998): Werbe-Erfolg braucht diagnostische Werbeforschung. In: Vierteljahreshefte für Media und Werbewirkung, Nr. 2, S. 31-36.

Cox, Jennifer L. (2001): Can differential prices be fair? In: Journal of Product and Brand Management, Vol. 10, No. 5, S. 264-275.

Crain, Keith (1998): They just don't get it. In: Automotive News, Vol. 71, Issue 5757, S. 12.

Cravens, Karen S. (1999): Brand valuation. A cross-functional perspective. In: Business Horizons, Vol. 42, Issue 4, S. 53.

Crimmins, James C. (1992): Better measurement and management of brand value. In: Journal of Advertising Research, Vol. 32, S. 11-19.

Crosier, Keith /Erdogan, Zafer (2000): Provokativ werben? In: Vierteljahreshefte für Media und Werbewirkung, Nr. 4, S. 26-28.

Dahlem, Stefan/Donnerstag, Joachim (2000): Saving Value durch Medienqualität. In: Absatzwirtschaft, Sondernummer, S. 208-214.

Dahlem, Stefan/Mathes, Rainer (1995): Markenhandel. Die Markenartikler entdecken die Tageszeitung (neu). In: Media Spectrum, Nr. 10, S. 34-40.

Dahm, Axel (1998): Wer führt denn eigentlich die Marke? In: Werben & Verkaufen (Hrsg.), Ganz kreativ. München, Europa-Fachpresse. S. 67-69.

Davies, Gary (1998): Retail brands and the theft of identity. In: International Journal of Retail & Distribution Management, Vol. 26, No. 4, S. 140-146.

Davis, Michael P. (1998): Plugging the leaks. In: U.S. Distribution Journal, Vol. 225, Issue 7, S. 16.

Davis, Scott M. (2002): Brand authenticity. It's the real thing. In: Brandweek, Vol. 43, Issue 4, S. 21.

Davis, Scott M. (2001): Taking control of your brand's destiny. In: Brandweek, Vol. 42, Issue 38, S. 20.

Davis, Scott M. (1999): On the master's master brand. In: Brandweek, Vol. 40, Issue 20, S. 26.

Davis, Scott M./Halligan, Cathy (2002): Extending your brand by optimizing your customer relationship. In: Journal of Consumer Marketing, Vol. 19, No. 1, S. 7-11.

Daw, Lesley (1997): Canadian tire pitches brands to DIYers. In: Marketing Magazine, Vol. 102, Issue 28, S. 3.

Dawar, Niraj/Pillutla, Madan M. (1997): Impact of product-harm crises on brand equity. Threat or opportunity? In: INSEAD Working Papers 97/40/MKT.

De Chenecey, Sean P. (2000): Jugendkultur im digitalen Zeitalter. In: Vierteljahreshefte für Media und Werbewirkung, Nr. 3, S. 16-19.

De Chernatony, Leslie (2001): An Integrated Approach to Building and Strengthening Brands. In: European Retail Digest, S. 17.

Degener, Martin/Wiesmann, Stefan-Sebastian (1995): Die fraktale Masche. Fraktale Markenführung – fraktale Mediaplanung? In: Media Spectrum, Nr. 8, S. 30-32.

Deichsel, Alexander (1991): Argument und Gestalt. Die zwei Gesichter der Ware. In: Media Spectrum, 29. Jg., Nr. 7, S. 54-56.

Deichsel, Alexander (1991): Von der Ware zur Marke. In: Media Spectrum, 29. Jg., Nr. 1, S. 34-39.

Dennis, Kathryn/Gale, Michael (1999): Mass + Direction + Velocity = Brand. In: MC-Technology Marketing Intelligence, Vol. 19, Issue 5, S. 41.

Desbarats, Gus (1995): Usability. Form that says function. In: Industrial Management & Data Systems, Vol. 95, Issue 6, S. 3.

DeSouza, Glenn (1997): Royalty methods for intellectual property. In: Business economics, Vol. 32, No. 2, S. 7, 46-52.

Dichter, Ernest (1985): What´s in an image? In: Journal of consumer marketing, Vol. 2, S. 75-81.

Diehl, Ute/Sieben, Sandra (1998): Beiträge mit Botschaft. Syndication-Programme im Hörfunk. In: Media Spectrum, Nr.7, S. 10-13.

Diller, Hermann (1992): Preis-Management in der Markenartikelindustrie. In: Zeitschrift für Betriebswirtschaftliche Forschung, Heft 12, S. 1109-1126.
Dillon, William R./Kirmani, Amna/Madden, Thomas J./Mukherjee, Soumen (2001): Understanding what's in a brand rating. A model for assessing brand and attribute effects and their relationship to brand equity. In: Journal of Marketing Research, Vol. 38, Issue 4, S. 415.
Dmoch, Thomas (1999): Das Graphische Differential. Ein Instrument zur internationalen Messung emotionaler Markenerlebnisse. In: Planung & Analyse, Heft 2, S. 58-63.
Docters, Robert G. (1999): Branding. Shotgun or rifle? In: Journal of Business Strategy, Vol. 20, Issue 4, S. 9.
Dodds, Julian (2000): Look out for the bastardisation of buzz phrases. In: Marketing (UK), S. 20.
Dörr, Udo (1996): Rückbesinnung auf regionale Marken. In: Dynamik im Handel, Heft 9, S. 67-69.
Dolliver, Mark (2000): The brand equity of nations. In: Adweek Midwest Edition, Vol. 41, Issue 47, S. 34.
Donaghey, Brian/Wateridge, Steve (1999): Braucht man Slogans? Nicht immer, aber immer öfter. In: Vierteljahreshefte für Media und Werbewirkung, Nr. 1, S. 26-30.
Drees, Norbert (1999): Begriff des Markenwertes und Modelle zur Markenwertermittlung. In: Erfurter Hefte zum angewandten Marketing, Heft 6, S. 14-24.
Drees, Norbert (1999): Markenerfolgsforschung und Markenberatung in Deutschland. Ergebnisse einer empirischen Studie. In: transfer – Werbeforschung & Praxis, Heft 4, S. 24-28.
Duffy, Jan (2000): Measuring customer capital. In: Strategy and Leadership, Vol. 28, No. 5, S. 10-15.
Dunbar, Roger/Schwalbach, Joachim (2000): Corporate reputation and performance in Germany. In: Corporate Reputation Review, Vol. 3, No. 2, S. 115-123.
Dyson, Paul/Farr, Andy/Hollis, Nigel S. (1996): Understanding, measuring, and using brand equity. In: Journal of Advertising Research, Vol. 36, No. 6, S. 9-21.
Ecken, Christoph (1998): Elch-Test TV-Shows. Der lange Weg von der Idee bis zum Sendeplatz. In: Media Spectrum, Nr. 3, S. 14-17.
Ehrenberg, Andrew S. C. (1997): Die Via Mala von Neueinführungen. In: Vierteljahreshefte für Media und Werbewirkung, Nr. 4, S. 42-44.
Ehrenberg, Andrew S. C. (1997): Werbung versus Promotions. In: Vierteljahreshefte für Media und Werbewirkung, Nr. 4, S. 14-18.
Ehrenberg, Andrew S. C./Hammond, Kathy (2001): Preispromotions. Nicht das Gelbe vom Ei. In: Vierteljahreshefte für Media und Werbewirkung, Nr. 3, S. 33-36.
Ehrenberg, Andrew S. C./Scriven, John: (1997): Kein USP? – Don't worry. In: Vierteljahreshefte für Media und Werbewirkung, Nr. 4, S. 21-25.
Elsasser, John (2001): Disturbing behavior. In: Public Relations Tactics, S. 26.
Engel, Dirk (1995): Geschäfte in der Grauzone. In: Media Spectrum, Nr. 11, S. 22-26.
Erdagan, Zafer/Kitchen, Philip (1998): Wieder mal Promis. In: Vierteljahreshefte für Media und Werbewirkung, Nr. 3, S. 16-21.
Erdem, Orhan/Oumlil, A. Ben (1999): Consumer values and the importance of store attributes. In: International Journal of Retail & Distribution Management, Vol. 27, Issue 4-5, S. 137.
Esch, Franz-Rudolf (1999): Ansätze zur Messung des Markenwertes. In: Esch, Franz-Rudolf (Hrsg.), Moderne Markenführung. Wiesbaden, Gabler. S. 959-987.
Esch, Franz-Rudolf (1993): Markenwert und Markensteuerung. In: Thexis, Heft 5-6, S. 56-64.

Esch, Franz-Rudolf/Nickel, Oliver (1998): Markenwert und Events. In: Oliver Nickel (Hrsg.), Eventmarketing. München, Vahlen. S. 91-106.
Esch, Franz-Rudolf/Andresen, Thomas (1997): Messung des Markenwertes. In: Hauser, Ulrich (Hrsg.), Erfolgreiches Markenmanagement. Vom Wert einer Marke, ihrer Stärkung und Erhaltung. Wiesbaden, Gabler. S. 11-37.
Esch, Franz-Rudolf/Levermann, Thomas (1993): Handelsunternehmen als Marken. Messung, Aufbau und Stärkung des Markenwertes – Ein verhaltenswissenschaftlicher Ansatz. In: Handelsforschung, S. 79-102.
Ewing, Michael T. (1995): Renaissance. A case study in brand revitalization and strategic realignment. In: Journal of Product and Brand Management, Vol. 4, No. 3, S. 19-26.
Fairlamb, David (1995): Bo Lundquist of Esselte. Brand strategies. In: Institutional Investor, Vol. 29, Issue 5, S. 27.
Farr, Andy/Gardiner, Sue (2001): Kreativ genug? In: Vierteljahreshefte für Media und Werbewirkung, Nr. 2, S. 14-19.
Farr, Andy/Brown, Millward (1999): Kurzfristig messen – Langfristig wirken. In: Vierteljahreshefte für Media- und Werbewirkung, Nr. 3, S. 3-7.
Farquhar, Peter H. (1990): Managing brand equity. In: Journal of Advertising Research, Vol. 30, No. 4, S. 1-7.
Farquhar, Peter H./Han, Julia Y. (1992): Measuring brand momentum. In: Marketing Management, Vol. 1, Issue 2, S. 24.
Farquhar, Peter H./Han, Julia Y. (1992): Brands on the balance sheet. In: Marketing Management, Vol. 1, S. 16-22.
Feldwick, Paul (1996): What is brand equity anyway, and how do you measure it? In: Journal of the Market Research Society, Vol. 38, No. 2, S. 85-104.
Fellman, Michelle W. (1998): Just the name, thanks: Why Beemer bought Rolls. In: Marketing News, Vol. 32, Issue 19, S. 6.
Ferrand, Alain/Pages, Monique (1999): Image management in sport organisations. The creation of value. In: European Journal of Marketing, Vol. 33, No. 3-4, S. 387-402.
Fick, H.-Peter (1995): Bilanzierung und Bewertung von Warenzeichen. In: Die steuerliche Betriebsprüfung. Berlin [u.a.], Heft 6, S. 136-138.
Fischer, Marc/Hermann, Andreas/Huber, Frank (2001): Return on Customer Satisfaction. Wie rentabel sind Maßnahmen zur Steigerung der Zufriedenheit. In: Zeitschrift für Betriebswirtschaft, 71. Jg., Heft 10, S. 1161-1191.
Fischer, Kirsten/Thußbas, Claudia (2000): Die Wirkung humoristisch-episodischer Elemente in der Fernsehwerbung auf Erinnerungsleistung und Markenbewertung. Eine experimentelle Studie. In: Medienpsychologie, Nr. 1, 12. Jg., S. 51-66.
Fischer, Oliver (2001): Markenartikler trimmen ihre Werbeagenturen auf Effizienz. Kraft Foods reduziert die Zahl seiner Dienstleister. In: Financial Times Deutschland, Nr. 1, S. 6.
Fischer, Oliver (2000): Unilever-Chef Lindenberg greift TV-Sender und Mediaagenturen an. Markenartikler wirft Kirch und Bertelsmann Ausnutzung der beherrschenden Marktstellung und Preistreiberei vor. In: Financial Times Deutschland, Nr. 235, S. 9.
Fisher, Kenneth L. (1989): All in a name (Portfolio Strategy). In: Forbes, Vol. 143, Issue 5, S. 166.
Fombrun, Charles J. (2001): Corporate reputation – Its measurement and management. In: Thexis, 18. Jg., Nr. 4, 23-26.
Fombrun, Charles J./Wiedmann, Klaus-Peter (2001): Unternehmensreputation und der „Reputation Quotient“. In: PR Magazin, 32. Jg., S. 45-52.
Fombrun, Charles J./Gardberg, Naomi A./Sever, Joy M. (2000):The reputation quotient SM. A multi-stakeholder measure of corporate reputation. In: The Journal of Brand Management, Vol. 7, No. 4, S. 241-255.

Fombrun, Charles J./Rindova, Violina P. (1998): Reputation management in global 1000 firms. A benchmarking study. In: Corporate Reputation Review, Vol. 1, No. 3, 205-214.

Fombrun, Charles J./Riel, Cees van (1997): The reputational landscape. In: Corporate Reputation Review, Vol. 1, No. 1-2, S. 5-13.

Franzen, Ottmar (2002): Markenbewertung im Praxistest. In: Brandmeyer, Klaus/Deichsel, Alexander/Prill, Christian (Hrsg.), Jahrbuch Markentechnik 2002/2003. Frankfurt/Main, Deutscher Fachverlag. S. 185-197.

Franzen, Ottmar (2001): Starke Marken. In: Frankfurter Allgemeine Zeitung, Sonderbeilage „Markenartikel", S. 4.

Franzen, Ottmar (1994): Strategisches Marken-Controlling. In: Planung & Analyse, Heft 6, S. 22-27.

Franzen, Ottmar (1994): Markenbewertung und- bilanzierung. In: Markenartikel, S. 372-389.

Franzen, Ottmar (1994): Markenbewertung mit Hilfe von Ertragswertansätzen. In: Deutsches Steuerrecht, Heft: 44, S. 1625-1629.

Franzen, Ottmar (1992): Planungsentscheidungen im Marketing auf der Basis von Markenwertmodellen. In: Planung & Analyse, Vol. 19, Nr. 4, S. 51-55.

Franzen, Ottmar/Brandmeyer, Klaus (2000): Was sind wir wert? Marken- und Firmennamen auf dem Prüfstand. In: Frankfurter Allgemeine Zeitung, 25. September 2000.

Franzen, Ottmar/Lenzen, Wolfgang (2000): Markenbewertung im Praxistest. In: Planung & Analyse, Heft 2, S. 34-37.

Franzen, Ottmar/Vocke-Schöhl, Katharina (1999): Die Faszination von Porsche fehlt den Banken noch. In: Bank Magazin, Heft 2, S. 21-23.

Franzen, Ottmar/Jossé, Harald (1997): Marken- und Mediacontrolling im System. In: Planung & Analyse, Heft 1, S. 36- 41.

Franzen, Ottmar/Reimann, Angela (1997): Markenwert als Ziel- und Controllinggröße für die Unternehmensführung. In: Baitsch, Christof/Bruhn, Manfred (Hrsg.), Wertorientierte Unternehmensführung, Wiesbaden, Gabler. S. 213-229.

Franzen, Ottmar/Waldherr, Reinhard (1997): Controlling der Kundenzufriedenheit. In: Planung & Analyse, Heft 4, S. 54-58.

Franzen, Ottmar/Güldenberg, Hans G. (1994): Operatives Markencontrolling. In: Bruhn, Manfred (Hrsg.), Handbuch Markenartikel. Bd. 3, Stuttgart, Schäffer-Pöschel. S. 1337-1351.

Franzen, Ottmar/Trommsdorf, Volker/Riedel, Frank (1994): Ansätze der Markenbewertung und Markenbilanz. In: Bruhn, Manfred (Hrsg.), Handbuch Markenartikel. Bd. 3, Stuttgart, Schäffer-Pöschel. S. 1373-1401.

Gabel, Detlev/Lackum, Jens von (1999): Zur Schutzfähigkeit von Wortkreationen auf der Grundlage des Urheberrechtsgesetzes. In: Zeitschrift für Urheber- und Medienrecht, 43. Jg., Nr. 8-9, S. 629-632.

Gälli, Anton/Kögel, Petra/Wüllner, Claudia (1996): Chinesische Technologie – Auf dem Sprung vom 1. ins 3. Jahrtausend. In: ifo-Schnelldienst, Bd. 49, Nr. 11, S. 21-38.

Gallucci, Peter (1997): Das neue Schlagwort. Kontaktdisziplin. In: Vierteljahreshefte für Media und Werbewirkung, Nr. 4, S. 6-10.

Ganady, Mansour el (1994): Brand equity. An actionable technique to evaluate, protect and expand your brand. In: Werbeforschung & Praxis, Vol. 39, Nr. 3, S. 89-93.

Gander, Paul (2000): Image bank. In: Marketing Week, Vol. 23, Issue 7, S. 43.

Gardiner, Mark E. (2001): In praise of recessions. In: Marketing Magazine, Vol. 106, Issue 6, S. 9.

Garner, Rochelle (2000): A brand by any other name. In: Sales & Marketing Management, Vol. 152, Issue 10, S. 102.

Gast, Wolfgang (1998): Jugend und Werbung. Projektbericht aus dem Inneren des methodischen Labyrinths. In: Medien praktisch, Nr. 3, 22. Jg., S. 23-27.

Genova, Mary Jane (2000): Can brand management help you succeed? In: Success, Vol. 47, Issue 6, S. 58.

Gigante, Lucienne (2000): Young & Rubicam to conduct brands study. In: Caribbean Business, Vol. 28, Issue 38, S. 6.

Girisch, Felicitas (1994): Der Werbeauftritt der Printmedien. In: Medien-Journal, 18. Jg., Nr. 3, S. 168-174.

Gladden, James M./Funk, Daniel C. (2002): Developing an understanding of brand associations in team sport. Empirical evidence from consumers of professional sport. In: Journal of Sport Management, Vol. 16, Issue 1, S. 54.

Gladden, James M./Irwin, Richard L./Sutton, William A. (2001): Managing north American major professional sport teams in the new millennium. A focus on building brand equity. In: Journal of Sport Management, Vol. 15, Issue 4, S. 297.

Gleich, Uli (1999): Über 50jährige als Zielgruppe für Marketing und Werbung. Argumente für eine differenzierte Ansprache einer vernachlässigten Altersgruppe. In: Media Perspektiven, Nr. 6, S. 301-311.

Gleich, Uli (1996): Aktuelle Ergebnisse der Werbewirkungsforschung. ARD-Forschungsdienst. In: Media Perspektiven, Nr. 9, S. 507-510.

Gordon, Wendy (1994): Handelsmarken. Das Äquivalent für Erfolg in den Neunzigern. In: Planung & Analyse, Nr. 3, S. 52-59.

Gottschaller, Elisabeth (1992): Kids, Kohle und Konsum. Aktuelle Daten der Schüler-Mediaanalyse 1992. In: Media Spectrum, Nr. 9, S. 44-46.

Grabner, Ulrike (2000): Das neue Anspruchsniveau der Ost-Konsumenten. In: Vierteljahreshefte für Media und Werbewirkung, Nr. 1, S. 12-15.

Graf, Christine (1993): Erfolgsfaktor Media-Mix. In: Media Spectrum, Nr. 10, S. 24-25.

Graham, Peter/Harker Debra/Harker Michael/Tuck Marshall (1994): Branding food endorsement programs. The national heart foundation of Australia. In: Journal of Product and Brand Management, Vol. 3, No. 4, S. 31-43.

Grant, Martin/Opie, Tim (2001): Differenzierung. Harte Arbeit, aber der Schlüssel zum Erfolg. In: Vierteljahreshefte für Media und Werbewirkung, Nr. 3, S. 8-13.

Grant, Ian (1999): Long live e-commerce. In: Vierteljahreshefte für Media- und Werbewirkung, Nr. 4, S. 11-14.

Grauel, Ralf (2001): Was Wirtschaft treibt – Integrierte Kommunikation. Interessante Kommunikation 2. Teil. In: Brand Eins, Heft 6, S. 34-38.

Greaves, Paul/Bdesha, Parveen/Ammirati, Puris Lintas (1999): The Power Generation. Männer zwischen 30 und 50. In: Vierteljahreshefte für Media- und Werbewirkung, Nr. 4, S. 24-32.

Green, Charles (1993): Halt mal, das geht zu weit! Interview mit dem Creative Director Charles Greene, Düsseldorf. In: Televizion, 6. Jg., Nr. 2, S. 9-13.

Greenwald, Judy (2001): Brand risk requires careful management. In: Business Insurance, Vol. 35, Issue 47, S. 28.

Greyser, Stephen A. (1999): Advancing and enhancing corporate reputation. In: Corporate Communications, Vol. 4, Issue 4, S. 177-181.

Griese, Ursula (1998): Neue Chancen für die Entwicklung einer Marke. Optima - Ein Positionierungsmodell für konkurrenzintensive Märkte. In: Media Spectrum, Nr. 11-12, S. 34-36.

Grönland, Edward A. G. (2002): Qualitative research to validate the RQ-dimensions. In: Corporate Reputation Review, Vol. 4, No. 4, S. 308-315.

Grünewald, Stephan (1997): Markenimage, Markenwert, Markentreue. Ist die Marke in der Krise? In: Planung & Analyse, Heft 1, S. 9-61.

Guckenberger, Katherine/Nye, Joseph S./Husock, Howard/Donahue, D. John (2001): ICANN. Ein Experiment globaler Koregulierung. In: Hamm, Ingrid/Machill, Marcel (Hrsg.), Wer regiert das Internet? Gütersloh, Bertelsmann Stiftung. S. 83-257.

Günther, Thomas/Kriegbaum-Kling, Catharina (2001): Brand valuation and control. An empirical study. In: Schmalenbach Business Review, Bd. 53, S. 263-294.

Guilding, Chris/Godfrey, Andy (1995): An empirical investigation of the extent and nature of brand valuation activity in New Zealand. In: Accounting & Finance, Vol. 35, Issue 2, S. 119.

Guilding, Chris/Pike, Richard (1994): Brand valuation. A model and empirical study of organisational implications. In: Accounting and Business Research, Heft 95, Vol. 24, S. 241-253.

Götz, Claudia (2000): Kuck mal, wer da wirbt. In: Vierteljahreshefte für Media und Werbewirkung, Nr. 2, S. 38-40.

Hackbarth, Christina (1998): Titelsponsoring im Fernsehen. In: Zeitschrift für Urheber- und Medienrecht/Film und Recht, 42. Jg., Nr. 12, S. 974-984.

Haigh, David (2001): Make brand make their mark. In: International Tax Review, Vol. 12, Issue 2, S. 40.

Haimerl, Elmar (2000): Schwerpunktthema – Methoden, Benchmarking, Mystery Shopping und anderes mehr. In: Planung & Analyse, Heft 5, S. 16-61.

Hall, Graham (1999): Buchstabensuppe oder – Aus der Seele gesprochen. In: Vierteljahreshefte für Media- und Werbewirkung, Nr. 4, S. 15-19.

Hall, Mike (2000): Die Marke im Web-Zeitalter. In: Vierteljahreshefte für Media und Werbewirkung, Nr. 3, S. 35-40.

Hammann, Peter (2001): Markencontrolling. Motor oder Bremse für die Steigerung des Markenwertes? In: Richard Köhler/Majer, Wolfgang/Wiezork, Heinz (Hrsg.), Erfolgsfaktor Marke. Wiesbaden/München, Vahlen. S. 281-294.

Hammann, Peter/Gathen, Andreas von der (1994): Bilanzierung des Markenwertes und kapitalmarktorientierte Markenbewertungsverfahren. In: Markenartikel, Gräfelfing, S. 204-211.

Hanser, Peter (2008): Kommentar: Markenbewertung. In: Absatzwirtschaft – Sonderheft Marken 1/2008, S. 8.

Hardman, Jeremy (1998): Kinder bewerben heißt Kinder verstehen. In: Vierteljahreshefte für Media und Werbewirkung, Nr. 3, S. 30-35.

Harlow, Liz (2001): Sound CRM requires good data. In: Marketing, 13. Dezember, S. 17.

Hartel, Ulrich (1996): Product placement. In: Zeitschrift für Urheber- und Medienrecht/Film und Recht, 40. Jg., Sonderheft, S. 1033-1036.

Hartfiel, Robin (2001): Brand equity. In: Dealernews, Vol. 37, Issue 2, S. 4.

Harvey, Michael/Evans, Malcolm (2001): Das wichtigste im Leben – Die Konkurrenzwerbung! In: Vierteljahreshefte für Media und Werbewirkung, Nr. 3, S. 3-7.

Heath, Robert (2000): Low Involvement statt Hemisphären-Denken. Der neurowissenschaftliche Ansatz wie Marken arbeiten. In: Vierteljahreshefte für Media und Werbewirkung, Nr. 2, S. 11-15.

Heath, Robert (2000): Low Involvement-Verarbeitung II. In: Vierteljahreshefte für Media und Werbewirkung, Nr. 3, S. 3-8.

Heath, Robert/Taylor, Nelson (1998): Viel geworben – Ziel verfehlt? In: Vierteljahreshefte für Media und Werbewirkung, Nr. 3, S. 22-30.

Heath, Robert/Taylor, Nelson (1997): Ein neues Maß zur Werbewirkungsmessung. In: Vierteljahreshefte für Media und Werbewirkung, Nr. 3, S. 20-25.

Heider, Ulrich H./Strehlau, R. (2000): Markenwert-Controlling. In: Zerres, Michael P. (Hrsg.), Handbuch Marketing-Controlling. 2. Aufl., Berlin/Heidelberg, Springer.

Hellmann, Kai-Uwe (2000): Schwerpunktthema Marke – Branding. Die Sozialität der Marke – Verdeckte (V)ermittlungen. In: Planung & Analyse, Nr. 2, S. 14.
Henderson, Gordon (2000): How clicks can still compete with bricks. In: Marketing Week, Vol. 23, Issue 44, S. 45.
Henderson Blair, Margaret/Rabuck, Michael J. (1999): Pretests? Posttests? Blödsinn? In: Vierteljahreshefte für Media und Werbewirkung, Nr. 2, S. 22-26.
Herrmann, Andreas/Huber, Frank (2000): Value-oriented brand positioning. In: International Review of Retail, Distribution & Consumer Research, Vol. 10, Issue 1, S. 113-118.
Hesse, Kurt R. (1992): Images und Fernsehen. Images in der Informationsgesellschaft. In: Media Spectrum, Nr. 12, S. 28-31.
Heyer, Michael (1993): Aufeinander zugehen bringt Erfolg. Datenquellen für die Tageszeitungsplanung. In: Media Spectrum, Nr. 9, S. 48-50.
Hinny, Pascal (1995): Die Sacheinlagefähigkeit der Marke. Wirkungen des revidierten Markenschutzgesetzes. In: Der Schweizer Treuhänder, Heft 9, S. 730-732.
Hobson, Katherine (1998): Adding value to brands. In: Equities, Vol. 46, Issue 6, S. 65.
Hofmann, Hellmut W. (1992): Schätzen nach Maß. Markenbekanntheit und Werbeetat. In: Media Spectrum, Nr. 2, S. 38-39.
Högl, Siegfried/Hupp, Oliver (2001): Neue und weitergehende Wege in der Markensteuerung. In: Markenartikel, Heft 4, S. 22-27.
Hoyer, Wayne D./Brown, Steven P./Hermann, Werner (1991): Die magische Anziehungskraft der Bekanntheit. In: Vierteljahreshefte für Media und Werbewirkung, Nr. 3, S. 10-12.
Hume, Scott (2000): Brand new opportunities. In: Restaurants & Institutions Marketplace, Vol. 110, Issue 21, S. 6.
Hupp, Oliver (2001): Brand potential index. In: Diller, Hermann (Hrsg.), Vahlens Großes Marketing Lexikon. 2. Aufl., München, Vahlen. S. 191-192.
Hupp, Oliver (2000): Die Validierung von Markenwerten als Voraussetzung für die erfolgreiche Markenführung. In: Planung & Analyse, Heft 6, S. 44-47.
Hutchins, Greg (2000): The branding of Six Sigma. In: Quality Progress, Vol. 33, Issue 9, S. 120.
Hutton, James G. (1997): A study of brand equity in an organizational-buying context. In: Journal of Product and Brand Management, Vol. 6, No. 6, S. 428-439.
IMAS International (1995): 40 Prozent TV ist genug! In: Vierteljahreshefte für Media und Werbewirkung, Nr. 4, S. 6-11.
Irmscher, Markus (1996): Markenwertbegriffe. In: Markenartikel, Heft 2, S. 58-61.
Isenbart, Jan (1997): Jung, hip, heterogen. Umfrage – Wie bringt man seine Werbung authentisch an die Kids und in die Szene. In: Media Spectrum, S. 14-22.
Jäckel, Ralf (1998): Im besten Alter. Übersieht das jugendliche Management die Zielgruppe Senioren? In: Media Spectrum, Nr. 4, S. 51-52.
Jagger, Steven (2000): Die Macht der Packung. In: Vierteljahreshefte für Media und Werbewirkung, Nr. 1, S. 2-6.
James, Dana (2000): Advertising. In: Marketing News, Vol. 34, Issue 2, S. 10.
Jamieson, David (2000): Autokauf im Internet. Die große Revolution. In: Vierteljahreshefte für Media und Werbewirkung, Nr. 4, S. 34-37.
Janneck, Rainer (1991): Product Placement im Film und Fernsehen. In: Medien und Erziehung, 35. Jg., Nr. 1, S. 17-23.
Jones, John P. (2001): How to use advertising to build strong brands. In: Journal of Consumer Marketing, Vol. 18, No. 1, S. 75-83.
Joy, Robin (1998): Rolling up to buy a name. In: World Tobacco, Supplement Issue 162, S. 36.

Judge, Paul C./Green, Heather (1999): The name's the thing. Brandorama.com In: Business Week, New York, Heft 36, S. 50-53.

Jury, Jennifer (2000): Brand valuation for M&A. In: Acquisitions Monthly, Issue 191, S. 56.

Kaas, Klaus P. (1992): Finanzieller Markenwert. In: Diller, Hermann (Hrsg.): Vahlens Großes Marketing Lexikon. München, Vahlen. S. 647.

Kaas, Klaus P. (1990): Langfristige Werbewirkung und Brand Equity. In: Werbeforschung & Praxis, Nr. 3, S. 48-52.

Kahl, Mathias (1999): PR macht Marken stark. In: Werben & Verkaufen, Heft: 17, S. 26.

Kamakura, Wagner A./Russel, Gary J. (1993): Measuring brand value with scanner data. In: International Journal of Research in Marketing, Vol. 10, No. 1, S. 9.

Karepin, Rolf (1992): Wo Gutenbergs Jünger fremdgehen. Titelgeschichte – Verlage im Privat-TV. In: Artikel 5, 6. Jg., Heft 1, S. 14-23.

Karmasin, Matthias (2007): Stakeholder Management als Grundlage der Unternehmenskommunikation. In: Piwinger, Manfred/Zerfaß, Ansgar (Hrsg.)(2007): Handbuch Unternehmenskommunikation. Wiesbaden, Gabler. S. 71-88.

Karmasin, Matthias (2008): Stakeholder Management als Ansatz der PR. In: Bentele, Günter/Fröhlich, Romy/Szyszka, Peter (Hrsg.)(2008): Handbuch der Public Relations. Wissenschaftliche Grundlagen und berufliches Handeln. Mit Lexikon. 2. korr. und erw. Auflage, Wiesbaden, VS Verlag für Sozialwissenschaften,. S. 268-280.

Katsanis, Lea P. (1994): The ideology of political correctness and its effect on brand strategy. In: Journal of Product and Brand Management, Vol. 3, No. 2, S. 5-14.

Kaufmann, Patrick J./Dant, Rajiv P. (2001): The pricing of franchise rights. In: Journal of Retailing, Vol. 77, Issue 4, S. 423.

Keeble, Giles (1998): Wenn zwei sich streiten ... In: Vierteljahreshefte für Media und Werbewirkung, Nr. 4, S. 40-44.

Keenan, Ted (2001): Even loyal customers won't buy rubbish. In: Finance Week, S. 36.

Keller, Kevin L. (2000): Strategic brand management. Building, measuring, and managing brand equity. In: Journal of Consumer Marketing, Vol. 17, No. 3, S. 263-272.

Keller, Kevin L. (1993): Conceptualizing, measuring and managing customer-based brand equity. In: The Journal of Marketing, Vol. 57, No. 1, S. 1-22.

Kemp, Gail (2001): Clients learn value of brand guidance. In: Marketing, 1. Februar, S. 33.

Kent, Andrew (1997): Brand names – What are they worth? In: Australian Accountant, Vol. 67, Issue 9, S. 60.

Kerin, Roger A./Kish, Paulette/Riskey, Dwight R. (2001): Measurement and tracking of brand equity in the global marketplace – The PepsiCo experience. In: International Marketing Review. Vol. 18, No. 1, S. 91-96.

Kerin, Roger A./Sethuraman, Raj (1998): Exploring the brand value shareholder value nexus for consumer goods companies. In: Journal of the Academy of Marketing Science, Vol. 26, No. 4, S. 260-273.

Kern, Werner (1962): Bewertung von Warenzeichen. In: Betriebwirtschaftliche Forschung und Praxis, 14. Jg., Heft 1, S. 17-31.

Kessler, Dieter (1998): Kodak und Agfa sind gut im Film. Die beiden Traditionsmarken unter den Fotofilmen liefern sich laut Emnid in der Verbrauchergunst ein permanentes Kopf-an-Kopf-Rennen. In: Werben & Verkaufen, Nr. 49, S. 97.

Khermouch, Gerry (1994): Coors to expand Shulers litmus test. In: Brandweek, Vol. 35, Issue 31, S. 4.

Khermouch, Gerry (1994): As Royal Gold ads kick in, Kodak plans funtime recast. In: Brandweek, Vol. 35, Issue 25, S. 3.

Khermouch, Gerry (1994): Tropicana burnishes flagship from-concentrate juice image. In: Brandweek, Vol. 34, Issue 50, S. 3.

Kilburn, David (2001): Top of the mobile learning curve. In: Marketing Magazine, Vol. 106, Issue 46, Wireless World, S. 4.

Kim, Chung K. (1995): Brand popularity and country image in global competition – Managerial implications. In: Journal of Product and Brand Management, Vol. 4, No. 5, S. 21-33.

Kim, Peter (1990): A perspective on brands. In: Journal of Consumer Marketing, Vol. 7, No. 4., S. 20-30.

King, Alfred M./Henry, Jay M. (2000): Valuing intangible assets through appraisals. In: Strategic Finance, Vol. 81, Issue 5, S. 32.

Kirschhofer, Achim von (2001): Mehr Qualität als Quantität. Die „Werbedelle" als Chance. In: Vierteljahreshefte für Media und Werbewirkung, Nr. 4, S. 9-12.

Kirschhofer-Bozenhardt, Andreas von (1990): Ost-Marketing. Deutsch hat wieder Saison. In: Vierteljahreshefte für Media und Werbewirkung, Nr. 3, S. 2-9.

Klähn, Andreas (2000): Marketing. Debitel setzt auf Kopf statt Bauch. In: Werben & Verkaufen, Nr. 36, S. 58.

Klingebiel, Norbert (2000): Stichwort Markenwert. In: Zeitschrift für Planung, Bd. 11, S. 111-116.

Knox, Simon (1997): The death of brand deference – Can brand management stop the rot? In: Journal of Product and Brand Management, Vol. 6, No. 1, S. 49-55.

Knox, Simon (1995): Re-engineering brand management practices within an integrated environment. In: Journal of Marketing Practice, Vol. 1, No. 2, S. 26-38.

Knox, Simon (1994): Transforming brand management from a functional activity into a core process. In: Journal of Marketing Management, Vol. 10, No. 7. S. 621-632.

Knuf, Thorsten (1998): Boulevard setzt auf Service. In: Werben & Verkaufen, Heft 22, S. 128-131.

Köhler, Richard (2001): Erfolgreiche Markenpositionierung angesichts zunehmender Zersplitterung von Zielgruppen. In: Köhler, Richard/Majer, Wolfgang/Wiezorek, Heinz (Hrsg.), Erfolgsfaktor Marke – Neue Strategien des Markenmanagements. München, Vahlen. S. 45-61.

Kohli, Chiranjeev (1997): Branding consumer goods. Insights from theory and practice. In: Journal of Consumer Marketing, Vol. 14, No. 3, S. 206-219.

Kohli, Chiranjeev/Leuthesser, Lance (2001): Brand equity. Capitalizing on intellectual capital. In: Ivey Business Journal, Vol. 65, Issue 4, S. 74.

Kriegbaum, Catharina (1998): Valuation of brands – A critical comparison of different methods. In: Dresdner Beiträge zur Betriebswirtschaftslehre, Nr. 13, S. 1-26.

Krishnan, Balaji C./Hartline, Michael D. (2001): Brand equity. Is it more important in services? In: Journal of Services Marketing, Vol. 15, No. 5, S. 328-342.

Krumb, Ulrike (1998): MarkenProfile 7. Erfolgsfaktor Markenstatus. In: Media Spectrum, Nr. 8, S. 31.

Laar, Gaston van de/Berg-Weitzel, Lianne von den (2001): Der Supermarkt im Internet. In: Vierteljahreshefte für Media und Werbewirkung, Nr. 2, S. 20-23.

Lacey, Nora (2002): The weak don't succeed… or do they? In: Marketing Magazine, Vol. 107, Issue 3, S. 9.

Langendorf, Boris (1997): Das Buch als Markenware. In: Bertelsmann Briefe, Nr. 137, S. 4-5.

Langley, Nick (1999): Of mice and managers. In: Director, Vol. 53, Issue 4, S. 89.

Langsam, David (2001): Under a watchful eye. In: Personal Investor, Vol. 19, Issue 3, S. 104.

Lannon, Judie (1994): Brand-Marketing als Waffe gegen den Handel. In: Vierteljahreshefte für Media und Werbewirkung, Nr. 1, S. 36-40.

Lassak, Hans-Peter (2000): Vertrauens- und Akzeptanzkrisen von Produkten als Marketing-Problem. In: Foscht, Thomas (Hrsg.), Zukunftsperspektiven für das Handelsmanagement. Konzepte, Instrumente, Trends. Frankfurt/Main, Deutscher Fachverlag. S. 477-491.

Lassar, Walfried/Sharma, Arun (1995): Measuring customer-based brand equity. In: Journal of Consumer Marketing, Vol. 12, No. 4, S. 11-19.

Leberl, Britta (1997): Das Ziel ist die Marke. Programme und Stars sind für die Entwicklung eines Senders zur Marke ebenso wichtig wie Marketing und Design. In: Agenda, 20. Jg., Nr. 30, S. 24-25.

Lebrecht, Wolfgang (1993): Kultivierung des Alltags. Markenartikel und Werbung zwischen Produktversprechen und Zusatznutzen, In: Agenda, Nr. 10, 16. Jg., S. 32-35.

Lehne, Peter (1993): S.I.-Zeitschriften unter der Lupe. In: Media Spectrum, Nr. 11, S. 16-22.

Lefton, Terry (1996): True value sets sweeps game for Super Bowl. In: Brandweek, Vol. 37, Issue 43, S. 37.

Leone, Robert P./Srinivasan, Srini S. (1996): Face value – Its impact on coupon redemption, brand sales, and brand profitability. In: Journal of Retailing, Vol. 72, Issue 3, S. 273.

Leong, Siew Meng (1997): Dominance and dilution. The effects of extending master brands. In: Journal of Consumer Marketing, Vol. 14, No. 5, S. 380-390.

Leuthesser, Lance/Kohli, Chiranjeev/Harich, Katrin (1995): Brand equity – The halo effect measure. In: European Journal of Marketing, Vol. 29, No. 4, S. 57-66.

Levin, Gary (1993): Marketers flock to loyalty offers. In: Advertising Age, Vol. 64, Issue 22, S. 13.

Light, Larry (1998): Markentreue bringt Marktanteile. In: Vierteljahreshefte für Media- und Werbewirkung, Nr. 3, S. 3-7.

Lindner, Michael/Schrell, Andreas (1996): Die Gemeinschaftsmarke im Überblick. In: Markenartikel, Heft 2, S. 73-77.

Lingenfelder, Michael/Lauer, Alexander (2002): Der Wert von Handelsmarken. In: Möhlenbruch, Dirk/Hartmann Michaela (Hrsg.), Der Handel im Informationszeitalter. Konzepte, Instrumente, Umsetzung. Wiesbaden, Gabler. S. 487-510.

Littman, Margaret (2001): To your brand's health. In: American Demographics, Vol. 23, Issue 7, S. 37.

Lloyd, Bruce (1999): Review briefs. In: Long Range Planning, Vol. 32, Issue 5, S. 553.

Löffelholz, Martin/Altmeppen, Klaus-Dieter (2001): Was kosten Internal Relations? Ein Modell zur Analyse der Wirtschaftlichkeit interner Unternehmenskommunikation. In: PR-Magazin, Nr. 10, S. 55-62.

Loosen, Wiebke (2001): Mediale Synergien. Crossmedia-Markenstrategien und Konsequenzen für den Journalismus. In: Beck, Klaus/Schweiger, Wolfgang (Hrsg.), Attention please! München, Fischer. S. 237-248.

Louchran, Vicky/Kangis, Peter (1994): Commentary gift packaging in duty-free markets – Environmentalism and brand equity. In: Journal of Product and Brand Management, Vol. 3, No. 3, S. 5-7.

Low, George S./Mohr, Jakki J. (2000): Advertising versus sales promotion. A brand management perspective. In: Journal of Product and Brand Management, Vol. 9, No. 6, S. 389-414.

Low, Jonathan (2000): Die Zukunft messen. Der Unternehmenswert in der New Economy. In: GDI-Impuls, Rüschlikon18, Heft 3, S. 30-33.

Lythgö, Helen (2001): Pretests. Kritische Gedanken. In: Vierteljahreshefte für Media und Werbewirkung, Nr. 3, S. 30-32.

MacDonald, Jason (2001): Promo's new prominence. In: Marketing Magazine, Vol. 106, Issue 35, S. 3.
Macintosh, John C. C./Parkinson, John M. (1992): Accounting for brands. A call for clarity. In: CMA Magazine, Vol. 66, Issue 6, S. 13.
Mackay, Marisa M. (2001): Application of brand equity measures in service markets. In: Journal of Services Marketing, Vol. 15, No. 3, S. 210-221.
Mackay, Marisa M. (2001): Evaluation of brand equity measures. Further empirical results. In: Journal of Product and Brand Management, Vol. 10, No. 1, S. 38-51.
MacStravic, Scott (1999): Seven approaches to branding. Take your pick. In: Health Care Strategic Management, Vol. 17, Issue 4, S. 1.
Mahoney, Ann I. (2000): The value of your name. In: Association Management, Vol. 52, Issue 4, S. 18.
Mandrik, Carter A. (1996): Consumer heuristics. The trade-off between processing effort and value in brand choice. In: Advances in Consumer Research, Vol. 23, S. 301.
Marconi, Joe (2001): The brand marketing book. Creating, managing, and extending the value of your brand. In: Journal of Consumer Marketing, Vol. 18, No. 1, S. 75-83.
Maretzki, Jürgen (1999): Markenwertmessung auf Basis von Paneldaten. In: Operations Research Proceedings. Selected papers of the Symposium on Operations Research, Magdeburg, S. 517-523.
Maretzki, Jürgen/Wildner, Raimund (1994): Messung von Markenkraft. In: Markenartikel, Heft 3, S. 101-105.
Marinker, Steve (2001): Brandcasting. Die Zukunft des Werbefernsehens? In: Vierteljahreshefte für Media und Werbewirkung, Nr. 1, S. 3-6.
Martin, Ingrid M./Stewart, David W. (2001): The differential impact of goal congruency on attitudes, intentions, and the transfer of brand equity. In: Journal of Marketing Research, Vol. 38, Issue 4, S. 471.
Martini, Bernd-Jürgen/Urban, Christine (1995): Vor Gericht ist weniger more. In: Werben & Verkaufen, Nr. 1-2, S. 100-102.
McAllister, Ian (1996): Brand marketing spans an ocean. In: Automotive News, Vol. 70, Issue 5650, S. 14.
McCafferty, Joseph (1996): The customer knows best. In: CFO, Vol. 12, Issue 5, S. 19.
McCarthy, Michael S./Norris, Donald G. (1999): Improving competitive position using branded ingredients. In: Journal of Product and Brand Management, Vol. 8, No. 4, S. 267-285.
McClymont, Lynne/Inglis, Geoff (1999): Kunden-Zeitschriften. Die sanfte Überraschung. In: Vierteljahreshefte für Media und Werbewirkung, Nr. 4, S. 20-23.
McDonald, Colin (1997): Markenwert verleiht Flügel. In: Vierteljahreshefte für Media- und Werbewirkung, Nr. 4, S. 18-20.
McDowell, Walter (2000): Choice versus chance – Using brand equity theory to explore TV audience lead-in effects, A case study. In: Journal of Media Economics, Vol. 13, Issue 4, S. 233.
McGowan, Paul (2001): Entdecken Sie die neue Jugend! In: Vierteljahreshefte für Media und Werbewirkung, Nr. 1, S. 26-29.
McMahon, Debra B. (1998): Brand battles. In: Telephony, Vol. 235, Issue 2, S. 32.
MediaRes-Gesellschaft für Medien-, Markt- und Meinungsforschung (1994): Standpunkte – MediaRes und IPA-plus geben Studie zur Werbewirkung von TV und Publikumszeitschriften heraus. In: Media Spectrum, Nr. 5, S. 7-8.
Meffert, Heribert/Burmann, Christoph (1999): Abnutzbarkeit und Nutzungsdauer von Marken. In: Jahrbuch der Absatz- und Verbrauchsforschung, Vol. 45, S. 244-263.
Meister, H. E. (1990): Die EG-Markenrichtlinie. 1. Kommentierung. In: Markenartikel, 52. Jg., Nr. 4; S. 157-160.

Mellerowicz, Konrad (2000): Die Suche nach Herz und Hirn der Kunden. In: Horizont, Nr. 49, S. 18.
Mellerowicz, Konrad (1998): Der Wert der Marke in Mark und Pfennig. In: Media & Marketing, Nr. 6, S. 16-23.
Menninger, Jutta/Maul, Karl-Heinz/Wagner, Wolfgang (2004): Wertorientierte Markenführung und internationale Rechnungslegungsstandards. In: Bruhn, Manfred (Hrsg.)(2004): Handbuch Markenführung. Kompendium zum erfolgreichen Markenmanagement. Strategien – Instrumente – Erfahrungen. 2. Auflage, 3 Bände. Wiesbaden, Gabler. S. 1896-1922.
Merzereau, Pascale/Battais, Laurent (2000): „Kleckern" oder „Klotzen"? In: Vierteljahreshefte für Media und Werbewirkung, Nr. 4, S. 18-25.
Merget, Juergen (1990): Wieviel Geld ist Ihre Marke wert? In: Markenartikel, Heft 9, S. 406-407.
Merrin, Seymour (1995): Brands also must clear selection hurdle. In: Computer Retail Week, Vol. 5, Issue 99, S. 27.
Mehta, Abhilasha (1999): Ich und „meine" Werbung. In: Vierteljahreshefte für Media und Werbewirkung, Nr. 3, S. 19-25.
Meyer, Sebastian (2001): Neue Begriffe in Neuen Medien. Eine Herausforderung für das Markenrecht. In: Gewerblicher Rechtsschutz und Urheberrecht, S. 204-210.
Michael, Bernd M. (1999): Die Marke als „Added Value". Ein wirksames Additiv für ECR. In: Heydt, Andreas von der (Hrsg.), Handbuch Efficient Consumer Response. München, Vahlen. S. 419-433.
Michaelis, Karin (2001): Kontaktarme Nachbarn. In: Werben & Verkaufen, Nr. 29, S. 24.
Michaelis, Karin (1999): Marketingkommunikation. Die Sinnlichkeit der Orange. In: Werben & Verkaufen, Nr. 45, S. 114.
Michell, Paul/King, Jacqui/Reast, Jon (2001): Brand values related to industrial products. In: Industrial Marketing Management, Vol. 30, Issue 5, S. 415.
Mielke, Sabine/Nassua, Thomas (1995): Absatzchancen und -probleme ostdeutscher Konsumgüterhersteller. In: Lachner, Josef/Nassua, Thomas/Spannagel, Rolf (Hrsg.), Entwicklung des Handels in den neuen Bundesländern. Stand und Probleme der Systemtransformation im Groß- und Einzelhandel sowie in der Handelsvermittlung. München, Ifo-Institut für Wirtschaftsforschung. S. 325-341.
Miller, Stephen/Berry, Lisette (1999): Markenpräsenz sticht vor Image-Werbung. In: Vierteljahreshefte für Media und Werbewirkung, Nr. 2, S. 3-7.
Millman, Ivor (2000): Sponsoring zahlt sich aus! In: Vierteljahreshefte für Media und Werbewirkung, Nr. 3, S. 20-25.
Min Han, C./Köppler, Karlfritz (1989): Das Landes-Image als Marketing-Faktor. In: Vierteljahreshefte für Media und Werbewirkung, Nr. 3, S. 5-7.
Mitchell, Alan (2000): Why brand equity is the true measure of success. In: Marketing Week, Vol. 23, Issue 27, S. 30.
Mitchell, Paul/King, Jacqui/Reast, Jon (2001): Brand values related to industrial products. In: Industrial Marketing Management, Vol. 30, Issue 5, S. 415.
Mohaupt, Marcel (1997): Blick nach vorn – ProSieben versteht sein Marketing als Investition in die Zukunft. In: Agenda, 20. Jg., Nr. 30, S. 21-23.
Mohaupt, Marcel/Fröhling, Ulrike (1998): Die Marke macht den Unterschied – auch im Medienmarkt. Teil 2. In : Markenartikel, Gräfelfing, Heft 6, S. 24-29.
Montgomery, Bob (2000): The new age of marketing. In: Marketing Management, Vol. 9, Issue 3, S. 64.
Mooij, Marieke de (2001): Internationale Markenpflege. In: Vierteljahreshefte für Media und Werbewirkung, Nr. 4, S. 31-35.

Morgan, Rory (2000): Bilder bilden Markenbild. In: Vierteljahreshefte für Media- und Werbewirkung, Nr. 1, S. 29-35.

Mortimer, Ruth (2001): Brands, bucks and the bottom line. In: Brand Strategy, Issue 153, S. 4.

Motameni, Reza/Shahrokhi, Manuchehr (1998): Brand equity valuation. A global perspective. In: Journal of Product and Brand Management. Vol. 7, No. 4, S. 275-290.

Moynes, Jonathan (1999): Valuation of the specialty trades contractors industry. In: Weekly Corporate Growth Report, Issue 1034, S. 100-149.

Mühlbacher, Hans (1988): Conjoint Analyse – Präferenzforschung für Marketing-Mix-Entscheidungen. In: Vierteljahreshefte für Media und Werbewirkung, Nr. 2, S. 11-16.

Müller, Stefan/Kessemann, Peter (1996): Buy Regional. Der Stellenwert des „Made in Sachsen" für die Kaufentscheidung ostdeutscher Konsumenten. In: Die Betriebswirtschaft, Heft 3, S. 363-378.

Mulligan, Megan (2000): Brand arbitrage. In: Forbes, Vol. 166, Issue 3, S. 350.

Murphy, John (1990): Assessing the value of brands. In: Long Range Planning, Vol. 23 Issue 3, S. 23.

Musiol, Karl G. (1997): Mit den Augen des Verbrauchers. Markenführung – Eine dauerhafte Herausforderung. In: Planung & Analyse, Heft 1, S. 42-44.

Mussler, Dieter/Mussler, Sven (1995): Marken-Bewertung in der Praxis – Eine Zwischenbilanz. Teil 1. In: Marketing Journal, Heft 3, S. 184-187.

Mussler, Dieter/Mussler, Sven (1995): Marken-Bewertung in der Praxis – Eine Zwischenbilanz. Teil 2. In: Marketing Journal, Heft 4, S. 237-249.

Na, Woon Bong/Marshall, Roger/Keller, Kevin L. (1999): Measuring brand power. Validating a model for optimizing brand equity. In: Journal of Product and Brand Management, Vol. 8, No. 3, S. 170-184.

Nebenzahl, Israel D./Jaffe, Eugene D. (1996): Measuring the joint effect of brand and country image in consumer evaluation of global products. In: International Marketing Review, Vol. 13, Issue 4, S. 5.

Nedo, Hannelore/Rehberger, Reinold (1994): Rotkäppchen und der liebe Wolf – Ostmarken feiern ein Comeback. Fünf Jahre nach der Wende sind einige wieder ganz oben. In: Werben & Verkaufen, Nr. 42, S. 90-91.

Neidhart, Thilo (1995): Rosa Zielgruppe, aber keine rosigen Zeiten – Schwulenzeitschriften. Bei den Markenartiklern stehen sie im Abseits. In: Media Spectrum, Nr. 8, S. 34-35.

Nia, Arghavan/Zaichkowsky, Judith Lynne (2000): Do counterfeits devalue the ownership of luxury brands? In: Journal of Product and Brand Management, Vol. 9, No. 7, S. 485-497.

Nickel, Ulrike (1998): Kein Platz für Werbung. US-Filmverleiher und -Kinobesitzer wollen werbefreie Leinwand erhalten. In: Media Spectrum, Nr. 9, S. 33-34.

Nicholson, Joe (2000): Newspaper and leaders. Top brand and company advertisers put more share into papers, less in TV. In: Editor and Publisher, 133. Jg., No. 25, S. 34-50.

Nicholson, Joe (1999): Biggest names in brands. Macy's leads 5 billion parade of top ad brands in newspapers. In: Editor and Publisher, 132. Jg., No. 29, S. 36-42.

Nisch, Kenneth (1999): Brand new world. In: Gifts & Decorative Accessories, Vol. 100, Issue 11, S. 40.

Nowlis, Stephen M./Simonson, Itamar (1997): Attribute-task compatibility as a determinant of consumer preference reversals. In: Journal of Marketing Research, Heft 5, S. 205-218.

Nußbaum, Cordula/Kofler, Georg (1998): Der Wert der Marke in Mark und Pfennig. In: Media & Marketing, Heft 6, S. 16-24.

Otte, Thomas (1992): Marke als System. Die Kraft der Marke. In: Media Spectrum, Nr. 9, S. 57-59.
o.V. (2000): Brand Valuation. Die marktorientierte Markenbewertung. In: Absatzwirtschaft, Sondernummer, S. 164-168.
o.V. (1996): GfK-Gutachten – Die Marke besteht im Wettbewerb. In: Markenartikel, Heft 4, S. 156-157.
o.V. (1992): Philipp Reemtsma contra Hans Domizlaff. In: Absatzwirtschaft, Heft 5, S. 72-75.
o.V. (1990): Markenbewertung. Wieviel ist der Markenwert wert? In: Absatzwirtschaft, Heft 3, S. 26-31.
o.V. (2007): Was ist ein Asbach wert? Der Markenverband bemüht sich um eine bessere Markenbewertung. In: Frankfurter Allgemeine Zeitung vom 03.03.2007, S. 16.
o.V. (2008): Marke wird aktivierungsfähig. In: Absatzwirtschaft – Sonderheft Marken 1/2008, S. 127.
Oxley, Martin (1999): Markenenergetik. Marken aus Sicht der Evolutionstheorie In: Vierteljahreshefte für Media und Werbewirkung, Nr. 1, S. 36-40.
Park, C. Whan/Roth, Martin S./Jacques, Philip F. (1988): Evaluating the effects of advertising and sales promotion campaigns. In: Industrial Marketing Management, Heft 2, Vol. 17, S. 129-140.
Patel, Bakulesh (2001): Let's resolve to build better franchisee-franchisor relationships. In: Hotel & Motel Management, Vol. 216, Issue 1, S. 30.
Payne, Martin (2000): Markenerlebnis statt Markenwert. In: Vierteljahreshefte für Media- und Werbewirkung, Nr. 2, S. 24-27.
Pellet, Jennifer (1993): Ups and downs in smoke. In: Discount Merchandiser, Vol. 33, Issue 9, S. 62.
Penrose, Noel (1989): Valuation of Brand Names and Trade Marks. In: Murphy, John (Hrsg), Brand Valuation. Establishing a True and Fair View, London, Hutchinson, S. 32-45.
Pereira, Paul (2001): Sweat those assets, baby. In: Finance Week, S. 56.
Petran, Meredith (2001): A rare opportunity? In: Restaurant Business, Vol. 100, Issue 4, S. 47.
Phillips, Dave (2000): Portfolio für Markenwert. In: Vierteljahreshefte für Media- und Werbewirkung, Nr. 3, S. 9-15.
Pimpl, Roland (1999): Im Labyrinth der Kapitalisierung. In: Horizont Magazin, Heft 3, S. 99-101.
Pincott, Gordon (2001): Bringen Sie Ihre Werbung zum Wirken! In: Vierteljahreshefte für Media und Werbewirkung, Nr. 2, S. 3-9.
Pitta, Dennis A./Katsanis, Lea Prevel (1995): Understanding brand equity for successful brand extension. In: Journal of Consumer Marketing, Vol. 12, No. 4, S. 51-64.
Plessis, Eric du (2001): Schöne Werbung, schöne Marke? Henne oder Ei? In: Vierteljahreshefte für Media und Werbewirkung, Nr. 1, S. 14-19.
Plessis, Erik du (2000): Wieviel Kontakte braucht der Mensch? In: Vierteljahreshefte für Media und Werbewirkung, Nr. 4, S. 12-17.
Plewe, Heidrun (2001): Wissen – Markenführung. 1. Deutscher Markenkongress. Fürs Branding zeichnet die Chefetage zuständig. In: Absatzwirtschaft, Heft 1, S. 58-60.
Pool, Lisa van der (2001): Just for feet returns. In: Adweek Eastern Edit., Vol. 42, Issue 8, S. 8.
Posny, Harald (1998): Versicherer investieren in Spots. Werbeaufwand der Assekuranz wächst zweistellig – Auf den Spuren der Markenartikelindustrie. In: Die Welt, Nr. 227, S. 27.

Postman, Neil (1993): Skepsis gegenüber Werbung und kein blindes Vertrauen in Marken. Das Einkaufs- und Informationsverhalten in den neuen Bundesländern. Eine Studie der Regionalpresse. In: Blick durch die Wirtschaft, 36. Jg., Nr. 55, S. 7.

Postman, Neil/Toscani, Oliviero (1992): Darf man mit diesem Photo für Pullover werben? Für das SZ-Magazin diskutieren Kulturphilosoph Neil Postman und Oliviero Toscani. Erfinder der umstrittensten Anzeigenkampagne der Welt. In: Süddeutsche Zeitung Magazin, Nr. 41, S. 38-46.

PricewaterhouseCoopers (1999): Kraft des Namens. In: Wirtschaftswoche, Heft 47, S. 154-160.

Prior, Molly (2001): Retail icon reflects new corporate culture. In: DSN Retailing Today, Vol. 40, Issue 8, S. 1.

Pritchard, Barry (2001): Der Konsument. Ein Chamäleon. In: Vierteljahreshefte für Media und Werbewirkung, Nr. 4, S. 28-30.

Prue, Terry (1998): Eine neue Theorie zur Werbewirkung. In: Vierteljahreshefte für Media- und Werbewirkung, Nr. 2, S. 17-22.

Ptacek, Megan J. (2001): NYSE claims wide interest in Bank-Run P2P. In: American Banker, Vol. 166, Issue 66, S. 7.

Purdy, Lucy (2001): Das Unzufriedenheits-Syndrom. In: Vierteljahreshefte für Media und Werbewirkung, Nr. 4, S. 2-8.

Puri, Vishal (1997): Smart cards – the smart way for the banks to go? In: The International Journal of Bank Marketing, Vol. 15, No. 4, S. 134-139.

Quelch, John A. (1996): Markenwertentwicklung in internationalen Märkten. In: Meffert, Heribert (Hrsg.), International Brand Management. Münster, Wiss. Ges. für Marketing und Unternehmensführung. S. 4-20.

Rao, Akshay R./Monroe, Kent B. (1996): Causes and consequences of price premiums. In: The Journal of Business, Vol. 69, No. 4, S. 511-536.

Rawwas, Mohammed Y. A./Rajendran, (Raj) K. N./Wuehrer, Gerhard A. (1996): The influence of worldmindedness and nationalism on consumer evaluation of domestic and foreign products. In: International Marketing Review, Vol. 13, No. 2, S. 20-38.

Reck, Hans Ulrich (1987): Werbeplakat und Markenartikel. Zur Entstehung eines industriekulturellen Zusammenhangs. In: Ästhetik und Kommunikation, 18. Jg., Nr. 67-68.

Reed-Flynn, Heather (2000): Bits & Pieces. In: Wireless Review, Vol. 17, Issue 15, S. 54.

Reidel, Michael (1998): Erfolg nach Programm? Anzeigen und Auflagen von TV-Programmzeitschriften und -Supplements, In: Media Spectrum, Nr. 6, S. 6-12.

Reigber, Dieter (1996): Communication Networks. Burda-Studie analysiert Kommunikations- und Informationsverhalten der Info-Elite. In: Media Spectrum, Nr. 10, S. 32-34.

Repenn, Wolfgang (1994): Ermittlung des Verkehrswertes von Marken – System Repenn. In: Mitteilungen der Deutschen Patentanwälte, 85. Jg., Heft 1, S. 13-15.

Rice, Butch/Bennett, Richard (1998): Markenverwendung bringt Werbewirkung. In: Vierteljahreshefte für Media und Werbewirkung, Nr. 4, S. 13-22.

Rieger, Bodo (1991): Markenführung in Zeiten des Wertewandels. In: Meyer, Paul W. (Hrsg.), Ist der klassische Markenartikel am Ende? Arbeitspapiere zur Schriftenreihe Schwerpunkt Marketing, Bd. 20, 3. Aufl., Augsburg, Fördergesellschaft Marketing. S. 4-19.

Riesco, Basilio (1992): Swing aus dem Süden – Nationale Mentalitäten in Europa. In: Media Spectrum, Nr. 2, S. 20-21.

Reischauer, Claudia/Baumann, Michael (1996): Corporate Identity. Nur anders. In: Wirtschaftswoche, Heft 18, S. 134-135.

Riesenbeck, Hajo (2000): Nur Power-Marken überleben. In: Akzente, S. 10-15.

Richards, Ian/Foster, David/Morgan, Ruth (1998): Brand knowledge management. growing brand equity. In: Journal of Knowledge Management, Vol. 2, No. 1, S. 47-54.

Riddle, Judith Springer (1993): Procter & Gamble sets sweeping employee cuts to stay competitive. In: Brandweek, Vol. 34, Issue 29, S. 1.
Rindova, Violina P. (1997): The image cascade and the formation of corporate reputations. In: Coporate Reputation Review, Vol. 1, No. 1-2, S. 188-194.
Río, A. Belén del/Vázquez, Rodolfo/Iglesias, Victor A. (2001): The role of the brand name in obtaining differential advantages. In: Journal of Product and Brand Management, Vol. 10, No. 7, S. 452-465.
Río, A Belén del/Vázquez, Rodolfo/Iglesias, Victor A. (2001): The effects of brand associations on consumer response. In: Journal of Consumer Marketing, Vol. 18, No. 5, S. 410-425.
Roberts, Andrew/Taylor, Nelson S. (2001): 1 Pfund Werbung = 2,33 Pfund Umsatz. In: Vierteljahreshefte für Media und Werbewirkung, Nr. 1, S. 20-25.
Robinson, Chris (1996): Asian culture. The marketing consequences. In: Journal of the Market Research Society, Vol. 38, Issue 1, S. 55.
Rodek, Hanns-Georg (2000): Der deutsche Film entdeckt das Product-Placement – Modell in der Hauptstadtregion. Platzierung von Markenprodukten soll professionalisiert werden. In: Die Welt, Nr. 279, S. 12.
Rohnke, Christian (1992): Bewertung von Warenzeichen beim Unternehmenskauf. In: Der Betrieb, 45. Jg., Heft 39, S. 1941-1945.
Rommelspacher, Andreas (1992): Originale und schlechte Kopien – Zeitschriften-Lizenzen. In: Artikel 5, Jg., 6, Heft 1, S. 58-62.
Rosen, Martin B. (1996): Changing a brand? TLC pays dividends. In: Advertising Age, Vol. 67, Issue 1, S. 10.
Rosenfeld, Kerstin (1994): Nicht kleckern, nicht klotzen. Budget – Optimierungsmodell von IMAS und MEDIA AUDIT. In: Media Spectrum, Nr. 4, S. 35-38.
Roth, Stefan (2000): Positionierungsmodelle. In: Wirtschaftswissenschaftliches Studium, Bd. 29, S. 444-449.
Rubinson, Joel R. (1994): Brand Equity. Zum Management komplexer Markenportfolios. In: Planung & Analyse, S. 48-51.
Rumrich, Thomas (1989): Infotainment und Betrug – Eine kritische Analyse des Fernseh-Werbespots zum BMW 3er Cabrio. In: Thomsen, Christian W./Faulstich, Werner (Hrsg.), Seller, Stars und Serien. Medien im Produktverbund. Heidelberg, Winter. S. 207-212.
Rüschen, Gerhard (1994): Ziele und Funktionen des Markenartikels. In: Bruhn, Manfred (Hrsg.), Handbuch Markenartikel, Bd. 1, Stuttgart, Schäffer-Pöschel. S. 21-134.
Ruzas, Stefan/Hirsch, Thomas (1998): Medien. Viel Lokalkolorit im Ferienland. In: Werben & Verkaufen, Heft 18, S. 116-118.
Sander, Matthias (1998): Markenführung unter geänderten Kommunikationsbedingungen. In: Berndt, Ralph (Hrsg.), Unternehmen im Wandel – Change-Management. Berlin [u.a.], Springer. S. 223-238.
Sander, Matthias (1995): Die Markenbewertung auf Basis der hedonischen Theorie. In: Markenartikel, Heft 2, S. 76-80.
Sander, Matthias (1995): Finanzielle Bewertung von Marken unter besonderer Berücksichtigung von Risikosituationen. In: Jahrbuch der Absatz- und Verbrauchsforschung, Heft 1, S. 16-36.
Sander, Matthias (1995): Steigerung des Markenwertes durch Total-Quality-Management. In: Total-Quality-Management als Erfolgsstrategie, Nr. 2, S. 199-220.
Sander, Matthias (1994): Die Bewertung internationaler Marken auf Basis der hedonischen Theorie. In: Marketing, Heft 4, S. 234-245.
Saporito, Bill (1991): Who'll drink what post-recession? In: Fortune, 1991, Vol. 124, Issue 13, S. 13.

Sargent, Justin (1996): Strategien für den Markterfolg. In: Vierteljahreshefte für Media und Werbewirkung, Nr. 2, S. 3-7.

Sass, Ulrich (2001): „Mid Ager" – Fantastisches Zielgruppenpotenzial unter dem Mantel der Vergessenheit. In: Bertelsmann Briefe, Nr. 144, S. 20-22.

Sattler, Henrik (2001): Markenwert (Brand Equity). In: Diller, Hermann (Hrsg.), Vahlens großes Marketing-Lexikon. 2. Aufl., München, Vahlen. S. 952-957.

Sattler, Henrik (1999): Ein Indikatormodell zur langfristigen monetären Markenwertbestimmung (Teil 1). In: Die Betriebswirtschaft, Bd. 59, S. 633-653.

Sattler, Henrik (1997): Indikatoren für den langfristigen Markenwert. In: Markenartikel, S. 46-50.

Sattler, Henrik (1995): Markenbewertung. In: Zeitschrift für Betriebswirtschaft, 65. Jg., Heft 6, S. 663- 682.

Sattler, Henrik (1994): Der Wert von Marken (brand equity). Manuskripte aus dem Institut für Betriebswirtschaftslehre der Universität Kiel, Nr. 341, S. 4.

Sauer, Pamela (2001): Food companies take a slice of a shrinking pie. In: Chemical Market Reporter, Vol. 259, Issue 26, S. FR 3.

Saunders, John/Guoqun, Fu (1996): Dual branding. How corporate names add value. In: Marketing Intelligence & Planning, Vol. 14, No. 7, S. 29-34.

Schäfer, Wolfgang (1994): Die Egotaktiker in der Medienfalle. Neue Ergebnisse des Lintas Jugendmonitors YOYO. In: Media Spectrum, Nr. 12, S. 24-27.

Schäfer-Dieterle, Susanne (1994): Der Trend zum Trend. Hintergründe zur Trendforschung. In: Media Spectrum, Nr. 4, S. 42-43.

Schimansky, Alexander (2004): Markenbewertungsverfahren aus Sicht der Marketingpraxis. In: Schimansky, Alexander (Hrsg.)(2004): Der Wert der Marke. Markenbewertungsverfahren für ein erfolgreiches Markenmanagement. München, Vahlen, S. 12-27.

Schmidt, Klaus (2001): Sharebranding. Die Aktie als Marke. In: Mergers and Acquisitions, Heft 2, S. 46-51.

Schnür, Jenna (2000): The name game. In: Advertising Age, Vol. 71, Issue 43, S. 32.

Schönfeld, Gerald (1993): Brands can flourish – With lots of care. In: Advertising Age, Vol. 64, Issue 45, S. 29.

Schrage, Michael (2001): Post-bubble growth. In: MC – Technology Marketing Intelligence, Vol. 21, Issue 2, S. 26.

Schrage, Michael (2001): Conflicts of interest. In: MC – Technology Marketing Intelligence, Vol. 21, Issue 1, S. 24.

Schrage, Michael (2000): A go-go dot-com? In: MC – Technology Marketing Intelligence, Vol. 20, Issue 12, S. 32.

Schreuer, Richard (2000): To build brand equity marketing alone is not enough. In: Strategy and Leadership. Vol. 28, No. 4, S. 16-20.

Schröder, Gary/Richardson, Bruce C./Sankaralingam, Avu (1997): Validating STAS using BehaviorScan. In: Journal Of Advertising Research, Heft 4, Vol. 33-42.

Schruatek, Walter J. (2001): Looking Up – Observations '01. In: FoodService Director, Vol. 14, Issue 3, S. 32.

Schuh, Christoph (1998): Markenführung im Medienmarkt. Teil 1. In : Markenartikel. Heft 5, S. 20-29.

Schultz, Don E. (2000): Valuing a brand's advocates. In: Marketing Management, Vol. 9, Issue 4, S. 8.

Schultz, Don E./Bailey, Scott (2000): Customer brand loyalty in an interactive marketplace. In: Journal of Advertising Research, Vol. 40, No. 3, S. 41-53.

Schulz, Roland/Brandmeyer, Klaus (1989): Marken – How much in Dollar? In: Absatzwirtschaft, Heft 8, S. 50-54.

Schulz, Roland/Brandmeyer, Klaus (1989): Die Markenbilanz. Ein Instrument zur Bestimmung und Steuerung von Markenwerten. In: Markenartikel, Heft 7, S. 364-370 oder Marketing Journal, Heft 4, 1989, S. 360-363.

Schumann, Deborah (1998): Es muß nicht immer Kaviar sein – Der Food-Markt. Vom Großverbraucher zum Kioskbesitzer. In: Media Spectrum, Nr. 5, S. 50-52.

Schwalbach, Joachim (2000): Image, Reputation und Unternehmenswert. In: Baerns, Barbara/Raupp, Juliana (Hrsg.), Information und Kommunikation in Europa. Forschung und Praxis. Berlin, Vistas. S. 287-297.

Schweiger, Günter/Friederes, Gereon (1995): Vom Markenmythos zum Markenwert. In: Werbeforschung & Praxis, Heft 40, S. 26-31.

Sebastian, Karl-Heinz/Kolvenbach, Claus (1999): Der Mehrwert der Marke – Ein Decision-Support-Modell zur empirischen Messung des Marken-Mehrwertes. In: Albach, Horst (1999), Die Theorie der Unternehmung in Forschung und Praxis. Berlin, Springer. S. 389-402.

Seif, Franz T. (1994): Bilanzwert der Marke. In: Markenartikel, Heft 8, S. 388-389.

Selame, Elinor (2000): The power and value of branding. In: Credit Union Management, Vol. 23, Issue 2, S. 48.

Selnes, Fred (1993): An examination of the effect of product performance on brand reputation, satisfaction, and loyalty. In: European Journal of Marketing, Vol. 27 No. 9, S. 19-35.

Shannon, John (2001): A dimmer future for KPN Orange. In: Marketing Week, Vol. 24, Issue 4, S. 30.

Sharp, Byron M. (1993): Managing brand extension. In: Journal of Consumer Marketing. Vol. 10, No. 3., S. 11-17.

Shepard, Stephen B. (2001): The best global brands. In: Business Week, Issue 3744, S. 12.

Siegert, Gabriele (2001): Medienmarken als Qualitätsfaktor. In: Fabris, Hans Heinz/Rest, Franz (Hrsg.), Qualität als Gewinn. Innsbruck, Studien-Verlag. S. 73-100.

Siegert, Gabriele (2000): Branding. Medienstrategie für globale Märkte? In: Brosius, Hans-Bernd (Hrsg.), Kommunikation über Grenzen und Kulturen. Konstanz, UVK Medien. S. 75-91.

Silberer, Günter (1992): Cash gegen Logo. Marketing und Kultur beim Product Placement. In: Media Spectrum, Nr. 9, S. 66-69.

Simms, Jane (2001): When marketing and finance meet. In: Marketing, 11. Oktober, S. 20.

Simon, Carol J./Sullivan, Mary W. (1993): The measurement and determinants of brand equity. A financial approach. In: Marketing Science, Vol. 12, No.1, S. 28-52.

Singleton-Green, Brian (1997): Send in the welders. In: Accountancy, Vol. 120, Issue 1248, S. 48.

Sloan, Carole (2000): Questrom needs two years. In: Home Textiles Today, Vol. 22, Issue 13, S. 1.

Smith, Alan (1987): Werbeträger-Leistung versus Anzeigen-Leistung. Neueste Erkenntnisse aus englischen Copy-Test-Serien. In: Vierteljahreshefte für Media und Werbewirkung, Heft 4, S. 18-25.

Sollich, Herbert (2001): Sponsoring mit breiter und weiter Perspektive. In: Markenartikel, Heft 4, S. 28-31.

Srinivasan, V. Seenu (1988): A conjunctive-compensatory approach to the self-explication of multiattributed preferences. In: Decision Sciences, Heft 2, Vol. 19, S. 295-305.

Stanton, John L./Burke, Jeffrey (1999): Liegt die Würze in der Kürze? Die Gestaltung von kurzen und langen Spots In: Vierteljahreshefte für Media und Werbewirkung, Nr. 2, S. 27-33.

Stark, Georg (1996): Leuchttürme in der Bilderflut. Fernsehen und Markentechnik. Vor allem den Privatsendern gelingt es immer besser, sich beim Publikum als eigenständige Marke zu profilieren. In: TeleImages, S. 6-11.

Stein, Claus/Ortmann, Martina (1996): Bilanzierung und Bewertung von Warenzeichen. In: Der Betriebs-Berater, Heidelberg, Heft 15, S. 787-792.

Stein, Rosemarie (1993): Frisch und reinheitsvoll. Erfolgsgeschichte eines Markenartikels. 100 Jahre Odol. In: Der Tagesspiegel, 49. Jg., Nr. 14542, S. 17.

Stein Wellner, Alison (2001): Culinary feat. In: American Demographics, Vol. 23, Issue 3, S. 16.

Stolowy, Herve/Haller, Axel/Klockhaus, Volker (2001): Accounting for brands in France and Germany compared with IAS 38 (intangible assets). An illustration of the difficulty of international harmonization. In: The International Journal of Accounting, Vol. 36, No. 2, S. 147-167.

Storck, Mechthild (1992): Werbefernsehboom – Ein Geschäft für die Privatsender. Der Werbemarkt 1991. In: Media Perspektiven, Nr. 3, S. 158-171.

Styler, Alan (2001): Der Käufer im 21. Jahrhundert. In: Vierteljahreshefte für Media und Werbewirkung, Nr. 4, S. 22-27.

Sujan, Mita/Dekleva, Christine (1987): Product categorization and inference making. Some implications for comparative advertising. In: Journal of Consumer Research, Vol. 14, Issue 3, S. 372.

Szallies, Rüdiger (2000): Wesen und Struktur einer anwendungsorientierten Marktforschung von der Methodenorientierung zur Bereitstellung von Entscheidungshilfen für die Marketingpraxis. In: Rosenkranz, Doris/Schneider, Norbert F. (Hrsg.), Konsum. Soziologische, ökonomische und psychologische Perspektiven. Opladen, Leske und Budrich. S. 327-346.

Szmigin, Isabelle/Bourne, Humphrey (1998): Consumer equity in relationship marketing. In: Journal of Consumer Marketing, Vol. 15, No. 6, S. 544-557.

Tabakoff, Nick (1999): The $ 40-billion write-off. In: BRW, Vol. 21, Issue 29, S. 78.

Tait, Bruce (2001): Flop und Hopp. In: Vierteljahreshefte für Media und Werbewirkung, Nr. 3, S. 22-25.

Tazzia, Ed (2002): The domino effect of spending cuts. In: Brandweek, Vol. 43, Issue 2, S. 25.

Thode, Stephen F./Maskulka, James M. (1998): Place-based marketing strategies, brand equity, and vineyard valuation. In: Journal of Product and Brand Management, Vol. 7, No. 5, S. 379-399.

Till, Brian D. (1998): Using celebrity endorsers effectively – lessons from associative learning. In: Journal of Product and Brand Management, Vol. 7, No. 5, S. 400-409.

Tochtermann, Thomas C. A. (1999): Markenführung. Marke & Volkswirtschaft. In: Markenartikel, Heft 4, S. 4.

Tochtermann, Thomas C. A. (1999): Branding beflügelt das gesamte Wirtschaftswachstum. In: Markenartikel, Heft 2, S. 14-18.

Treynor, Jack (1999): The investment value of brand franchise. In: Financial Analysts Journal, Vol. 55, Issue 2, S. 27.

Trocchia, Philip J./Berkowitz, David (1999): Getting doctored. A proposed model of marketing doctoral student socialization. In: European Journal of Marketing, Vol. 33, No. 7-8, S. 746-760.

Troiano, Jaime (1997): Brazilian teenagers go global-sharing values and brands. In: Marketing & Research Today, Vol. 25, Issue 3, S. 149.

Underwood, Robert/Bond, Edward/Bär, Robert (2001): Building service brands via social identity. Lessons from the sports marketplace. In: Journal of Marketing Theory & Practice, Vol. 9, Issue 1, S. 1.

Unger, Klaus (1991): Werben, wo die Jugend ist. In: Media Spectrum, Kommentare, Analysen, Meinungen, 29. Jg., Nr. 8, S. 25-28.
Vaidyanathan, Rajiv/Aggarwal, Praveen (2000): Strategic brand alliances – Implications of ingredient branding for national and private label brands. In: Journal of Product and Brand Management, Vol. 9, No. 4, S. 214-228.
Vazquez, Rodolfo/Del Rio, A. Belén/Iglesias, Victor (2002): Consumer-based brand equity. Development and validation of a measurement instrument. In: Journal of Marketing Management, Vol. 18, Issue 1-2, S. 27.
Vergin, Roger C./Qoronfleh, M. Walid (1998): Corporate reputation and the stock market. In: Business Horizons, Vol. 41, No. 1, 19-30.
Vetter, Birgit (1988): Wettrennen in der Grauzone. Sender und Behörden versuchen, ausuferndes Product Placement in den Griff zu bekommen. In: Neue Medien, Nr. 8, S. 42-45.
Vollbrecht, Ralf (1996): Kinder und Kommerz. Über Werbewirkung und Markenorientierung. In: Medien und Erziehung, 40. Jg., Nr. 3, S. 173-177.
Wain, Daniel (2000): E-Commerce. Leicht wird es dem Konsumenten nicht gemacht! In: Vierteljahreshefte für Media und Werbewirkung, Nr. 4, S. 41-44.
Walker, Chip (1995): How strong is your brand? In Marketing Tools, S. 46.
Waller, Richard (1998): The importance of brand power. In: Cabinet Maker, Issue 5090, S. 8.
Walshe, Peter/Millward Brown (2001): PR – Bringt's was? In: Vierteljahreshefte für Media und Werbewirkung, Nr. 4, S. 13-17.
Walter, Michael (1994): Das große Wirkungs-Missverständnis. In: Media Spectrum, Nr. 5, S. 10-11.
Warkentin, Denise (1997): Developing – Managing brand image becomes necessary business... In: Electric Light & Power, Vol. 75, Issue 6, S. 12.
Washburn, Judith H./Till, Brian D./Priluck, Randi (2000): Co-branding. Brand equity and trial effects. In: Journal of Consumer Marketing, Vol. 17, No. 7, S. 591-604.
Weiland, Harry (1998): Crash-Diät am Main. In: Werben & Verkaufen, Heft 3, S. 84-85.
Weinberger, Marc G./Spotts, Harlan/Campbell, Leland/Parsons, Amy L. (1997): Humor ist riskant. In: Vierteljahreshefte für Media und Werbewirkung, Nr. 3, S. 31-35.
Weiss, Peter Philippe (1998): Ein hörbar stärkeres Markenprofil. In: Marketing & Kommunikation (Extra), Heft 5, S. 25-27.
Weng, Dieter (1998): Evolution – Von den Anzeigen zu multimedialen Kampagnen. In: Werben & Verkaufen (Extra), Heft 13, S. 50-54.
Weser, Adrian (1997): WerbeWert 97. In: Vierteljahreshefte für Media und Werbewirkung, Nr. 2, S. 3-15.
Westwell, Helen (2000): Wozu Pre-testen. In: Vierteljahreshefte für Media- und Werbewirkung, Nr. 2, S. 28-32.
Wharton, Tom (1998): A digital brand is more than image. In: MC – Technology Marketing Intelligence, Vol. 18, Issue 10, S. 71.
White, Roderick (1999): Konstanz oder Wechsel? In: Vierteljahreshefte für Media und Werbewirkung, Nr. 4, S. 6-11.
Whiteley, Jon (2000): Wer kauft Online? In: Vierteljahreshefte für Media und Werbewirkung, Nr. 4, S. 38-40.
Whitford, Marty (1999): Group of 96 independents adopt brand. In: Hotel & Motel Management, Vol. 214, Issue 15, S. 3.
Wicken, Geoff (2000): Selektive Zielgruppenansprache – Schärfer denn je. In: Vierteljahreshefte für Media und Werbewirkung, Nr. 4, S. 4-11.

Wiesmann, Stefan-Sebastian (1996): Jung, frech und selbstbewusst. Schülerzeitungen – Ein attraktives Zielgruppen-Medium. In: Media Spectrum, Nr. 12, S. 30-33.

Wild, Christoph (1995): Qualität der Radiowerbung. Ergebnisse einer Grundlagenstudie zur Werbewirkung des Hörfunks. In: Media Perspektiven, Heft 6, S. 258-266.

Wilensky, Dawn (2001): Home brands cosy up. In: License!, Vol. 4, Issue 8, S. 20.

Will, Markus/Wolters, Anna-Lisa (2001): Die Bedeutung der Finanzkommunikation für die Entwicklung und Gestaltung der Unternehmensmarke. In: Thexis, Heft 4, S. 42-47.

Williams, Tim (2001): Der schnelle Konsument. In: Vierteljahreshefte für Media und Werbewirkung, Nr. 4, S. 36-40.

Wiltinger, Kai (1997): Personalmarketing auf Basis von Conjoint-Analysen. In: Zeitschrift für Betriebswirtschaft, 67. Jg., S. 55-80.

Winter, Drew (2001): DC lawsuit marks a new industry low. In: Ward's Auto World, Vol. 37, Issue 3, S. 7.

Witt, Clyde E. (2001): Package performance. Learn from the expert. In: Material Handling Management, Vol. 56, Issue 2, S. 24.

Wolfram, Gernot (2001): Gebete an die Macht der Marke. Die US-Journalistin Naomi Klein und ihr sanfter Kampf gegen die Welt-Diktatur der Images. In: Die Welt, Nr. 55, S. 32.

Wood, Lisa (2000): Brands and brand equity – Definition and management. In: Management Decision, Vol. 38, No. 9, S. 662-669.

Wood, Lisa (1999): Market power and its measurement. In: European Journal of Marketing, Vol. 33, No. 5-6, S. 612-633.

Wrench, Charles (2002): Can your brand still be a winner in tough times? In: Marketing, 10. Januar, S. 18.

Wright, Len Tiu/Nancarrow, Clive (1999): Researching international 'brand equity'. A case study. In: International Marketing Review, Vol. 16, No. 4-5, S. 417-431.

Wulff, Hans J./Borgmann, Annette (1995): Werbung als Lebensagentur. Zur Rolle des Werblichen im Konsumismus. In: Medien und Erziehung, 39. Jg., Nr. 3, S. 135-138.

Wyner, Gordon A. (2001): The trouble with brand equity valuation. In: Marketing Research, Vol. 13, Issue 4, S. 4.

Wysong, Walter Scott, IV (2000): This brand is for you. A conceptualization and investigation of brand personality as a process with implications for brand management. In: Dissertation Abstracts International, Vol. 61, No. 11, S. 4467.

Wyss, Werner (1989): Surfing the Trend. Neuer, alter Markenname. In: Vierteljahreshefte für Media und Werbewirkung, Nr. 2, S. 6-9.

Yoo, Boonghee/Donthu, Naveen (2001): Developing and validating a multidimensional consumer-based brand equity scale. In: Journal of Business Research, Vol. 52, Issue 1, S. 1.

Yovovich, B. G. (1988): What is your brand really worth? In: Adweek's Marketing Week, S. 18-24.

Zajas, Jay/Crowley, Edward (1995): Commentary – Brand emergence in the marketing of computers and high technology products. In: Journal of Product and Brand Management, Vol. 4, No. 1, S. 56-63.

Zanger, Cornelia/Sistenich, Frank (1998): Eventmarketing – Perspektiven in der Kommunikationspolitik von Unternehmen. Illustriert an den Beispielen: „Adidas Streetball Challenge" und „Langnese Beach Soccer Cup". In: Honegger, Claudia (Hrsg.), Grenzenlose Gesellschaft? Opladen, Leske und Budrich. S. 205-208.

Zeiner, Ralf (2000): Strategisches Management des Markenwertes „Economic Value Added" von Markenwerbung. In: Robert Breuer (Hrsg.), OTC-Marketingmanagement. 1. Aufl., Wiesbaden, Gabler. S. 89-122.

Zeiner, Ralf/Grandpierre, Axel (1999): Strategisches Management des Markenwertes „Economic Value Added" von Markenwerbung. Teil 1, In: Die Pharmazeutische Industrie, Heft 9, S. 789-795.

Zeiner, Ralf/Grandpierre, Axel (1999): Strategisches Management des Markenwertes „Economic Value Added" von Markenwerbung. Teil 2, In: Die Pharmazeutische Industrie, Heft 10, S. 878-884.

9.3 Internet-Quellen

Arthur Andersen (o.J.): **„Accounting for acquisitions – SFAS 141 and 142. New rules put valuation strategies and methods to the test.“** www.arthurandersen.com/resource2.usf/VAttachLU/IndustriesProductsBrandValuation Report/$File/SFASReport.pdf (26.4.2002)

Brand Finance (2000): **„Current practice in brand valuation.“** (Broschüre) www.brandfinance.com/gee.pdf (19.4.2002)

Brand Finance (1999): **„Understanding the financial value of brands.“** (Broschüre) www.brandfinance.com/eaaa.pdf (19.4.2002)

Brand Valuation Forum/GEM Gesellschaft zur Erforschung des Markenwesens (2007): **„Zehn Grundsätze der monetären Markenbewertung.”** (Broschüre) www.markenverband.de/kompetenzen/markenbewertung/brand-valuation-forum-grundsaetze-der-monetaeren-markenbewertung (11.11.2008)

Buchele, Mark-Steffen (2008): **“Relativiert: Immaterielle Werte in der Bilanz durch die Bilanzrechtsmodernisierung.”** http://www.communicationcontrolling.de/nc/aktuelles/meldungen/singleview/datum/2008/09/30/relativiert-immaterielle-werte-in-der-bilanz-durch-die-bilanzrechtsmodernisierung.html (Stand: 16.6.2009)

Buchele, Mark-Steffen (2009): **„Kommunikatoren und Controller ziehen nun an einem Strang. Der DPRG/ICV-Bezugsrahmen für Kommunikations-Controlling.“** www.communicationcontrolling.de/bezugsrahmen.html (Stand: 16.6.2009)

Deloitte (2008): **„Aktuelle Änderungen in der Rechnungslegung: Der Entwurf des Bilanzrechtsmodernisierungsgesetzes (BilMoG).“** (Broschüre) www.deloitte.com/dtt/cda/doc/content/praxis-forum%5Falert%5F2%5F2008%5FBilMoG.pdf (11.11.2008)

Dunz, Markus/Göttgens, Olaf/Sander, Björn/Wirtz, Bernd (2001): **„Markenbewertung als strategischer Erfolgsfaktor.“** www.bbdo.de/bbdo-media/Branding.pdf (14.3.2002)

Grey (o.J.): **„Marken-Potential-Ausschöpfung.“** (Broschüre) www.grey.de/studien_techniken/arbeitstechniken_markenpotenial.htm (21.3.2002)

Fortune (2002): **„America's most admired companies – Methodology and FAQ.“** www.fortune.com/fortune/mostadmired/articles/0,15114,373440,00.html (03.02.2003)

Institut der Wirtschaftsprüfer (2006): **„Entwurf IDW Standard: Grundsätze zur Bewertung immaterieller Vermögenswerte (IDW ES 5).”** www.idw.de/idw/download/IDW_20ES_205.pdf?id=413472&property=Inhalt (11.9.2006)

Interbrand (2001): **„Interbrand world's most valuable brand's 2001 methodology.“** www.brandchannel.com/interbrand/test/html/events/ranking_methodology.pdf (9.4.2002).

Kaiser, Oliver (2008): **„BilMoG verschiebt sich - Bilanzrechtsmodernisierungsgesetz doch erst 2010?“** www.presseportal.de/pm/6856/1291043/haufe_mediengruppe (11.11.2008)

Menninger, Jutta (2007): **„Monetäre Markenwertmessung.“** www.faz.net/m/%7B38438C67-7245-4231-BDC3-AC0FBD2DA5B9%7DPicture.PDF (11.11.2008)

Millward Brown (o.J.): **„Brand dynamics.“** (Broschüre) www.millwardbrown.com/html/solutions/pdf/BrandDynamicsA4.pdf (21.3.2002)

NFO World Group- NFO Infratest (o.J.): **„IMP/SYS.“** www.nfoeurope.com/ib/ProductDetail.cfm?lan=de&ObjectId=D201EBDA-9E90-11D4-B44E00E018C2210A (21.3.2002)

Ogilvy & Mather (o.J.): **„Brand stewardship.“**
www.ogilvy.de/ogilvy/index2.html (18.3.2002)

PwC Deutsche Revision/PricewaterhouseCoopers (2001): **„Praxis von Markenbewertung und Markenmanagement in deutschen Unternehmen. 2. Aufl.“**
www.pwc.de/30000_publikationen/getattach.asp?id=314 (7.5.2002)

PwC/Sattler, Henrik/Markenverband/GfK (2006): **„Praxis von Markenbewertung und Markenmanagement in deutschen Unternehmen. Neue Befragung 2005.“**
www.markenlexikon.com/texte/sattler_pwc_markenbewertung_2006.pdf (11.11.2008)

Sander, Björn/Zimmermann, Rainer (2001): **„Brand Equity. Vortrag an der WHU Koblenz. 6. März 2001.“** (Präsentation)
www.bbdo.de/bbdo-media/Vortragzimmermann_2.pdf (14.3.2002)

Sattler, Henrik (2005): **„Markenbewertung: State of the Art. Überarbeitete Version Mai 2005.“** Nr. 27 der Reihe „Research Papers on Marketing and Retailing/University of Hamburg“.
www.uni-hamburg.de/fachbereiche-einrichtungen/fb03/ihm/rp27.pdf (11.11.2008)

Semion Brand Broker (o.J.): **„Semion brand €valuation.“**
http://213.198.47.122/d/wert01b.htm (12.3.2002)

TNS Emnid Online (o.J.): **„Vorstellung der Produkte zur Markenführung und -bewertung.“**
www.emnid.tnsofres.com/index1.html (21.3.2002)

Total Research (2001): **„EquiTrend – Successful brands run on information. Essential market data on leading brands.“**
www.harrisinteractive.com/total/ (9.4.2002)

Young & Rubicam (2000): **„Brand Asset Valuator – White Paper.“**
www.yr.com/knowledge/YR-BAV_white_paper.pdf (12.3.2002)

Young & Rubicam (2001): **„Brand Asset Valuator.“**
www.yr.com/knowledge/bav2.php (12.3.2002)

Zerfaß, Ansgar/Moreno, Angeles/Tench, Ralph/Verčič, Dejan/Verhoeven, Piet (2008): **„European Communication Monitor 2008. Trends in Corporate Communication and Public Relations – Results and Findings.”**
www.zerfass.de/ecm/ECM2008-European_Communication_Monitor-Results.pdf (27.11.2008)

9.4 Nichtveröffentlichte Literatur (Präsentationen, Broschüren, Vorlesungen etc.)

ACNielsen/Konzept und Markt (2001): „ACNielsen Brand Performancer." (Präsentation).

ACNielsen (o.J.): „Brand performance system. Customized research." (Broschüre).

Aders, Christian/Wiedemann, Florian (2002): „Finanzielle Bewertung von Marken. Veranstaltung von LES und VPP Wirtschaftliche Technologie am Beispiel von Schutzrechten." (Präsentation).

BBDO (o.J.): „Strategische Planung und Forschung." (Broschüre). Düsseldorf: BBDO.

Bentele, Günter (2000): Skript zur Vorlesung „PR und Werbung als Typen öffentlicher Kommunikation", WS 2000/2001, Universität Leipzig, Institut für Kommunikations- und Medienwissenschaft.

B.R. Brand Rating (2001): „Monetäre Markenbewertung auf Konsumenten- und Marktbasis." (Präsentation).

B.R. Brand Rating (o.J.): „Monetäre Markenbewertung auf Zielgruppen- und Marktbasis." (Präsentation).

GfK (o.J. a): "Der Brand Potential Index (BPI) und seine Bestandteile." (Präsentation).

Grey (o.J. a): "Brand Signal Check. Hat Ihre Marke Zukunft?" (Broschüre).

Grey (2001): "Das Grey Arbeitssystem." (Präsentation).

GWA/GfK (2002): "Der Geldwert der Marke als Erfolgsfaktor für Marketing und Kommunikation." (Tagungstext).

Högl, Siegfried/Hupp, Oliver/Maul, Karl-Heinz/Sattler, Henrik (2002): "Einführung in einen neuen interdisziplinären Ansatz zur finanziellen Bewertung von Marken am Beispiel des deutschen Biermarktes." (Präsentation).

Interbrand (o.J.): „Brand valuation" (Präsentation).

IPSOS-ASI (o.J.): „Equity builder" (Prospekt).

ISO-Project Committee „Brand Valuation" (2009): Draft International Standard „Monetary Brand Valuation" (ISO/DIS 10668). Genf: ISO [Version vom 13.05.2009].

Konzept und Analyse (o.J.): „MarkenMonopol-Forschung" (Broschüre).

Konzept und Markt (o.J.): „Neue Konzepte für Ihre Marktforschung." (Broschüre).

Morgan, Rory P. (1999): „A consumer-oriented framework of brand equity and loyalty." (Paper prepared for the ASC International Conference. The University of Edinburgh, U.K., September 1999).

NFO (o.J. a): „IMP/SYS" (Präsentation).

NFO (o.J. b): „Strategische Image-Untersuchungen mit dem Impliziten System" (Präsentation).

Ogilvy & Mather (o.J.): "Brand stewardship" (Broschüre).

PwC/Sattler, Henrik (1998): „Praxis von Markenbewertung und Markenmanagement in deutschen Unternehmen." (Broschüre).

Research International (o.J. a): „Equity engine. Brand equity management." (Präsentation).

Research International (o.J. b): „Loyalty Driver. Wie gewinnt und hält man loyale Kunden? Methode zur Ermittlung der Bestimmungsgründe von Kundenloyalität." (Präsentation).

Sattler, Henrik (2002): „Grundlagen und praktische Umsetzung der Bewertung von Marken aus Sicht des Marketing." (Präsentation).

Schönborn, Gregor/Molthan, Kerstin M. (1999): „Marken-Agenda." (Broschüre der PR-Agentur Kohtes Klewes).

Semion (2001): „Der Wert der Marke in Euro und Cent. Monetäre Markenbewertung." (Präsentation).